中等职业教育精品系列教材

计 算 机 基 础

主编　王汝启

立信会计出版社

图书在版编目(CIP)数据

计算机基础 / 王汝启主编. —上海：立信会计出版社,2008.7

(中等职业教育精品系列教材)

ISBN 978 - 7 - 5429 - 2088 - 1

Ⅰ.计… Ⅱ.王… Ⅲ.电子计算机—专业学校—教材 Ⅳ.TP3

中国版本图书馆 CIP 数据核字(2008)第 110228 号

策划编辑	赵新民
责任编辑	赵新民
特约编辑	王崇毅
封面设计	周崇文

计算机基础

出版发行	立信会计出版社		
地 址	上海市中山西路 2230 号	邮政编码	200235
电 话	(021)64411389	传 真	(021)64411325
网 址	www.lixinaph.com	电子邮箱	lxaph@sh163.net
网上书店	www.shlx.net	电 话	(021)64411071
经 销	各地新华书店		
印 刷	常熟市梅李印刷有限公司		
开 本	787 毫米×1 092 毫米	1/16	
印 张	12.5		
字 数	269 千字		
版 次	2008 年 7 月第 1 版		
印 次	2018 年 1 月第 4 次		
印 数	8 601—10 700		
书 号	ISBN 978 - 7 - 5429 - 2088 - 1/TP		
定 价	25.00 元		

如有印订差错 请与本社联系调换

前 言
FOREWORD

随着 IT 技术的迅猛发展,互联网已经渗透到人们的工作、学习和日常生活中,使我们的生活发生了翻天覆地的变化,越来越多的人体验到了网上冲浪的无限乐趣。互联网是当今人们进行交流和沟通的重要手段,同时也能丰富我们的业余生活。所以,当代学生从业必须掌握相关的知识和技能。作为 21 世纪的在校中职学生,必须加强计算机基础知识的学习,掌握计算机操作技术、网络技术和互联网应用技能。可以这样说,当代大中专学生,如果不懂电脑及网络,从某种意义上讲将成为新的"文盲"。

但对初学者来说,网上的东西和功能太多,令人眼花缭乱。看新闻、看小说、看报纸、查资料等可以通过互联网,文字聊天、语音对话、视频通话等可以通过互联网,看电视、看电影、发电子邮件等可以通过互联网,发表论坛、写日志、在线娱乐还是可以通过互联网。那么如何才能掌握计算机的基本操作并真正享受到上网的乐趣呢? 本书正是为此目的而编写。在章节安排上充分考虑了初学者的特点,专门为他们量身定做,起点低、入门快,突出实用性和可操作性,同时也编排了提高练习与技巧,供基础较好的同学学习。

本书主要介绍计算机键盘和鼠标的基本操作、计算机系统组成及应用、汉字输入、Windows 操作系统、网络基本知识、上网和下载、收发电子邮件、聊天工具 QQ 和

MSN、Blog、BBS、计算机病毒等内容。

《计算机基础》是中等职业学校各专业学生的必修课。中职学校计算机公共课程一般开设两个学期，前一学期学习《计算机基础》，后一学期学习《Office 综合应用教程》。本书是在我校多年试用的"校本教材"的基础上经多次修改编写而成，主要特点是"任务驱动"、"案例教学"和"能力为本"。将课程分成十六个案例来讲解，每周学习一个案例，每个案例由案例目标、案例主要技能、知识剖析、案例实现、提高练习与技巧、复习思考题和上机实验等部分组成，为教师的教和同学们的学提供了极大的方便。当然，每个学校可根据实际情况调整学习内容（＊号内容为选学内容），特别是在案例讲解过程中，对重点内容根据需要请学生做好笔记，并根据学校条件和学生的实际情况对"案例实现"、"提高练习与技巧"和"上机实验"内容进行适当的筛选。

参加本书编写的有王汝启、褚玉斐、应森林、盛建荣、严建兰、胡建军、张萍萍、俞小元等老师，由王汝启老师主编。在本书编写过程中，得到了浙江贸易学校、河南省经济管理学校、安徽科技贸易学校、驻马店财经学校等兄弟学校的领导和老师的帮助、关心和支持，他们为本书的编写提出了许多宝贵意见和建议。在此向帮助、关心和支持本书编写的领导和老师表示衷心感谢。

由于时间仓促、经验不足，书中难免有疏漏和不妥之处，恳请广大老师、同学不吝批评指正。

编　者

2008 年 7 月

目 录
CONTENTS

第一章　键盘操作及计算机系统组成和应用

学习目的

　　学习计算机应用，必须了解计算机系统的组成、计算机的应用领域以及键盘操作等。本章主要介绍计算机硬件系统的组成、计算机软件系统的组成、计算机的应用领域及计算机键盘的操作方法。

第一节　指法训练与英文输入（第一讲）

一、案例目标

通过本讲学习，掌握正确的计算机键盘操作指法、英文输入以及"金山打字"软件的使用，为今后操作和使用计算机打下良好的键盘操作基础。

二、案例主要技能

- 掌握键盘的分区
- 学会按标准指法操作计算机
- 学会按标准指法输入英文文章
- 学会用"金山打字"软件练习指法

三、知识剖析

（一）正确的击键姿势

初学键盘操作时，首先必须注意击键的姿势，如果初学时姿势不当，以后很难纠正，就不能做到准确、快速地输入，也容易疲劳。正确的键盘操作姿势应该是：

（1）上身保持笔直，稍偏于键盘右方。

（2）应将全身重量置于椅子上，椅子要旋转到便于手指操作的高度，两脚平放。

（3）两肘轻轻贴于身体，手指轻放于规定的字键上，手腕平直。人与键盘的距离，可通过移动椅子或键盘的位置来调节，以调节到人能保持正确的击键姿势为止。

（4）监视器宜放在键盘的正后方，击键前先将键盘右移5厘米，再将原稿紧靠键盘左侧放置，以便阅读。

（二）正确的击键指法

1. 基准键位与手指的对应关系

（1）基准键，位于键盘的中间一行，有八个字键，从左到右分别是"ASDF JKL;"。如图1-1所示(除G、H键外)。

（2）除如图1-1所示的八个基准键之外的字键，都不属于基准键。

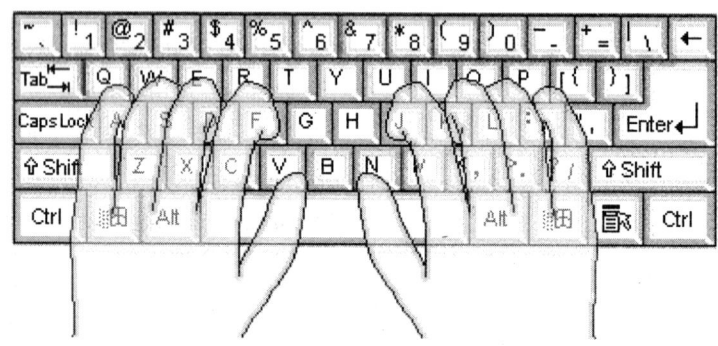

图1-1　主键盘基准键位定位图

2. 字键的击法

（1）手腕要平直，手臂要保持静止，全部动作仅限于手指部分，上身其他部位不得接触工作台或键盘。

（2）手指要保持弯曲，稍微拱起，指尖后的第一关节微成弧形，分别轻轻地放在字键的中间。

（3）输入时，手微抬起，只有要击键的手指才可伸出击键。击毕立即缩回，不能用摸触手法，击键手指也不可停留在已击的字键上。

（4）输入过程中，要用相同的节拍轻轻地击字键，不可用力过猛。

3. 空格键的击法

右手从基准键上迅速垂直上抬1～2厘米，大拇指横着向下一击并立即回归，每击一次输入一个空格，光标往后移一格。

4. 换行键的击法

需要换行时，抬起右手小指击一次Enter键，击后右手立即退回到原基准键位，右手回归过程中小指弯曲，以免把"'"和";"带入。

（三）键盘指法分区和使用

标准键盘上键位的排列一般分为三个区域：打字键区、功能键区和数字键区。如图1-1所示的为打字键区，靠右边含数字键的一块区域为数字键区(也称为小键盘)，其余部分为功能键区。

在基准键位的基础上,对于其他字母、数字、符号都采用与八个基准键的键位相对应的位置(简称相对位置)来记忆。例如:用击 D 键的左手中指击 E 键,用击 K 键的右手中指击 I 键等。

键盘的指法分区如图 1-2 所示,凡两斜线范围内的字键,都必须由规定的手的同一手指管理,这样,既便于操作,又便于记忆。

图 1-2　键盘指法分区图

（四）键盘操作的两个原则

键盘操作是一项复杂又具有一定难度的技术。要掌握这门技术从事实际工作,首先要养成对这项工作的兴趣,而且要有坚强的意志,认真地进行基本功训练。从事键盘操作必须遵守两个原则:① 两眼专注原稿,绝对不允许看键盘。② 精神高度集中,避免出差错。

（五）键盘应用基础练习

指法练习主要是根据键盘上的字键,以基准键为中心,从易到难分为若干组,每组为一小节依次进行。希望初学者认真做好每一个练习,循序渐进,以准确和熟练为准。键盘录入作为一种技术,只有通过大量的操作实践才能熟练。实践证明,下述方法是有效的:

(1) 步进式练习:先进行基准键位"A、S、D、F、J、K、L、;"八个字符的练习,再分别进行食指键、中指键、无名指键和小指键的练习等。

(2) 重复式练习:可选择一些英文语句或短文,反复录入,并记录观察自己完成的时间。

(3) 集中式练习:集中一段时间主要用于打字训练,取得显著效果后再细水长流地练习。

(4) 坚持盲打练习:一开始就要坚持盲打,即两眼专注文稿和屏幕,不要看键盘,养成盲打的良好习惯。

分组练习介绍如下。

1. 基准键 F、S、J、L

将左、右手轻放在基准键上。左手小指为"A"键,无名指为"S"键,中指为"D"键,食指为"F"键;同样右手小指为";"键,无名指为"L"键,中指为"K"键,食指为"J"键;空格键用右手拇指。基准键的位置不可混乱,也不可跨越。固定手指位置后,就不要再看键盘,而应集中视线于原稿或显示器。

两手弹击字键要"稳"、"准"、"快"。

注意:在练习中,初学者往往是敲键、按键,影响录入质量。由于指法生疏容易出现小指和无名指向上翘起,这是错误的,正确的方法手指应自然下垂。先一组一组进行单指练习,然后左右交叉进行练习。

2. 基准键 A、D、K、;

"A、D"是左手的基准键,"K、;"是右手的基准键,在键盘中间一排上。

基本要点:左、右手指自然下垂,轻放在基准键上。

"A、;"键分别是左、右手小指完成的;"D、K"键分别是左、右手中指来完成的。两眼专注原稿,两手指"稳、准、快"地弹击,弹毕及时归位。

注意:体会手指弹击与收回时的伸缩性。小指与无名指相比,小指弹击时的力度及伸缩性次于无名指。在练习中,手指容易翘起。

3. 键 G、H、R、U

"G、R"键分别在左手"F"键的右方和左上方;"H、U"键分别在右手"J"键的左方和左上方。

基本要点:精神高度集中,专注原稿。

"G、H、R、U"键是左、右手食指的范围键,"G、R"键是由左手食指来完成的。弹击"G"键时,食指向右伸展,弹击"R"键时,食指微向左上方伸展;"H、U"键是由右手食指来完成的。食指向左方伸展弹击"H"键,微向左上方弹击"U"键。

为了避免打错,首先要复习基准键的弹击方法,自然熟练、归位准确,要练习成一种习惯动作,质量第一。

注意:初学者键位感差,容易弹击在两字符之间。如"R"与"T"、"U"与"Y"等;小指容易翘得较高。

4. 键 T、V、Y、M

"T、V"键分别在"F"键的右上方和右下方;"Y、M"键分别在"J"键左上方和右下方。

基本要点:"T、V"键由左手指来完成,弹击"T"键时,食指向右上方伸展,向右下方微弯曲弹击"V"键;同样,"Y、M"键由右手食指来完成,弹击"Y"键时,食指向左上方大斜度伸展,向右下方微弯曲弹击"M"键。

在弹击这四个键时,其他手指不要离位太远,弹毕及时归位。通过练习,多体会食指移动的角度、距离和归位动作。

注意:这四个键不易弹击准确,初学者容易把食指弹在"V、B"键或"N、M"键的夹缝中。"T"和"Y"键与食指的角度掌握不好。

5. 键 E、I、C、,

"E、I"键分别在"D"键和"K"键的左上方,是中指的范围键;"C、,"键分别在"D"键和"K"键的右下方,也是中指的范围键。

基本要点："I"键由右手中指向左微斜,上伸弹击;","键同样用右手中指向右微弯曲,向下方弹击;"E"键由左手中指向左微斜,上伸弹击;"C"键同样用左手中指向右微弯曲,向下方弹击。精神高度集中,迅速弹击后立即归位。

在练习中,会出现一指从下排(或上排)到上排(或下排),中间不归位的弹击方法的错误(也就是不回到基准键位,跳过基准键直接从上到下或从下到上弹击)。进行这种练习必须以基准键上的中心为基础,依靠手的触觉能力,逐渐产生键位感,这种方法是微机键盘录入的基本方法,因此必须认真掌握。

注意:手指上下伸展欠灵活,弹击时手指不要翘起。

6. 键 B、N

"B"键在"F"键的右下端,"N"键在"J"键的左下端。

基本要点:假设"F、J、Y、B"这四个键形成一个平行四边形,那么"B"键就是"Y、B"对角线上的一个顶点,因此弹击"B"键时需大斜度向下伸展;弹击"N"键则需食指微向左下弯曲。精神集中,弹击时"稳、准、快",弹击立即归位。

注意:键位感不易掌握,错误率容易增加。

7. 键 W、Z、O、/

"W、O"键分别在左、右手无名指的左上方;"Z、/"键分别在左、右手小指的右下方。

基本要点:弹击"W、O"键时,左、右手的无名指分别微向左上方伸展;弹击"Z、/"键时,左、右手的小指分别微向右下方弯曲。在弹击时逐渐产生键位感。小指的指法练习应作为重点来突破。注意质量。

注意:小指的灵活性很差,弹击时其他手指易翘得过高,错误率容易增加。

8. 键 Q、X、P、.

"Q、P"键分别在小指的左上方;"X、."键分别在无名指的右下方。

基本要点:弹击"Q、P"键用左(右)手小指向左上方微斜伸展;弹击"X、."键用左(右)手无名指向右下方微弯曲。加强小指和无名指的练习,弹击时准确迅速,弹击后立即归位。精神集中,质量第一。

注意:此时键位感差,容易出现对称性错误。

9. 大写字母键指法

大写键指法分首字母大写和连续大写两种。① 首字母大写的操作,通常先用另一手相应手指按下"Shift"键不动,再弹击该字母键。例如,当遇到需用左手弹击大写字母,如"Today",用右手小指按下右端的"Shift"键,同时左食指弹击"T"键,随后右手小指释放"Shift"键后弹击"oday"。左右手的动作要同时进行,要求精神集中准确、迅速。② 连续大写字母的指法,通常先将键盘上大写锁定键"Caps Lock"按下后,就可以连续输入大写字母。

10. 数字键指法

计算机数据录入中,往往有大量的阿拉伯数字需要录入。一般数字的录入分为纯数字录入和西文、数字混合录入。

（1）纯数字录入指法分两种。① 将手指直接放在键盘第一排的数字键上，与基准键位相对应，"ASDFG"对应"12345"；"HJKL；"对应"67890"。② 当用小键盘上的数字键录入数字时，先用右手弹击小键盘上的数字锁定键"Num Lock"，将小键盘上的数字键转换成数字状态，此时小键盘上方的"Num Lock"指示灯亮，用右手弹击右边小键盘上的数字键，将右手食指放"4"键上，中指放在"5"键上，无名指放在"6"键上，小指放在"＋"键上。食指范围键是"7、4、1、0"；中指范围键是"8、5、2"；无名指范围键是"9、6、3"。

（2）西文、数字混合录入。其指法为：将手放在基准键位上，按常规指法录入。由于数字键离基准键位较远，弹击时必须遵守以基准键为中心的原则，依靠左右手指的敏锐和准确键位感来衡量离基本键的距离和方位。每逢弹击键时，掌心略抬高，击键的手指要伸直。要加强触觉键位感应，迅速击键，击毕立即回基准键位。

11. 符号键指法

符号键大部分位于主键盘第一排及其右侧，绝大部分处于上档键位上。因此，先按换档键（即左或右 Shift 键）不动，再弹击该字符键，即可打出相应的上档符号。击键时要注意力集中，动作协调，迅速弹击，击毕手指立即回到基准键位。

（六）"金山打字"软件

"金山打字"软件是金山公司推出的两款教育系列软件之一，是一款功能齐全、数据丰富、界面友好、集打字练习和测试于一体的打字软件，其主界面如图 1-3 所示。

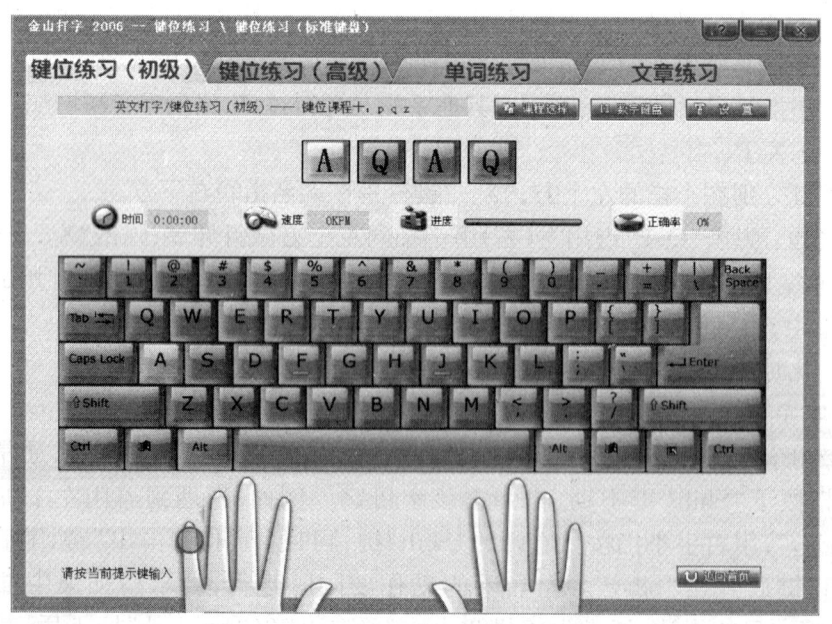

图 1-3 金山打字——英文打字界面

"金山打字"主要由英文打字、拼音打字、五笔打字、打字游戏等六部分组成。所有练习用词汇和文章都分专业和通用两种，用户可根据需要进行选择。英文打字由键位记忆到文章练习逐步让用户盲打并提高打字速度。

>>>>>> ----------

　　"英文打字"训练一共设有四种方案：初级键位练习、高级键位练习、单词练习、文章练习。从易到难的四种英文打字方案让用户可以从最基本的入门级别练习开始逐步提高自己的打字水平。

　　在英文打字的键位练习中，用户可以选择键位练习课程，分键位进行练习；并且根据手指图形，不但能提示每个字母在键盘的位置，更可以知道用哪个手指来弹击当前需要键入的字符。具体的使用方法在此不做详细介绍。

四、案例实现

（一）案例要求

学会键盘的使用，学会用正确的指法输入英文文章，并尽量实现"盲打"。

（二）案例实现

第一步：指法分工练习。启动"金山打字"软件，选择"键位练习（初级）"选项卡，单击"课程选择"按钮，选择第1~3项进行练习。

练习一：键盘布局练习，主要练习中间一行字母。

练习二：手指分区练习，主要练习手指的上下移动。

练习三：键盘纠错练习，主要练习同一行中手指的位置。

第二步：分键位练习。启动"金山打字"软件，选择"键位练习（初级）"选项卡，单击"课程选择"按钮，选择下列项目进行练习。

分键位练习一：asdfjkl；

分键位练习二：ei

分键位练习三：ru

分键位练习四：gh

分键位练习五：c,

分键位练习六：yz

分键位练习七：mv

分键位练习八：bn

分键位练习九：ow

分键位练习十：pqz

分键位练习十一：x.

分键位练习十二：0~9

分键位练习十三：Capital——大写

分键位练习十四：英文标点

第三步：数字键盘练习。启动"金山打字"软件，选择"键位练习（初级）"选项卡，单击"数字键盘"按钮，然后单击"课程选择"进入对话框，根据对话框中的项目分别进行练习。

第四步：键位高级练习。启动"金山打字"软件，选择"键位练习（高级）"选项卡，然后按"第一步"和"第二步"的方法进行练习。

第五步：单词练习。启动"金山打字"软件，选择"单词练习"选项卡，单击"课程选择"按钮进入"课程选择"对话框，在该对话框中，词库分为"通用词库"、"专业词库"和"常用单词"三大类。在下拉菜单中选择不同的词库大类，在下方的列表中会出现不同的词库小类。其中"通用词库"包含"小学英语"、"初中英语"、"大学英语"、"托福"、"GRE"和"GMAT"词库；"专业词库"包含"计算机"、"电子"、"化学"、"物理"等多个专业的词库；"常用单词"中收集了日常生活中常用的 1 000 个单词。你可以根据你自己的英语水平和专业选择不同的词库进行练习。一般中职学生可选择"初中英语词库"或"高中英语词库"进行练习。

第六步：文章练习。启动"金山打字"软件，选择"文章练习"选项卡，单击"课程选择"按钮进入"课程选择"对话框，在该对话框中可以对"普通文章"和"专业文章"进行选择。选中普通文章，在普通文章下方的下拉菜单中会有散文、诗词、小说、笑话、杂项等六项，选择其中一项，在右方的列表中会列出所选类型的所有文章，选中一篇文章，点击"确定"按钮，就可以进行文章练习了。"专业文章"中提供了医学、电子、化学、计算机等十类专业文章，每类五篇。可根据自己的英语水平和专业选择不同的文章进行练习。

五、提高练习与技巧

综合练习，启动 Windows XP 操作系统"附件"中的写字板，在写字板中输入下列文章。

Like the Five Olympic Rings from which they draw their color and inspiration, Fuwa will serve as the Official Mascots of Beijing 2008 Olympic Games, carrying a message of friendship and peace — and blessings from China — to children all over the world. Designed to express the playful qualities of five little children who form an intimate circle of friends, Fuwa also embody the natural characteristics of four of China's most popular animals — the Fish, the Panda, the Tibetan Antelope, the Swallow — and the Olympic Flame. Each of Fuwa has a rhyming two-syllable name — a traditional way of expressing affection for children in China. Beibei is the Fish, Jingjing is the Panda, Huanhuan is the Olympic Flame, Yingying is the Tibetan Antelope and Nini is the Swallow. When you put their names together — Bei Jing Huan Ying Ni — they say "Welcome to Beijing", offering a warm invitation that reflects the mission of Fuwa as young ambassadors for the Olympic Games. Fuwa also embody both the landscape and the dreams and aspirations of people from every part of the vast country of China. In their origins and their headpieces, you can see the five elements of nature — the sea, forest, fire, earth and sky — all stylistic rendered in ways that represent the deep traditional influences of Chinese folk art and ornamentation. In the ancient culture of China, there is a grand tradition of spreading blessings through signs and symbols. Each of Fuwa symbolizes a different blessing — and will honor this tradition by carrying their blessings to the children of the world.

Prosperity，happiness，passion，health and good luck will be spread to every continent as Fuwa carry their invitation to Beijing 2008 to every part of the globe．At the heart of their mission — and through all of their work — Fuwa will seek to unite the world in peace and friendship through the Olympic spirit．Dedicated to helping Beijing 2008 spread its theme of One World，One Dream to every continent，Fuwa reflect the deep desire of the Chinese people to reach out to the world in friendship through the Games — and to invite every man，woman and child to take part in the great celebration of human solidarity that China will host in the light of the flame in 2008.

 复习思考题

一、简答题

1. 计算机上标准的 101 键盘由哪三部分组成？

2. 键盘中的基准键位是哪八个键？

3. 功能键区主要有哪些功能键？

4. 从事键盘操作必须遵守的两个原则是什么？

5. 正确的键盘操作姿势应该怎样？

6. "金山打字"软件的"英文打字"对话框中有哪四个选项卡？

二、"案例实现"结果整理题

将"案例实现"讲解过程中课堂笔记的内容进行整理，然后做到作业本上。

三、上机实验

1. 根据"案例实现"的要求在机房进行练习。

2. 找一本英语书，启动写字板，输入书中的一篇课文。

注意：在输入过程中，眼睛看书稿，不看键盘，尽量少看显示器。

第二节　计算机硬件系统的组成（第二讲）

一、案例目标

通过本讲学习，了解微型计算机硬件系统的组成；学会打开计算机主机箱，识别主板、CPU、内存、硬盘、光驱、显示器、键盘、鼠标、音箱、打印机和 U 盘等设备，并了解各设备的主要功能。

二、案例主要技能

● 识别计算机外设,能说出计算机外设的名称和主要功能
● 学会识别计算机主机箱后的各接口,并能将主机和外设连接起来
● 打开主机箱,能识别主机箱内各元件,说出名称和功能

三、知识剖析

一个完整的计算机系统包括计算机的硬件系统和软件系统。微型计算机的硬件系统由控制器、运算器、存储器、输入设备和输出设备组成。计算机主机由主板、CPU、内存储器、电源、声卡、显卡、网卡等组成,外设主要包括鼠标、键盘和显示器,如图1-4所示。打印机、扫描仪、音箱等不是必配设备,如果需要,可以另行选配。

（一）主板

主板(Mother Board)也称为母板或系统板,是连通各部件的基本通道。它控制着各部件之间的指令流和数据流,根据系统进程和线程的需要,有机地调度计算机的各个子系统。所以,主板是计算机硬件系统的核心部件之一,直接影响运行速度。其性能主要取决于芯片组。

主板是一块多层的印刷电路板,其表面为信号通路,内层提供地线和电源线。主板上装有CPU插座、内存插槽、软硬盘插口、扩展 I/O 总线插槽、键盘和鼠标接口、打印机接口、USB接口等,如图1-5所示。

图1-4　计算机

图1-5　主板

（二）CPU(微处理器)

微处理器即微型计算机的中央处理器(即 CPU),由运算器和控制器组成,是计算机系统中的核心器件,决定计算机的档次和性能,CPU 主要包括运算器和控制器。常见的 CPU 类型有 Intel 和 AMD 两大类。主频有 300 MHz、3.00 GHz 等。随着 CPU 主频的提高,为降低功耗,工作电压从最早的5 V,已降至 1.2 V,甚至更低。如图1-6所示。

图1-6　CPU

（三）内存

存储器分为内存和外存,内存又分为 ROM(只读存储器)和 RAM(随机存储器),微型计算机中的内存条属于 RAM,日常俗称的内存即指内存条,它如同 CPU 一样是计算机必不可少的部件。程序只有装入内存才能运行,同时内存又将处理结果记录下来,在需要时就从中取出。内存储器容量的大小,已成为衡量计算机系统性能的一项重要指标。存储容量愈大,计算机的执行速度相对就快。

常用内存有 SDRAM、DDR 内存和 RDRAM。SDRAM 内存为 168线,电压为 3.3 V,下面有两个防插错缺口;DDR 内存为 184 线,电压为2.5V,下面有一个防插错缺口。如图1-7 所示。

内存储器由一些表示二进制数 0和 1 的物理器件组成,这种器件称为

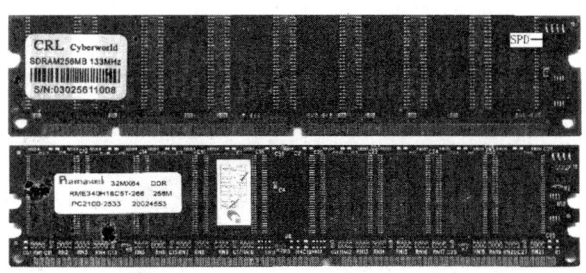

图 1-7 SDRAM 和 DDR 内存

记忆元件或记忆单元。每个记忆单元可以存储一位二进制代码信息(即一个 0 或一个 1)。位、字节、存储容量和地址等都是存储器中常用的术语。

(1) 位又称比特(Bit)。用来存放一位二进制信息的单位称为 1 位,用 b 来表示,1 位可以存放一个 0 或一个 1。位是二进制数的基础单位,也是存储器中存储信息的最小单位。

(2) 字节(Byte)。8 位二进制信息称为一个字节,用 B 来表示。

内存中的每个字节各有一个固定的编号,这个编号称为地址。CPU 在存取存储器中的数据时是按地址进行的。所谓存储器容量即指存储器中所包含的字节数,通常用 KB、MB、GB 和 TB 作为存储器容量单位。它们之间的关系为:

1 KB=1 024 B   1 MB=1 024 KB   1 GB=1 024 MB   1 TB=1 024 GB

（四）外设接口卡(外设适配器)

外设接口卡主要有:显卡、声卡和网卡等,目前低价计算机为了节约成本、降低价格,往往将这些外设接口卡集成在主板上,特别是声卡和网卡,许多型号的计算机的主板上都集成了声卡和网卡。而对于显示要求较高的计算机(如:玩 3D 游戏、进行二维或三维图形图像处理)都配置了独立的显卡。下面简要介绍显示卡、声卡和网卡。

1. 显示卡

显示卡也称显示适配器,简称显卡,是微型计算机系统显示器和主机之间的接口电路,它负责将微处理器送来的图像数据转换为显示器能识别的格式,再送到显示器进行显示输出,如图 1-8 所示。微型计算机一般有单独的显示卡插接在主板的总线扩展槽中,并提供输出到显示器的接口,用以实现和显示器连接。目前也有许多采用 ALL - ON - ONE 结构的微型计算机,直接将显示卡集成在主板上。显示卡主要由显示卡主芯片、显示内存、显示器接口和 AGP 接口等几个部分组成。显示卡的好坏主要由显示卡主芯片、

显示内存决定,显示卡的主要性能指标有分辨率、色彩数和刷新率等几个方面,选购时要注意。

2. 声卡

声卡是插在主板总线插槽中,用于连接主机和音箱或耳麦的接口电路板。其主要功能是将微型计算机内部处理的数字信号转换成音箱输出所能接收的模拟信号。如图 1-9 所示。声卡的种类很多,其功能也不尽相同。声卡通常表现为一块电路板,目前许多声卡直接集成在主板上。声卡后面一般有以下几个插孔。

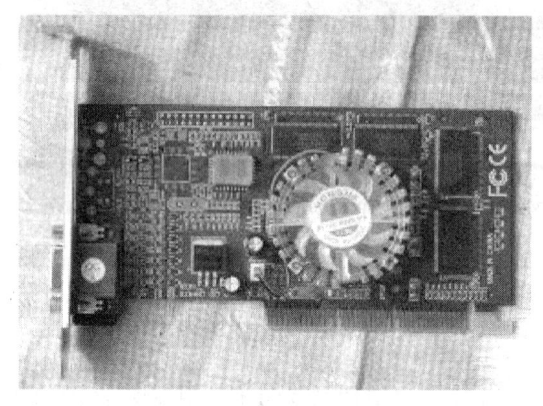

图 1-8 显示卡   图 1-9 声卡

(1) 扬声器输出插孔:用于连接耳机或音箱。

(2) 麦克风输入插孔:用于连接麦克风,通过它可以录制外界的声音。

(3) 线路输入插孔:用于连接录音机、立体声收录机等外部音源,可进行声音的录制。

(4) 乐器数字接口/游戏柄接口:用于连接 MIDI 乐器或游戏杆。

3. 网卡

网卡是计算机中最常见的网络设备之一,如图 1-10 所示。利用网卡等设备可以在计算机之间架设网络,实现计算机之间的数据交换、资源共享等功能。独立网卡属于计算机系统的选购设备,有些计算机直接将网卡的功能内置在主板上,就不需要独立网卡。网卡是计算机系统将数据传输到外部网络必不可少的设备,当你需要将数据通过网卡传送到网络上,或从网络接收数据时,网卡负责将数据转换为网络环境所能接收的格式,并负责底层信号传递与交换工作。网卡的主要性能指标是传输速度,目前主要有 10/100 Mbps 自适应、100 Mbps 和 1 000 Mbps 网卡,传输介质采用双绞线,接口采用 RJ45 标准。

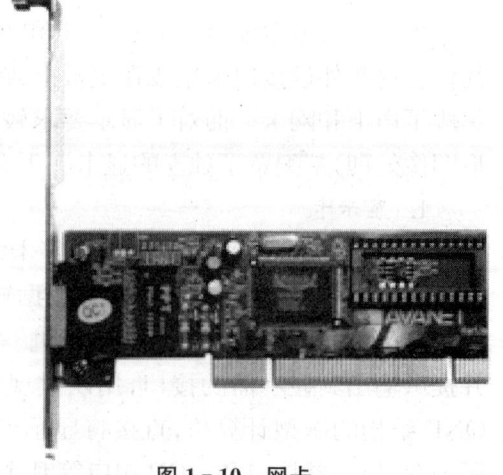

图 1-10 网卡

（五）计算机外部设备

计算机的外设很多,因此我们主要介绍最常用的计算机外设:硬盘、光驱和光盘、U盘、显示器、键盘、鼠标和打印机等。

1. 硬盘

硬盘驱动器简称硬盘,是计算机系统中最重要的外部存储设备,如图1-11所示。操作系统及安装在计算机中的各种软件和数据都存放在硬盘上,用户的文档一般也保存在硬盘上。硬盘具备存储容量大、速度较快、可靠性高等优点。目前,大容量、高速硬盘已成为计算机系统的基本配置。主流PC机硬盘一般是IDE接口,专用服务器硬盘一般是SCSI接口,硬盘的主要性能指标是转速和容量,目前市场上流行的硬盘的转速是7 200转/分,容量是120 GB、160 GB等。硬盘的精度很高、转速很快、磁头与盘片的间隙很小,所以硬盘在主机箱中一定要固定好,并防止震动。IDE硬盘通过IDE传输线与主板上的IDE接口连接起来,硬盘还需从主机箱电源接头连接到硬盘上给硬盘供电。

图1-11 硬盘内部结构

2. 光盘驱动器和刻录机

光盘驱动器简称光驱或CD-ROM,光驱外形就像一个封闭的铁盒子,在其板面上拥有几个按键,分别控制托盘的弹出、音乐的播放和音量的大小,另外还有一个耳机插孔,其背面是数据线的接口和电源接口等,如图1-12所示。光驱的主要性能指标是读取速度,目前市场上流行的光驱的读取速度一般是48倍速以上。

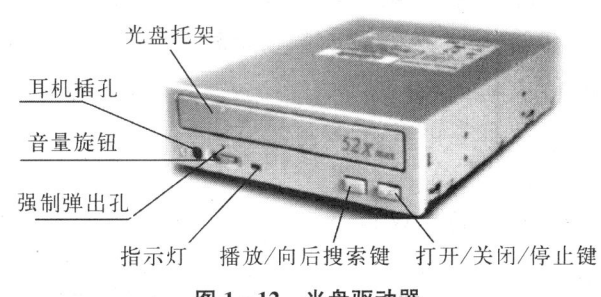

图1-12 光盘驱动器

DVD驱动器:它的主要特点是容量大和读取速度快,单面单层DVD光盘容量高达4.7 GB,单面双层光盘容量可达8.5 GB,双面单层光盘容量可达9.4 GB,而双面双层光盘容量高达17 GB,而CD光盘容量为700 MB左右;DVD光驱的传输速率为1 335 KB/S,相当于CD-ROM的9倍左右。

光盘刻录("CD-R"和"CD-RW")是在CD-ROM基础上发展起来的两种CD存储技术,"CD-R"是"CD-Recordable"的英文简写,是指一种允许CD进行一次性刻录的特殊存储技术。"CD-RW"是CD-ReWritable的英文简写,是指一种允许对CD进行多次重复擦写的特殊存储技术。这两种技术借以实现的存储介质分别被称为CD-R盘片和CD-RW盘片,而实现这两种技术的设备,就是CD-R驱动器和CD-RW驱动器。目前单纯的CD-R驱动器已很少见,通常所说的"光盘刻录机"是指CD-RW驱动器,它的形状与CD-ROM一样。CD-RW刻录机有三个速度指标:刻录速度、重写速度和读

JI SUAN JI JI CHU 计算机基础 ▶▶▶

取速度。

3．U 盘

U 盘是近几年发展起来的一种可移动的存储设备,在市场上已取代了传统的软盘。U 盘与软盘比较有许多优点,如体积小、携带方便、稳定性好、读写速度快、即插即用等,如图 1－13 所示。U 盘的主要指标是容量,目前 U 盘的容量一般为512 MB、1 GB、2 GB等几种,随着 U 盘的普及,价格越来越低。

使用 U 盘的注意事项:

(1) 当插入 U 盘后,最好不要立即拔出。特别是不要反复立即插拔,因为操作系统需要一定的反应时间,中间的间隔最好在 15 秒以上。

图 1－13　U 盘

(2) 慎用密码,若密码丢失,则数据将无法打开。

(3) 有些 U 盘上有一个写保护开关,不要在 U 盘插入电脑时拨动此开关,以防损坏。

(4) U 盘虽然有很多优点,但数据也不是万无一失的,掌握正确的使用方法是关键。

(5) U 盘直接插在电脑上,如果被碰撞,则接口可能折断。为防止这种情况发生,最好通过 U 盘连接线使用 U 盘。

4．键盘和鼠标

键盘与鼠标是我们最常用的输入设备,人们可以使用键盘和鼠标向计算机中输入各种指令和信息,指挥计算机工作。

键盘的分类:

(1) 按键盘接触方式分类:可分为机械式键盘和电容式键盘。

(2) 按键盘上键的个数分类:标准的键盘有 101 个键,还有 102、104、108 键等,如图 1－14 所示。

图 1－14　标准键盘

(3) 按键盘接口分类:有 PS/2 接口、USB 接口等。

(4) 其他分类:有防水键盘和自然键盘(人体工程学键盘)等。

鼠标的种类和接口方式:

(1) 二键＋滚轮鼠标:滚轮经常应用于快速控制 Windows 的滚动条,而在一些特殊的程序中也能起到很灵活的辅助作用,如图 1－15 所示。

(2) 光电式鼠标:这种鼠标采用了新型的光电技术,利用光学镜头对鼠标所接触的表面进行扫描对比,大大提高鼠标的精度。机械鼠标目前已很少使用。

(3) 微机与鼠标连接的接口主要有两种:PS/2 鼠标接口(鼠标专用口)、USB 接口。

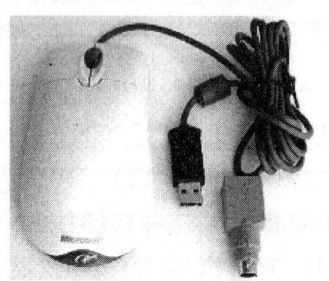

图 1－15　USB 鼠标和
PS/2 鼠标

5．显示器

显示器又被称为监视器(Monitor),是作为计算机的"脸面"呈现在我们的面前,是计算机最主要的输出设备之一,是人与计算机交流的主要桥梁。显示器的更新速度比较慢,价格变动幅度也不像 CPU、内存和硬盘那样大。由于在购机预算中,显示器占有较大的比重,所以挑选一台好的显示器是非常重要的。

显示器按其工作原理可以分许多类型,比较常见的有:阴极射线管显示器(CRT)和液晶显示器(LCD),另外还有等离子体显示器(PDP)、真空荧光显示器(VFD)等,如图 1-16 和图 1-17 所示。CRT 显示器多见于台式机而 LCD 显示器多见于笔记本电脑中。而目前,液晶显示器越来越普及,许多家用机和办公用机都选用液晶显示器。

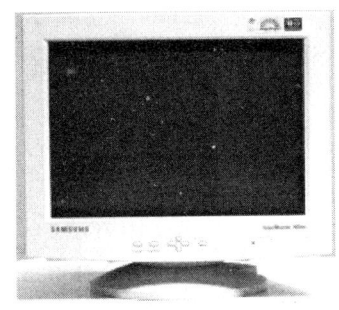 

图 1-16　CRT 显示器　　　　　　　　图 1-17　LCD 显示器

按显示色彩不同来分:可分为单色显示器和彩色显示器。目前,单色显示器已很少看到。

按显示屏幕大小分:通常有 15 英寸、17 英寸、19 英寸和 22 英寸等,显示器的屏幕大小以英寸为单位(是指显示器屏幕对角线的长度,1 英寸大约为 2.539 厘米)。

6. 打印机

打印机是电脑系统的主要输出设备之一,分为击打式和非击打式两大系列产品。击打式以针式点阵打印机为主,非击打式则包括激光、喷墨打印机等。针式打印机具有使用灵活、分辨率和速度适中、能打印发票和大幅面打印的特点,性能价格比高,如图 1-18 所示;喷墨打印机采用点阵印字技术,具有分辨率较高、噪音低、易实现彩色印字等特点,缺点是不具备打印发票能力及耗材(包括喷墨头、墨水)价格偏高,如图 1-19 所示;激光打印机以其成熟的技术、极高的可靠性、快速安全的打印方式、可实现各种打印机技术中最高打印速度和分辨率的特点,成为办公自动化系统和桌面印刷系统的主要设备,如图 1-20 所示。目前家庭一般使用喷墨打印机或激光打印机,办公室一般用激光打印机,针式打印机一般用于打印发票和油印蜡纸等。

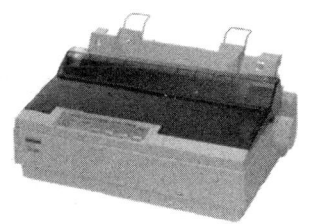  

图 1-18　针式打印机　　　　图 1-19　喷墨打印机　　　　图 1-20　激光打印机

四、案例实现 *

（一）案例要求

说出计算机外设的名称、作用及主要性能指标；识别主机后面各接口的名称和作用；将计算机主机和外设连接起来；说出主机箱内各主要部件的名称、作用和主要性能指标。

（二）案例实现

第一步：准备一台计算机(主机、鼠标、键盘、CRT 显示器、LCD 显示器、音箱、刻录机、U 盘等)和三种常用的打印机。

第二步：说出计算机的鼠标、键盘、前面板的 USB 接口、耳机接口、麦克风接口，并了解它们的作用。

第三步：指出计算机的电源开关、电源指示灯、硬盘指示灯、复位开关的位置和作用，并演示给学生看。

第四步：指出光驱或刻录机的安装位置，并演示光驱的正确使用方法。

第五步：将计算机主机背面面向学生，指出各接口的名称和作用，并演示各接口与外设的连接方法。

第六步：将计算机主机与各外设连接线拆下。注意：必须先拔出电源线。

第七步：打开计算机主机箱。

第八步：介绍主机箱内的主板、电源、硬盘(包括数据线和电源线)、光驱(包括数据线和电源线)、声卡、显卡、网卡、内存。

五、提高练习与技巧 *

1. 将案例实现步骤中第八步介绍的各部件逐一拆下来，然后拆下 CPU 的风扇，这时我们就能看到 CPU，然后取出 CPU。

2. 介绍主板上主要芯片(北桥和南桥)，并介绍主板的型号，然后介绍主板上各主要接口和扩展槽的作用。

3. 完成以上步骤后，将主机上各部件按照拆下时反序依次安装到主机箱中，并说明各元件的安装要点。

4. 将主机箱盖安装到主机箱上，最后将各外设的连线安装到主机箱后面各相应的接口上。

5. 重新启动计算机，最后总结以上操作的要点和注意事项，并指出计算机内部硬件结构。只要我们按照以上的步骤进行操作，拆装一台计算机不会比拆装一辆自行车难。

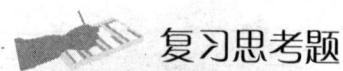 复习思考题

一、选择题

1. 微型计算机的硬件系统包括(　　　)。

A. 控制器、运算器、存储器和输入输出设备

B. 控制器、主机、键盘和显示器

C. 主机、电源、CPU 和输入输出设备

D. CPU、键盘、显示器和打印机

2. 既是输入设备又是输出设备的是（　　）。

A. 显示器　　　　　　B. 打印机　　　　　　C. 键盘　　　　　　D. 硬盘驱动器

3. 下列说法中,正确的是（　　）。

A. 计算机体积越大,其功能就越强

B. 在微机性能指标中,CPU 的主频越高,其运算速度越快

C. 两个显示器屏幕大小相同,则它们的分辨率必定相同

D. 点阵打印机的针数越多,则能打印的汉字字体越多

4. 一个字节（Byte）占（　　）个二进制位。

A. 1　　　　　　　　B. 2　　　　　　　　C. 4　　　　　　　　D. 8

5. 衡量计算机存储容量的单位通常是（　　）。

A. 块　　　　　　　　B. 字节　　　　　　C. 比特　　　　　　D. 字长

6. 通常说的 CPU 是指（　　）。

A. 内存储器和控制器　　　　　　　　B. 控制器和运算器

C. 内存储器和运算器　　　　　　　　D. 内存储器、控制器和运算器

7. 完整的计算机系统包括（　　）。

A. 硬件系统和软件系统　　　　　　　B. 主机和外部设备

C. 主机和实用程序　　　　　　　　　D. 运算器、存储器和控制器

二、简答题

1. 简述主板的作用。

2. CPU 主要由哪两个部分组成?

3. 计算机存储器可分为哪两个部分? 计算机内存又如何分类?

4. 请写出存储器容量单位 B、KB、MB、GB 和 TB 之间的关系。

5. 外设接口卡主要有哪些?

6. 简述显示卡的作用。

7. 简述声卡的功能。

8. 声卡有哪几个插孔?

9. 简述网卡的作用。

10. 目前市场上流行的 CD－ROM 主要有哪几种倍速?

11. 简述 CD－ROM、DVD 和刻录机之间的关系。

12. 目前市场上流行的 U 盘的容量是多少? 价格又如何?

13. 简述显示器的分类和常用显示器的尺寸。

14. 简述键盘的分类。

15. 简述鼠标的分类。

16. 简述打印机的分类。

三、"案例实现"结果整理题

将"案例实现"讲解过程中课堂笔记的内容进行整理,然后做到作业本上。

四、上机实验

1. 根据"案例实现"的要求,每个同学到机房练习一遍,并根据自己练习的感受和学到的知识,写一篇对计算机硬件认识的体会。

2. 如果上机条件和上机时间允许,请将"提高练习与技巧"中的题目在机房做一遍。

第三节　计算机软件系统(第三讲)

一、案例目标

通过本讲学习,了解计算机软件、程序设计语言等概念,了解软件系统的组成、操作系统的功能和分类、计算机的应用领域,了解 Windows XP 操作系统对计算机硬件的要求和安装前的准备,了解 Windows XP 操作系统的安装。

二、案例主要技能

- 学会操作系统安装前的准备工作
- 学会安装 Windows XP 操作系统

三、知识剖析

通常,人们把没有任何软件的计算机称为硬件计算机或裸机。裸机由于没有任何软件,所以只能运行机器语言程序,这样的计算机,它的功能显然不会得到充分有效的发挥,普通用户无法使用裸机。上一节我们学习了计算机硬件,但是只有硬件的计算机无法工作,我们平时使用的是安装了若干软件之后的计算机系统。有了软件,我们就不必更多地了解机器本身就可以使用计算机,软件在计算机和用户之间架起了桥梁。正是由于软件的丰富多彩,可以出色地完成各种不同的任务,才使得计算机的应用领域日益广泛。当然,计算机硬件是支撑计算机软件工作的基础,没有足够的硬件支持,软件也就无法正常工作。实际上,在计算机技术的发展进程中,计算机软件随硬件技术的迅速发展而发展;反过来,软件的不断发展与完善又促进了硬件的新发展,两者的发展密切地交织着,缺一不可。

（一）软件的概念和软件系统的组成

软件是相对于硬件而言的。软件和硬件有机地结合在一起就是计算机系统。脱离软件或没有相应的软件,计算机硬件系统不可能完成任何有实际意义的工作。一台性能优良的计算机硬件系统能否发挥其应有的功能,取决于为之配置的软件是否完善、丰富。因此,在使用或开发计算机系统时,必须要考虑软件系统的发展与提高,必须熟悉与硬件配套的各种软件。实际上,我们普通的计算机用户主要是在计算机硬件的基础上使用计算机的应用软件,如 Word、Excel、IE、RealPlayer 等。

计算机软件是指计算机程序及其相关的文档的总和。为了使计算机实现预期的目的,需编制程序来指挥计算机进行工作。程序是指为达到某一目的而编制的计算机指令的集合。为使编制完毕的程序便于使用、维护和修改,需给程序写一个详细的说明,这个使用说明就是程序的文档,或称软件的文档。

从计算机系统的角度来划分,软件系统又可以分为系统软件和应用软件两大类:

(1)系统软件。指管理、监控和维护计算机资源(包括硬件和软件资源)的软件。它主要包括操作系统、各种程序设计语言及其解释和编译系统、数据库管理系统等。

(2)应用软件。除了系统软件以外的所有软件都是应用软件,它是用户利用计算机及其提供的系统软件为解决各种实际问题而编制的计算机程序。通常,应用软件专门用于解决某个应用领域中的具体问题。由于计算机的应用已经渗透到了各个领域,所以应用软件也是多种多样的。例如:各种用于科学计算的软件包,各种文字处理软件,计算机辅助设计、辅助教学软件,各种图形图像处理软件等。

(二)程序设计语言与语言处理程序

1. 程序设计语言

人们要利用计算机解决实际问题,首先要编制程序。程序设计语言就是用户用来编写程序的语言,它是人与计算机之间交换信息的工具,实际上也是人指挥计算机工作的工具。通常,用户在用程序设计语言编写程序时,必须满足相应语言的语法格式,并且逻辑要正确。

程序设计语言是软件系统的重要组成部分。一般它可分为机器语言、汇编语言和高级语言三类。在机器语言中,每一条指令是由 0 和 1 组成的代码串,因此,由它编写的程序不易阅读,而且指令代码不易记忆。为了便于理解和记忆,人们采用能帮助记忆的英文缩写符号(称为指令助记符)来代替机器语言指令代码中的操作码,用地址符号来代替地址码。用指令助记符及地址符号书写的指令称为汇编指令,而用汇编指令编写的程序称为汇编语言源程序。

机器语言和汇编语言都是面向机器的语言,一般称为低级语言。它们对机器的依赖性很大,用它们开发出的程序通用性差,而且要求程序的开发者必须熟悉和了解计算机硬件的每一个细节,因此,它们面对的用户一般是计算机专业人员,普通的计算机用户很难胜任这一工作。用高级语言编写程序要比用低级语言容易很多,大大简化了程序的编制和调试过程,使编程效率得到大幅度的提高。

需要指出的是,用任何计算机高级语言编写的程序(习惯称为源程序)都要通过编译程序翻译成机器语言程序(习惯称为目标程序)后才能被计算机执行,或者通过解释程序边解释边执行。与低级语言相比,用高级语言编写的程序其执行的时间和空间效率要差一些。

2. 语言处理程序

对于用某种程序设计语言编写的程序,通常要经过编辑处理、语言处理、装配链接处理后,才能够在计算机上运行。

所谓语言处理是将源程序转换成机器语言的形式,以便计算机能够运行。这一转换是由翻译程序来完成的,翻译程序除了要完成语言间的转换外,还要进行语法、语义等方面的检查。翻译程序统称为语言处理程序,共有三种:汇编程序、编译程序和解释程序。

(1)汇编程序。汇编程序将用汇编语言编写的程序(源程序)翻译成机器语言程序(目标程序),这一翻译过程称为汇编。

(2)编译程序。编译程序是将用高级语言编写的程序(源程序)翻译成机器语言程序(目标程序),这个翻译过程称为编译。

(3)解释程序。解释程序是边扫描边翻译边执行的翻译程序,解释过程不产生目标程序。解释程序将源程序一句一句读入,对每个语句进行分析和解释,有错误随时通知用户,无错误就按照解释结果执行所要求的操作。程序的每次运行都要求源程序与解释程序参加。

（三）操作系统的功能及其分类

操作系统是最低层的系统软件,它是对硬件系统功能的首次扩充。操作系统实际上是一组程序,它们用于统一管理计算机资源,合理地组织计算机的工作流程,协调计算机系统内各部分之间、系统与用户之间、用户与用户之间的关系。由此可见,操作系统在计算机系统中占有特殊重要的地位,所有的其他软件(包括系统软件与应用软件)都建立在操作系统基础上,并得到它的支持和取得它的服务。从用户的角度来看,当计算机配置了操作系统后,用户不再直接操作计算机硬件,而是利用操作系统所提供的命令和服务去操作计算机,也就是说,操作系统是用户与计算机之间的接口。

通常,操作系统具有 5 个方面的功能:处理机管理、存储管理、设备管理、文件管理和作业管理。

（四）计算机的应用领域

计算机既能存储数据信息,又能进行运算和处理各种信息,并且具有速度快、精度高等特点,再配置上功能强大的软件系统,其应用范围越来越广泛。

计算机的应用主要有以下几个方面。

1. 科学计算

随着计算机技术的发展,计算机的计算能力越来越强,运算的速度越来越快,计算精度也越来越高。利用计算机进行数值计算,可以节省大量时间、人力和物力,计算机是发展现代尖端科技必不可少的重要工具。比如:中央气象台天气预报数据的计算、载人航天飞机数据的计算、国防科技中导弹飞行轨迹的计算等。

2. 信息处理(办公自动化)

信息处理是指在计算机上管理、操纵各种形式的数据信息。例如,办公自动化、企业管理、物资管理、报表统计、账目计算、信息情报检索等都是数据处理。此外,将微机与仪器仪表结合,充分利用微机的数据处理能力,实现数据采集、处理、存储的自动化,可大大提高仪器仪表测量的精确度和自动化程度。随着计算机及互联网的不断发展,以后机关和企事业单位的办公也无法离开计算机。

3. 过程控制

过程控制是指利用计算机对连续的工业生产过程等进行控制。微型机在工业控制方面的应用,大大促进了自动化技术的普及和提高,并且可以节省劳动力、减轻劳动强度、提高生产效率、节省原料、减少能源消耗、降低生产成本等。例如,用微机进行航天飞行和控制、数控机床和其他生产设备的控制,用于生产过程的数据自动采集,实现生产过程的自动检测、自动调节和自动控制。

4. 计算机通信

现代通信技术与计算机技术相结合,构成联机系统和计算机网络,这是计算机具有广阔前景的一个应用领域。计算机网络的建立,不仅解决了一个地区、一个国家中计算机之间的通信和网络内各种资源的共享,还可以促进和发展国际上的通信和各种数据的传输与处理。目前互联网的普及,人们可以很方便快捷地从互联网上获取大量的有用信息。全球不同地方的人们可以通过互联网交流、沟通和娱乐。

5. 计算机辅助设计、辅助制造和辅助教学

计算机辅助设计(CAD)是指利用计算机来帮助设计人员进行工程设计,以提高设计工作的自动化程度,节省人力和物力,例如 AutoCAD 等。

计算机辅助制造(CAM)是指利用计算机来进行生产设备的管理、控制和操作生产过程,以便提高产品质量,降低成本,缩短生产周期,改善制造人员的工作条件。

计算机辅助教学(CAI)是指利用计算机来辅助学生学习的自动系统。它将教学内容、教学方法以及学生学习情况存储于计算机内,使学生能够从 CAI 系统中学到所需要的知识。

6. 人工智能

人工智能是利用计算机模拟人类某些智能行为(如感知、思维、推理、学习等)的理论和技术。它是在计算机科学、控制论等基础上发展起来的边缘学科,它包括专家系统、机器翻译、自然语言理解等。

7. 其他

目前,计算机在娱乐、交流和沟通等方面的应用越来越广泛,如网络游戏、网上聊天(可以是文字、语音和视频)、在线音乐、在线电影,也可以通过网络进行网上购物、网上银行结账、网上股票交易、网上信息查询等。随着计算机和网络的快速发展,人们对计算机的依赖越来越大。可以这样说,再过几年,不会使用计算机的青年学生将成为新的"文盲",人们在日常的工作、生活和娱乐等各个方面都将无法离开计算机及互联网。

计算机的应用范围非常广泛,从人造卫星到日常工作、生活和娱乐,从科学计算到儿童玩具都有计算机的踪影。但应该认识到,计算机是人设计制造的,要靠人来使用和维护,它不能代替人脑的一切活动。人们只有提高计算机方面的知识水平,才能充分发挥计算机的作用。

(五)Windows XP 操作系统的安装 *

1. Windows XP 操作系统对计算机硬件的要求

每一个操作系统对计算机硬件的要求都不一样,下面我们介绍 Windows XP 操作系统对计算机硬件配置的要求。

● CPU:300 MHz 及以上的处理器

- 内存：256 MB 以上的内存
- 硬盘：4 GB 以上的硬盘空间
- 驱动器：至少有一个光驱

2. 安装前的准备工作

（1）备份重要资料。如果安装的是新购买的计算机，由于硬盘内是空的，不会碰到资料的备份；如果计算机以前用过，而安装操作系统一般会将 C 盘中的所有数据和资料全部删除，在安装操作系统前必须将该计算机中一些有用的资料备份下来。备份资料的方法：① 系统能正常启动，则启动计算机后将有用的资料复制到 D 盘、E 盘或 U 盘中。② 系统无法启动时，要请计算机高手在 DOS 下进行备份。

（2）准备安装系统所需的软件。① 启动盘和安装盘：Windows XP 安装盘一般都能启动计算机。② 驱动盘：计算机各设备的驱动程序，如果没有驱动程序，则必须先到网上下载相应的驱动程序。③ 需要安装的应用软件：许多应用软件可到网上下载。

3. 系统安装方法

Windows XP 操作系统是目前比较流行的操作系统，下面介绍 Windows XP 操作系统的安装方法。

（1）开机按 Del 键进入 BIOS，将光驱设为第一启动驱动器，将病毒警告设置为禁止，保存退出。接着将 Windows XP 安装盘放入光驱，启动计算机。注意：进入 BIOS 后可设置计算机的开机密码，BIOS 其他的一些设置方法在此不做介绍，老师在讲课时可进行补充。

（2）计算机启动过程中出现"Press key to boot from CD"，按任意键从光盘启动和运行安装程序。

（3）接着进入 Windows XP 的检测界面，开始检测计算机的各个硬件以确认该计算机的硬件配置是否满足 Windows XP 系统的需求。

（4）硬件检测完毕后，进入"欢迎使用安装程序"界面，如图 1-21 所示。根据提示按回车键进行 Windows XP 的安装。

（5）按回车键后进入"XP 许可协议"界面，如图 1-22 所示，按 F8 键接受协议。

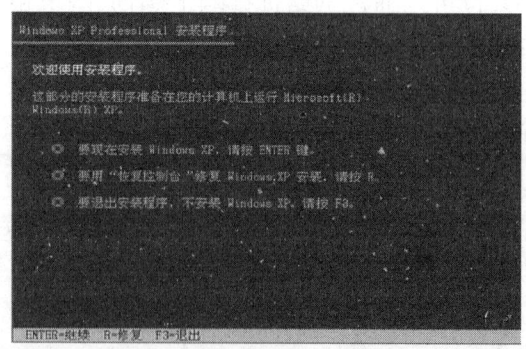

图 1-21　欢迎使用安装程序界面

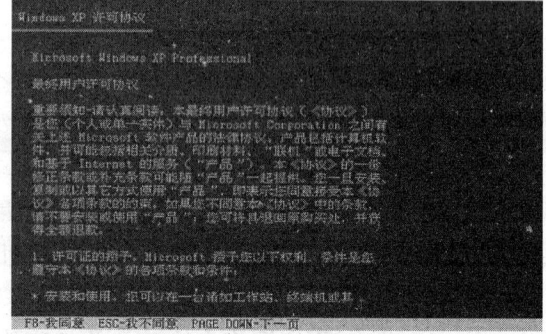

图 1-22　许可协议界面

（6）下面将进入删除分区、创建分区的界面。一般在安装 XP 前已经建好了硬盘分区，在此直接按回车键将 XP 系统安装在 C 盘中。

>>>>>>

（7）按回车键，系统提示安装 Windows XP 所选的分区文件系统为 FAT32 格式分区，可以根据自己的情况确定是否将 FAT32 格式分区转换为 NTFS 格式分区。

（8）选择"用 FAT 文件系统格式化磁盘分区"后按回车键，接下来分别按"F"键和回车键开始格式化。格式化完成后会将文件复制到 Windows XP 安装文件夹中。

（9）复制完文件后，安装程序将初始化 Windows XP 配置。

（10）初始化结束后，系统自动重新启动。重新启动后不用进行任何操作，系统会自动进入安装向导，然后用鼠标单击"下一步"进入如图 1－23 所示的安装界面。

（11）在图 1－23 的界面中，安装程序要求用户对区域和语言进行设置，一般采用默认即可，单击"下一步"。接着进入用户信息输入界面，要求输入"姓名"、"单位"，可用 Ctrl＋Shift 键将输入法切换到所用的输入法（注：五笔字型输入法还不能使用），如图 1－24 所示。

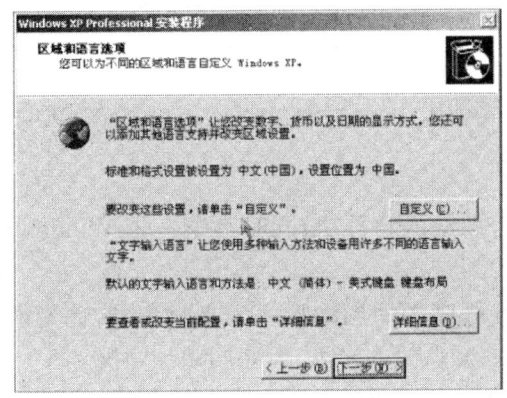

图 1－23　区域和语言选项界面

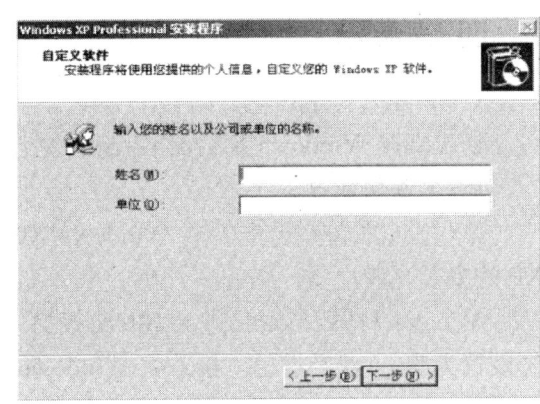

图 1－24　输入姓名和单位界面

（12）单击"下一步"，输入产品的序列号。输入产品序列号后，单击"下一步"，进入设置计算机名和系统管理员密码的界面，计算机名在局域网中有用，在此输入计算机系统管理员密码。如果启动 XP 时不想用密码，将这里的管理员密码空着即可，如图 1－25 所示。

（13）输入完成后，单击"下一步"按钮，进入系统日期、时间设置界面，一般采用默认即可。

（14）单击"下一步"按钮，安装程序将要求用户选择使用典型设置还是自定义设置，在此我们采用默认的"典型设置"即可，如图 1－26 所示。

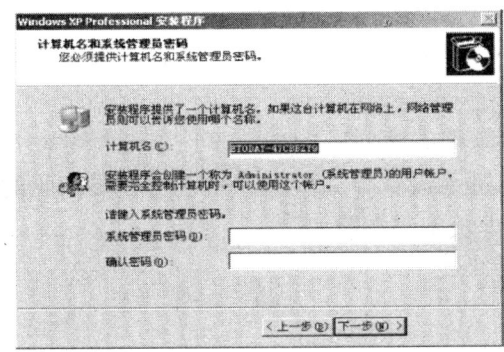

图 1－25　输入计算机名和系统管理员密码界面

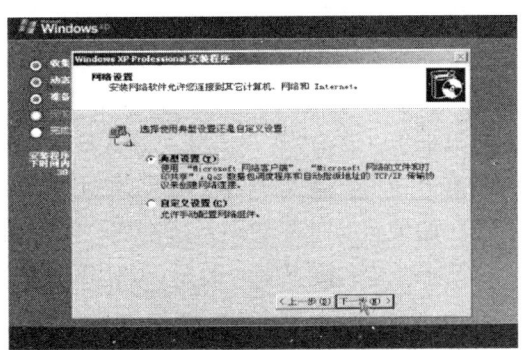

图 1－26　网络设置界面

(15)单击"下一步"进入设置计算机的工作组或计算机域界面,可以采用默认设置,也可以对默认设置进行修改。安装向导自动进入最后安装设置,完成后计算机重启。重新启动后,计算机将进入 Windows XP 操作系统桌面,这表明我们的安装初步完成。

(16)此时如果计算机的"声卡"、"网卡"和"显卡"等设备 XP 能够识别并有驱动程序,则 XP 会自动安装这些设备的驱动程序。如果 XP 不能识别这些设备或这些设备的驱动程序 XP 内没有,则还需单独安装这些设备的驱动程序,利用相应设备的驱动程序光盘进行安装即可,在此不做介绍。一般情况下,购买设备时会有该设备的驱动光盘,用户要将这些驱动程序光盘保存好,如果丢失,先查出该设备的型号,然后到网上下载。

至此,整个 XP 的安装过程基本结束,应用软件的安装在此不介绍,以后学到时再介绍相应软件的安装方法。

四、案例实现 *

(一)案例要求

初步掌握 Windows XP 操作系统的安装。

(二)案例实现

第一步:准备一台能安装 Windows XP 操作系统的计算机,同时准备一张 Windows XP 的安装光盘。

第二步:打开计算机,进入 BIOS,设置 BIOS 程序中的启动顺序为光盘启动,病毒警告设置为禁止,保存退出。接着将 Windows XP 安装盘放入光驱,重新启动计算机。

第三步:出现"Press any key boot from CD"提示后,按回车键,从安装光盘启动计算机。

第四步:计算机自检,请稍等。出现"许可协议"界面后,按 F8 同意。

第五步:出现创建分区、删除分区界面后,直接按回车键,将系统安装在 C 盘。

第六步:选择分区文件系统为 FAT32 格式分区。然后选择对 C 盘进行格式化。格式化完成后,安装系统自动将安装文件复制到安装硬盘上。

第七步:复制完文件后,安装程序将初始化 Windows XP 配置,初始化结束后,系统自动重新启动。

第八步:重新启动后,系统自动进入"安装向导",这时只要单击"下一步"即可。

第九步:几次"下一步"后,系统进入输入"用户姓名"和"单位"界面,请根据你自己的实际情况输入即可。

第十步:单击"下一步"后,输入产品的密钥(软件的序列号)。

第十一步:输入产品密钥后,单击"下一步",进入设置计算机名和系统管理员密码的界面。如果启动时不想用系统密码,将这里的管理员密码空着即可。

第十二步:接下来一般是一路"下一步"即可。

五、提高练习与技巧 *

1. Windows XP 安装完成后,有部分适配卡还不能使用(如声卡、网卡、显卡等),请在老师的指导下安装适配卡的驱动程序。

2. Windows XP 和板卡驱动程序安装完成后,可在老师的指导下安装应用软件(如 Office 2003 等)。

3. 用老师提供的软件,安装"五笔字型"汉字输入法。

 市章小结

　　本章我们主要学习了计算机键盘操作规则和指法,利用键盘输入英文文章;学习了计算机硬件系统的组成及计算机各种硬件的识别,了解它们的性能指标;学习了计算机软件的组成、分类和计算机的应用领域;最后我们学习了计算机操作系统 Windows XP 的安装方法。通过本章的学习,同学们可以初步了解计算机系统的组成和键盘操作,并学会 Windows XP 系统的安装。标准的指法操作以及计算机软件和硬件的安装是本章的重点和难点。指法操作练习,开始时速度宁愿慢一点,也要按规定进行操作,否则,形成习惯后纠正相当困难。请同学们切记!

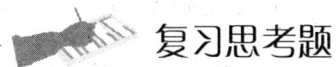 复习思考题

一、选择题

1. 计算机指令的集合称为(　　)。

A. 机器语言　　　　B. 软件　　　　　C. 程序　　　　　D. 计算机语言

2. 计算机能直接识别的程序是(　　)。

A. 源程序　　　　　　　　　　B. 机器语言程序

C. 汇编语言程序　　　　　　　D. 低级语言程序

3. 计算机的软件系统分为(　　)。

A. 程序和数据　　　　　　　　B. 工具软件和测试软件

C. 系统软件和应用软件　　　　D. 系统软件和测试软件

4. 在计算机内部,一切信息存取、处理和传送的形式是(　　)。

A. ASCII 码　　　　B. 十进制　　　　C. 二进制　　　　D. 十六进制

5. 操作系统是(　　)。

A. 应用软件　　　　B. 系统软件　　　　C. 字表处理软件　　D. 计算软件

6. 为达到某一目的而编制的计算机指令序列称为(　　)。

A. 软件　　　　　　B. 程序　　　　　C. 字符串　　　　D. 命令

7. 编译程序的作用是将高级语言源程序翻译成(　　)。

A. 目标程序　　　　B. 临时程序　　　　C. 应用程序　　　D. 可执行程序

8. 能把高级语言源程序翻译成目标程序的处理程序是（　　）。

A. 汇编程序　　　　　B. 编译程序　　　　　C. 解释程序　　　　　D. 编辑程序

二、简答题

1. 什么是计算机裸机？

2. 软件的分类。

3. 什么是系统软件？什么是应用软件？

4. 程序设计语言分为哪几类？

5. 操作系统的概念。

6. 操作系统有哪 5 个方面的功能？

7. 根据你自己的所见所闻和感受，谈谈计算机的应用领域。

8. Windows XP 操作系统对硬件的要求。

9. 安装 Windows XP 前需做哪些准备工作？

三、"案例实现"结果整理题

将"案例实现"讲解过程中课堂笔记的内容进行整理，然后做到作业本上。

四、上机实验

1. 如果上机条件和上机时间允许，用 VMware 虚拟机软件在机房每台计算机上构建计算机维护实验平台，要求每位同学将案例实现的整个过程在机房自己独立做一遍。如果计算机实验室的硬件条件较差，也可直接在计算机上安装 Windows XP 软件。

2. 如果上机条件和上机时间允许，请将"提高练习与技巧"中的题目在机房做一遍。

2 第二章　汉字输入法

 学习目的

使用汉字的人学习计算机,必须学会汉字输入法。这样才能利用计算机来处理文章、表格等,才能利用计算机辅助我们工作、学习、生活和娱乐。本章主要学习智能 ABC 汉字输入法和五笔字型汉字输入法。

第一节　智能 ABC 汉字输入法(第四讲)

一、案例目标

目前,使用智能 ABC 汉字输入法的人越来越多。通过本讲学习,掌握输入法状态条的使用、学会智能 ABC 汉字输入方法(包括全拼、简拼、双拼、混拼、笔形、音形、双打等),基本掌握智能 ABC 特殊功能的使用技巧。

二、案例主要技能

● 掌握智能 ABC 汉字输入法基本输入过程,并学会全拼、简拼、双拼、混拼、笔形、音形、双打等输入方式的输入规则
● 学会利用智能 ABC 汉字输入法在计算机中输入汉字
● 学会智能 ABC 汉字输入法的一些基本使用技巧

三、知识剖析

(一)输入法状态条
智能 ABC 输入法是 Windows XP 操作系统自带的一种汉字输入法,不需要单独安

装。你要使用智能 ABC 输入法输入汉字时,只需连续按 Ctrl＋Shift 组合键,就会出现输入法状态条 标准,表示进入智能 ABC 输入法。也可以直接单击桌面右下角任务栏中的输入法指示器,从中选择"智能 ABC"。注意,一般要在小写状态下输入中文,在大写状态下输入的还是英文大写字母。

输入法状态条表示当前的输入状态,可以通过状态条来切换状态。其切换方法如下:

● 输入法/非输入法切换按钮:Ctrl＋Space。

● 在智能 ABC 状态下的中文/英文大写切换: 表示中文输入, A 表示英文大写字母输入,快捷键为 Caps Lock。

● 全拼/双拼输入切换按钮: 标准 全拼输入状态, 双打 双拼输入状态。

● 全角/半角切换按钮: 表示全角输入, 表示半角输入,快捷键 Shift＋Space。在全角输入状态下,英文、数字和字母将使用全角符号,每个全角符号和汉字一样,占用两个字节,即一个汉字的位置。

● 中/英文标点切换按钮: 表示中文标点, 表示英文标点,快捷键"Ctrl＋. "。

● 软键盘开/关切换按钮:单击 打开或关闭软键盘,右击 选择软键盘种类。

（二）智能 ABC 输入过程

1. 基本过程

（1）开始阶段:第一键按下后,就开始了拼音输入过程。第一键只允许 26 个英文字母(大写、小写均可以)。第一键为 i,I,u,v 时具有特殊的含义,在后面我们会学到。

（2）输入中间阶段:各种字符包括数字,均可作为输入字串的组成部分。但对于规范变换,输入字串应符合组合规则。

（3）输入结束键:空格、标点符号,将以词为单位转换输入字串;回车键,将以字为单位转换输入信息;"["、"]"、"CTRL＋−"为特殊情况结束键。

（4）结果修正阶段:系统对输入的音形字串在分析、变换后,把结果显示在相应输入信息的位置,计算机用响铃提醒操作人员对转换结果进行正确性判断。无声转换结果惟一,短声有候选结果,长声无结果。

注意:如果结果不是惟一的,还要在候选框中显示候选结果。若转换不能一次完成,则进入自动分词构词和记忆过程。

2. 属性设置

在智能 ABC 状态条上右击,将弹出一个设置菜单。在菜单中选择"属性设置"项,则弹出属性设置对话框,如图 2−1 所示。

（1）风格设置。固定格式:状态窗、外码窗和候选窗的位置相对固定,不跟随插入符移动;光标跟随:外码窗和候选窗跟随插入符移动。

（2）功能设置。词频调整:复选时具有自动调整词频功能;笔形输入:复选时具有纯笔形输入功能。

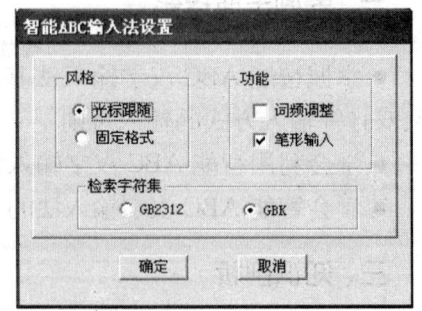

图 2−1 智能 ABC 输入法
设置对话框

3. 外码窗的编辑

智能 ABC 的外码窗允许输入字串可长达 40 个字符,能输入很长的词语,甚至短句。在输入过程中,可以使用光标移动键进行插入、删除、取消等操作,如表 2－1 所示。

表 2－1　光标移动键的功能

键　位	功　能	键　位	功　能
→键	左移光标	[Backspace]键	删除前一个字符
←键	右移光标	[Del]键	删除后一个字符
↑键	光标移到输入字串头	[Esc]键	取消全部输入内容
↓键	光标移到输入字串尾		

4. 用键定义

(1) 智能 ABC 输入过程中的特殊用键定义功能如表 2－2 所示。

表 2－2　特殊用键定义功能表

键　位	名　称	说　明
空格键	词转换键	结束一次输入过程,同时具有对输入信息按词转换的功能
回车键	字转换键	结束一次输入过程,同时具有对输入信息按字转换的功能
[ESC]键	取消键	取消输入过程或者变换结果
[←或 Backspace]键	逆转换及删除键	在输入字符过程,删除光标前的字符 在转换过程,把光标前的一个汉字恢复到原输入码
[Ctrl＋"－"]键	恢复、重复键	对记忆内容"朦胧回忆" 在其他的场合下,也起着恢复现场或重复作用
"[","]"键 PageUp, PageDown 键 Home, End 键	翻页键	"]"、PageUp 键向前翻页 "["、PageDown 键向后翻页 Home 键翻至首页,End 键翻到末页
数码键 1～9 Shift＋数码键	候选结果选择键	在候选窗中选择候选结果 纯笔形输入时,在候选窗中选择候选结果
[Caps Lock]键	大写锁定键	只有在小写状态,才能输入中文

(2) 鼠标操作。鼠标位于候选窗内某候选结果上,左键起到选择作用;鼠标位于下列图标上,作用如下:向后翻页：▼;向前翻页：▲;直接到页尾：⊻;直接到页首：⊼。

(三) 全拼输入法

对于使用汉语拼音比较熟练且发音较准确的同学,可以使用全拼输入方式。

取码规则:按规范的汉语拼音输入,输入过程和书写汉语拼音的过程完全一致。所有的字和词都使用其完整的拼音。

输入单字或词语的基本操作方法:输入小写字母组成的拼音码,用空格键表示输入码结束,并可通过按"["和"]"键(或用"＋"和"－"键)进行上下翻屏查找重码字或词,再选择相应单字或词前面的数字完成输入,排在第一个的可用空格键选择。

1. 单字输入

例:计 ji　算 suan　机 ji　基 ji　础 chu

2. 词语输入

例:汉字 hanzi　天安门 tian'anmen　计算机 jisuanji　社会主义 shehuizhuyi

隔音符号"'"(半角单引号)的使用有助于进行音节划分,以避免二义性。

3. 句子输入

当句子按词输入时,词与词之间用空格隔开,并可以一直输下去。

例:计算机基础中的汉字输入法 jisuanji jichu zhong de hanzi shuru fa

(四)简拼输入法

简拼输入是对全拼输入的简化,但是它又不同于双拼输入。对于汉语拼音不很准确的人来说,这是一种比较好的方法。

简拼输入规则是取各个音节的第一个字母组成,对于包含 zh、ch、sh(知、吃、诗)的音节,也可以取前两个字母组成。

例如:"计算机"的全拼是"jisuanji",其简拼"jsj";"基础"的全拼是"jichu",其简拼是"jc"或"jch"。

注意:在简拼时,隔音符号的作用进一步扩大。例如,"说话"的全拼是"shuohua",但是它的简拼不能用"sh",因为它是一个复合声母。"说话"的简拼可以用"shh"或者"s'h"。

(五)混拼输入

汉语拼音开放式、全方位的输入方式是混拼输入。在输入词语时,如果对词语中某个字的拼音拿不准,只能确定它的声母时,建议采用混拼输入法。

其输入规则是:两个音节以上的词语,有的音节全拼,有的音节简拼。

例如:"计算机"的混拼输入可以是 jsuanj、jisj、jsji 等。

隔音符号在混拼输入时有重要作用。例如:汉字"单个"的全拼为 dange,混拼为 dan'g,如果将其输入为 dang 则不正确,因为 dang 为"当"字的全拼。

(六)笔形输入

在不会汉语拼音,或者不知道某字的读音时,可以使用笔形输入法。笔形输入法只能用于输入单个汉字。

使用方法:在输入法状态条上,单击鼠标右键,弹出一个快捷菜单。选择"属性设置"项,在弹出的属性设置对话框中选择"笔形输入"复选框即可使用,如图 2-1 所示。

在智能 ABC 系统中汉字"形"的元素按照基本的笔画形状,共分为八类,如表 2-3 所示。

表 2-3　八类基本笔画及笔画代码

笔画代码	笔　画	笔画名称	实　例	注　解
1	一	横(提)	二、要、厂、政	"提"也算作横
2	丨	竖	同、师、少、党	

（续表）

笔画代码	笔画	笔画名称	实例	注解
3	丿	撇	但、箱、斤、月	
4	、(丶)	点(捺)	写、忙、定、间	"捺"也算作点
5	フ	折(竖弯钩)	对、队、刀、弹	顺时针方向弯曲,多折笔画,以尾折为准,如"了"
6	ㄴ	弯	匕、她、绿、以	逆时针方向弯曲,多折笔画,以尾折为准,如"乙"
7	十(乂)	叉	草、希、档、地	交叉笔画只限于正叉
8	口	方	国、跃、是、吃	四边整齐的方框

取码规则：取码时按照笔顺,即写字的习惯,最多取 6 笔。含有笔形"十(7)"和"口(8)"的结构,按笔形代码 7 或 8 取码,而不将它们分割成简单笔形代码 1～6。例如：韫(7158)、簪(314163)、果(87134)、丰(711)。

(1) 简单汉字(独体字)可按笔画顺序逐一取码。例如：又(54)、目(811)、重(3781)、兼(4315)、乎(34315)、串(882)。

(2) 复杂汉字(合体字)的取码。复杂汉字(合体字)可将其按左右、上下或外内分为两块,每个字块最多取三个笔画对应的笔形码。若第一个字块多于三码,限取三码,然后开始取第二个字块的笔形码;若第一个字块不足三码,第二个字块可顺延取码;第二字块仍可一分为二,按每个部分顺延取码。例如：

第一个字块多于三码：船(335 36)、动(116 5)、算(314 8)、命(341 85)、氧(311 43)、远(113 45)、装(412 41)、敲(418 21)。

第一个字块不足三码：花(72 323)、传(32 115)、国(8 1714)、做(32 78 3)。

(3) 对于一些特殊的偏旁部首,请按下列约定编码。耳(122)、非(211)、忄(424)、火(433)、女(631)、艹(72)、卅(132)、开(1132)、井(1132)、弗(51532)、凸(25)、凹(26)。

（七）音形混合输入

将音码和形码结合起来的一种输入方法称为音形混合输入。其规则为：

（拼音＋[笔形描述]）＋（拼音＋[笔形描述]）＋……＋（拼音＋[笔形描述]）

其中,"拼音"可以是全拼、简拼或混拼。对于多音节词的输入,"拼音"一项是不可少的;"[笔形描述]"项可以没有,最多不超过两笔。对于单音节词或字,允许纯笔形输入,如表2－4所示。

表2－4 音形混合输入举例

汉字	笔形	描述注释	汉字	笔形	描述注释
的	d	简拼,不加笔形	对	d5	简拼,加一笔：折
刀	d53	简拼,加两笔：折、撇	纛	dao7	全拼,加一笔：叉

（续表）

汉 字	笔 形	描 述 注 释	汉 字	笔 形	描 述 注 释
形式	xs	简拼,不加笔形	迅速	xs7	简拼,第二字加一笔:乂
现实	xs44	简拼,第二字加两笔:点	显示	x8s	简拼,第一字加一笔:口
蟋蟀	x8s8	简拼,每个字加一笔:口			

注意:拼音和笔形的混合输入是为了减少在全拼或简拼输入时的重码。

（八）双打输入

智能 ABC 为专业录入人员提供了一种快速的双打输入。在标准输入方式下,全拼输入重码少,但击键次数较多;简拼输入击键次数少,但重码较多。智能 ABC 提供的双打输入方式能较好地解决这一问题。

取码规则:一个汉字在双打方式下,只需要击键两次:奇次为声母,偶次为韵母。有些汉字只有韵母,称为零声母音节:奇次键入"o"字母(o 被定义为零声母),偶次为韵母。虽然击键为两次,但是在屏幕上显示的仍然是一个汉字规范的拼音。双打键盘定义如表2-5和表2-6所示。

表2-5 双打复合声母和零声母定义表

键 位	E	V	A	O(`)
声 母	ch	sh	zh	零声母

表2-6 双打韵母定义表

键位	Q	W	E	R	T	Y	U	I	O	P
定义	ei	ian	e	iu er	uang iang	ing	U	I	ou o	uan üan
键位	A	S	D	F	G	H	J	K	L	;
定义	a	ong iong	ua ia	en	eng	ang	an	ao	ai	
键位	Z	X	C	V(ü)	B	N		M		
定义	iao	ie		in uai	un(ün)			üe(ue)		

注意:

（1）在双打变换状态,下列场合对双打键盘的定义不起作用:大写字母(输入拼音时,大写字母要按"Shift+字母");第一键为"u","u"用于输入用户定义的新词;第一键为"i"或"I",用于输入中文数量词。

（2）在双打变换方式下,简拼的输入采取如下措施:① 全部大写(在"标准变换"下也有效,而且不用隔音符号。如:输入"明枪暗箭"全拼为 mingqiang'anjian,简拼为 mq'aj,双打为 MQAJ。② 音节之间加笔形代码或隔音符号。如:输入"明枪暗箭"全拼为

mingqiang'anjian,简拼为 mq'aj,双打为"m Q Aj";输入"天天"的全拼为 tiantian,简拼为 tt,双拼为 t1t。③ 由于字母"v"在双打方式中替代声母"sh(诗)",所以不能使用"v+区号"的方式来输入 1~9 区的字符,也不能使用"v+ASCII 码字串"输入西文。

（九）智能 ABC 的使用技巧和智能特色

1. 中文数量词简化输入

智能 ABC 具有阿拉伯数字和中文大小写数字的转换能力,对常用量词也可简化输入。

（1）"i"为输入小写中文数字的前导字符,例如:键入"i2008"会得到"二〇〇八"。

（2）"I"为输入大写中文数字的前导字符,例如:键入"I2008"会得到"贰零零捌"。

（3）系统还规定数字输入中字母的含义,如表 2-7 所示。

表 2-7　中文量词简化输入对照表

字　母	含　义	字　母	含　义	字　母	含　义	字　母	含　义
G	个	S	十,拾	B	百,佰	Q	千,仟
W	万	E	亿	Z	兆	D	第
N	年	Y	月	R	日	T	吨
K	克	$	元	F	分	L	里
M	米	J	斤	O	度	P	磅
U	微	I	毫	A	秒	C	厘
X	升						

例如:要输入"二〇〇八年八月八日",只需键入"i2008 n8y8r"。

说明:"i"或"I"后面直接按空格键或回车键,则转换为"一"或"壹"。"i"或"I"后面直接按中文标点符号键(除"$"外),则转换为"一"+该标点或"壹"+该标点。

2. 强制记忆

强制记忆,一般用来自定义词语。利用该功能,可以直接把新词加到用户库中。强制记忆一个新词,必须输入词条内容和编码两部分。词条的内容,可以是汉字词、词组或短语,也可以由汉字和其他的字符组成;编码一般用汉语拼音。允许定义的非标准词最大长度为 15 字,输入码最大长度为 9 个字符;最大词条容量为 400 条。

具体操作方法为:右击智能 ABC 输入法状态条,选择"定义新词"项,出现一个定义新词对话框,如图 2-2 所示,进入强制记忆过程。接下来的操作很简单,在此不做介

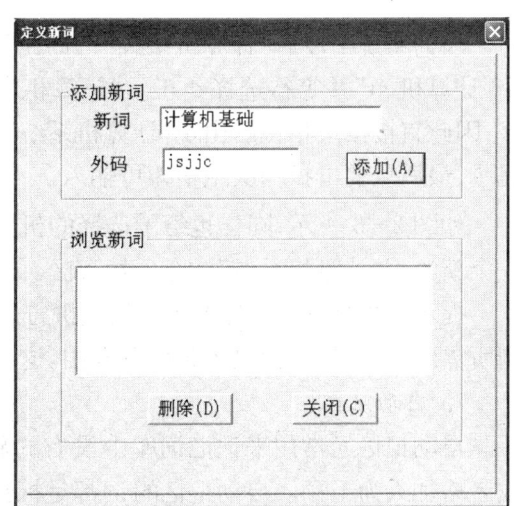

图 2-2　定义新词对话框

绍。通过此方法可以一次加入多个词条。

事先用强制记忆功能定义了词条,输入时只要以"u"字母打头即可输入对应的词条。

例如,如果在"定义新词"对话框中已经定义"计算机基础"的外码(汉字输入码)为"jsjjc",在输入这个词条时,应键入"ujsjjc"再按空格键。

3. 图形符号输入

输入 GB-2312 字符集 1～9 区各种符号,可使用简便方法:在标准状态下,按字母 v +数字(1～9),即可获得该区的符号。

例如:要输入"α",只需要在中文状态输入框中键入"v6",然后翻几页就可以看见"α"了。

4. 中文输入过程中的英文输入

在输入拼音的过程中("标准"或"双打"方式下),如果需要输入英文,可以不必切换到英文方式。键入"v"作为标志符,后面跟随要输入的英文,按空格键即可。

例如:在输入过程中希望输入英文"computer",只需输入"vcomputer"再按空格键即可。

5. 中文标点的输入

中文标点符号的输入在各种输入法中是一致的。同时智能 ABC 在此基础上提供了书名号自动嵌套的输入功能,以满足单书名号必须出现在双书名号中间的一般约定。书名号的输入键为"<"和">"键。第一次按"<"时,对应的输出字符为"《",再按"<"时,则出现"〈"。此后如果输入的">"与"<"能够匹配上,则再次输入">"时,则出现"》"。

6. 自动分词和构词

依照语法规则,把一次输入的拼音字串,划分成若干个简单语段,分别转换成汉字词语的过程,称为自动分词;把这若干个词和词素组合成一个新的词条的过程,称为构词。

例如:在"标准"方式下,要输入"计算机系统"一词,首先输入该词的拼音,按空格键后,结果如图 2-3 所示。

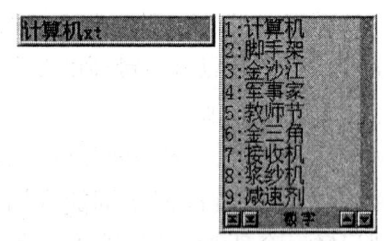

图 2-3　输入过程中的提示

因为系统中没有"计算机系统"一词,所以先分出一个"计算机 xt"并等待选择纠正。"计算机"一词不用选择,因此直接按空格键后出现"计算机系统"五个汉字的提示,最后只要再按一次空格即可输入。

如图 2-3 所示,同样也给予选择的机会。最后一次按空格键后,分词构词过程完成,一个新的词"计算机系统"被存入暂存区。

提示:本例中输入时采用的是简拼方式,实际上用全拼、混拼等其他方式同样可以得到所需结果。另外,由例子也可以看出,这同时也是自动记忆过程。

7. 自动记忆

自动记忆通常用来记忆词库中没有的新词,如人名、地名等。它的特点是自动进行,或者略加人为干预。自动记忆的词都是标准的拼音词,可以和基本词汇库中的词条一样使用。

>>>>>>

提示：允许记忆的标准拼音词最大长度为 9 个字,最大词条容量为 17 000 条。刚被记忆的词并不立即存入用户词库中,至少要使用 3 次后,才有资格长期保存。新词栖身于临时记忆栈之中,如果栈"客满",而它还不具备长期被保存资格的时候,就会被后来者挤出。

刚被记忆的词具有高于普通词语,但低于最常用词的被使用频度。在自动分词过程中,如果结果与用户需要不符,可用[←Backspace]键或回车键进行干预。

8. 朦胧回忆

这个功能模拟的是人脑的瞬时记忆以及不完整记忆。对于刚刚用过不久的词条,可以使用最简单的办法依据不完整的信息进行回忆,这个过程称为朦胧回忆。朦胧回忆的功能通过[CTRL＋－]键完成。

例如：不久前曾输入：① 基础教育研究会,② 上海,③ 基础科学,④ 北京,⑤ 基本粒子。若想再次输入"基础科学",先键入"j",再按[CTRL＋"－"],朦胧回忆扩展屏幕显示如图 2－4 所示的提示,选择"3"即可完成输入。

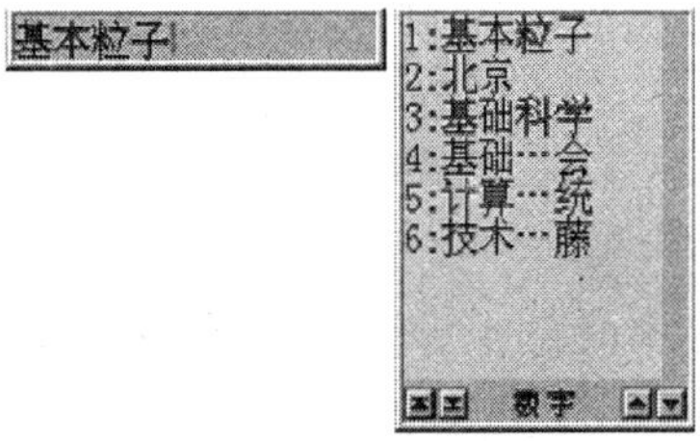

提示：如果要重复刚刚输入过的内容,只需要连续按两次[CTRL＋－]即可。第一次起"朦胧回忆"的作

图 2－4　朦胧回忆对话框

用,第二次起恢复现场的作用。朦胧回忆在输入内容较为单一、输入内容频繁重复等情况下使用非常有效。

9. 选择符合自己特点的打法

如果你拼音不错,键盘也熟练,采用标准变换方式,输入过程以全拼为主,其他方式为辅。这样最为节省脑力,能够很好地保持输入和思维的一致性。

如果你对拼音不熟,而且有方言口音,应当以简拼＋笔形的方式为主,辅之以其他方法。

对于完全不懂拼音,而且也很难学会的人,只能按笔形输入。若能把简拼理解成一种规定的编码加以记忆,对提高效率也不无好处。

在诸多的方式当中,总有一种适合使用者。但是不要完全局限于一种方式,而应根据自己的特点,调整并采用多种输入方式,这样既可以充分利用本系统的智能特色,又可以最大限度地发挥人的主观能动性。

例如：有时,你所用的词往往是单音节词和双音节词,或者是单音节词和双音节词的组合,如"回车键"、"个人简历"等,利用智能 ABC 的记忆功能可将这些常用的组合词记忆为一个词,这样可大大提高输入速度。

如果你写一篇论文,需要经常使用特殊符号,如表示温度的符号"℃"(国标码为0170),每次键入这一符号时,都必须使用图形符号的输入法。这时你可以采用强制记忆的方法,将"℃"定义成"d"(当然也可以是任意定义的编码),下次使用时,只需键入"ud"即可得到该符号,这中间不需要任何切换的过程。

智能 ABC 汉字输入法的其他内容可以利用"帮助"自学。

四、案例实现

（一）案例要求

学会智能 ABC 汉字输入法，并掌握用此方法输入汉字的技巧。

（二）案例实现

第一步：用鼠标和键盘两种方法，练习各种输入法之间的切换，将输入法切换到智能ABC 输入法状态。如果没安装智能 ABC 输入法软件，请安装。

第二步：练习中文/英文切换、全拼/双拼输入切换、全角/半角切换、中/英文标点切换、软键盘开/关切换。

第三步：启动"附件"中的写字板，练习全拼输入法，分单字、词语和句子进行练习：

单字：使用汉字的人学习计算机，必须学会汉字输入法。

词语：计算机、电脑、办公、自动化、浙江省、中华人民共和国、社会主义。

句子：目前，计算机与信息技术的应用已经渗透到几乎所有的学科和专业，非计算机专业的学生应该掌握计算机的操作使用，而且还要了解计算机信息处理和知识、原理与方法，才能更好地促进自己的专业学习与工作。

第四步：启动"附件"中的写字板，练习混拼输入法，输入如下文章：

在国家劳动和社会保障行政管理部门的大力倡导下，取得职业资格证书已经成为劳动者就业上岗的必备前提，同时，作为劳动者职业能力的客观评价，已经为人力资源市场供求双方普遍接受。取得职业资格证书不但是广大从业人员、待岗人员的迫切需要，而且已经成为各级各类普通教育院校、职业技术教育院校毕业生追求的目标。

第五步：启动"附件"中的写字板，练习笔形法输入，用笔形法输入下列文章：

随着计算机应用的不断深入，计算机在人们工作、学习和社会生活的各个方面正发挥着越来越重要的作用。使用计算机已经成为各行各业劳动者和人们日常生活必备的基本技能，《计算机基础》已成为中职学校各专业必修课程。但是，目前计算机基础的教学存在着如下问题：《计算机基础》教材从零开始的现象；理论性的内容较多，导致教师很难教，学生不愿意学的现象。

第六步：启动"附件"中的写字板，练习音形混合输入方式，用音形混合输入方式输入下列文章：

主键盘区是日常操作中使用最为频繁的按键区域，也是提高输入速度的关键。主键盘区共分五排，因此将中间一排设定为基准键位区，并将手指初始摆放的位置称为基准键位。主键盘区基准键位。当手指离开基准键位按键输入后，应即时回到基准键位。为帮助盲打时基准键位定位，在两个食指基准键"F"和"J"上设计了突起，可通过触觉感知。

第七步：启动"附件"中的写字板，练习双打输入方式，用双打输入方式输入下列文章：

在教育方面。全国财政用于教育支出五年累计 2.43 万亿元，比前五年增长 1.26 倍。农村义务教育已全面纳入财政保障范围，对全国农村义务教育阶段学生全部免除学杂费、全部免费提供教科书，对家庭经济困难寄宿生提供生活补助，使 1.5 亿学生和 780 万名家庭经济困难寄宿生受益。

第八步：启动"附件"中的写字板，请用智能 ABC 的特殊功能输入下列数量词：

>>>>>>

〇一二三四五六七八九十，零壹贰叁肆伍陆柒捌玖，个十拾百佰千仟万亿兆第年月日吨克元分里米年度磅微毫秒厘升。

五、提高练习与技巧

启动"附件"中的写字板，请利用智能 ABC 汉字输入法输入下列文章：

坚持优先发展教育。一是在全国城乡普遍实行免费义务教育。继续增加农村义务教育公用经费，提高保障水平。适当提高农村家庭经济困难寄宿生生活费补助标准。认真落实保障经济困难家庭、进城务工人员子女平等接受义务教育的措施。在试点基础上，从今年秋季起全面免除城市义务教育学杂费，这是推动义务教育均衡发展、促进教育公平的又一重大举措。二是大力发展职业教育。加强职业教育基础能力建设，深化职业教育管理、办学、投入等体制改革，培养高素质技能型人才。三是提高高等教育质量。优化学科专业结构，推进高水平大学和重点学科建设。普通高校招生增量继续向中西部地区倾斜。办好各级各类教育，必须抓好三项工作：一要全面实施素质教育，推进教育改革创新。深化教学内容和方式、考试和招生制度、质量评价制度等改革。切实减轻中小学生课业负担。二要加强教师队伍特别是农村教师队伍建设，完善和落实教师工资、津贴补贴制度。三要加大教育事业投入。今年中央财政用于教育的投入，将由去年的 1 076 亿元增加到 1 562 亿元；地方财政也都要增加投入。进一步规范教育收费。鼓励和规范民办教育发展。没有全民教育的普及和提高，便没有国家现代化的未来。要让孩子们上好学，办好人民满意的教育，提高全民族的素质。

 复习思考题

一、简答题

1. 简述"中文/英文"、"全拼/双拼"、"全角/半角"、"中/英文标点"、"软键盘开关"切换方法（按钮）。

2. 简述全拼输入法的取码规则。

3. 如何利用全拼输入法输入单字、词语和句子？

4. 简述简拼输入法的取码规则。

5. 什么叫混拼输入方式？

6. 简述笔形输入方法的取码规则。

7. 简述音形混合输入方式的取码规则。

8. 简述双打输入方式的取码规则。

9. 如何简化输入中文中的量词？

10. 在中文输入过程中如何输入英文？

二、"案例实现"结果整理题

将"案例实现"讲解过程中课堂笔记的内容进行整理，然后做到作业本上。

三、上机实验

（一）将"案例实现"的整个过程在机房自己独立做一遍。

（二）根据下列要求，完成本讲内容的上机实验。

1. 启动"附件"中的写字板，输入下列特殊字符。

（1）标点符号：。　，　、　：　……　～　〖　【　《　『

（2）数学符号：≈　≠　≤　≮　∷　±　÷　∫　∑　∏

（3）特殊符号：§　№　☆　★　○　●　◎　◇　◆　※

（4）Webdings：Ⓟ　❚❚　▸▸|　☎　🖨　🌧　☂　♫　🎬　🗔

（5）Wingdings：✏　☜　📖　✉　💻　✑　🔒　❹　🕐　☑

（6）特殊字符：©　　®　　™　　§

提示：（1）～（3）通过软键盘输入，（4）～（6）通过"插入"菜单中的"符号"命令输入。

2. 启动"附件"中的写字板，输入以下文章。要求正确地输入标点符号。

当今时代，文化越来越成为民族凝聚力和创造力的重要源泉，越来越成为综合国力竞争的重要因素，丰富精神文化生活越来越成为我国人民的热切愿望。要坚持社会主义先进文化前进方向，兴起社会主义文化建设新高潮，激发全民族文化创造活力，提高国家文化软实力，使人民基本文化权益得到更好保障，使社会文化生活更加丰富多彩，使人民精神风貌更加昂扬向上。

（1）建设社会主义核心价值体系，增强社会主义意识形态的吸引力和凝聚力。社会主义核心价值体系是社会主义意识形态的本质体现。要巩固马克思主义指导地位，坚持不懈地用马克思主义中国化最新成果武装全党、教育人民，用中国特色社会主义共同理想凝聚力量，用以爱国主义为核心的民族精神和以改革创新为核心的时代精神鼓舞斗志，用社会主义荣辱观引领风尚，巩固全党全国各族人民团结奋斗的共同思想基础。大力推进理论创新，不断赋予当代中国马克思主义鲜明的实践特色、民族特色、时代特色。开展中国特色社会主义理论体系宣传普及活动，推动当代中国马克思主义大众化。推进马克思主义理论研究和建设工程，深入回答重大理论和实际问题，培养造就一批马克思主义理论家特别是中青年理论家。切实把社会主义核心价值体系融入国民教育和精神文明建设全过程，转化为人民的自觉追求。积极探索用社会主义核心价值体系引领社会思潮的有效途径，主动做好意识形态工作，既尊重差异、包容多样，又有力抵制各种错误和腐朽思想的影响。繁荣发展哲学社会科学，推进学科体系、学术观点、科研方法创新，鼓励哲学社会科学界为党和人民事业发挥思想库作用，推动我国哲学社会科学优秀成果和优秀人才走向世界。

（2）建设和谐文化，培育文明风尚。和谐文化是全体人民团结进步的重要精神支撑。要积极发展新闻出版、广播影视、文学艺术事业，坚持正确导向，弘扬社会正气。重视城乡、区域文化协调发展，着力丰富农村、偏远地区、进城务工人员的精神文化生活。加强网络文化建设和管理，营造良好网络环境。大力弘扬爱国主义、集体主义、社会主义思想，以增强诚信意识为重点，加强社会公德、职业道德、家庭美德、个人品德建设，发挥道德模范榜样作用,引导人们自觉履行法定义务、社会责任、家庭责任。加强和改进思想政治工作,注重人文关怀和心理疏导,用正确方式处理人际关系。动员社会各方面共同做好青少年思想道德教育工作,为青少年健康成长创造良好社会环境。深入开展群众性精神文明创建活动,完善社会志愿服务体系,形成男女平等、尊老爱幼、互爱互助、见义勇为的社会风尚。弘扬科学精神,普及科学知识。广泛开展全民健身运动。办好 2008 年奥运会、残奥会和 2010 年世博会。

(3)弘扬中华文化,建设中华民族共有精神家园。中华文化是中华民族生生不息、团结奋进的不竭动力。要全面认识祖国传统文化,取其精华,去其糟粕,使之与当代社会相适应、与现代文明相协调,保持民族性,体现时代性。加强中华优秀文化传统教育,运用现代科技手段开发利用民族文化丰厚资源。加强对各民族文化的挖掘和保护,重视文物和非物质文化遗产保护,做好文化典籍整理工作。加强对外文化交流,吸收各国优秀文明成果,增强中华文化国际影响力。

(4)推进文化创新,增强文化发展活力。在时代的高起点上推动文化内容形式、体制机制、传播手段创新,解放和发展文化生产力,是繁荣文化的必由之路。要坚持为人民服务、为社会主义服务的方向和百花齐放、百家争鸣的方针,贴近实际、贴近生活、贴近群众,始终把社会效益放在首位,做到经济效益与社会效益相统一。创作更多反映人民主体地位和现实生活、群众喜闻乐见的优秀精神文化产品。深化文化体制改革,完善扶持公益性文化事业、发展文化产业、鼓励文化创新的政策,营造有利于出精品、出人才、出效益的环境。坚持把发展公益性文化事业作为保障人民基本文化权益的主要途径,加大投入力度,加强社区和乡村文化设施建设。大力发展文化产业,实施重大文化产业项目带动战略,加快文化产业基地和区域性特色文化产业群建设,培育文化产业骨干企业和战略投资者,繁荣文化市场,增强国际竞争力。运用高新技术创新文化生产方式,培育新的文化业态,加快构建传输快捷、覆盖广泛的文化传播体系。设立国家荣誉制度,表彰有杰出贡献的文化工作者。

3. 中文数字和量词的输入,按下面要求键入并观察输入结果。

第一步:键入 i1234567890,输入字符:一二三四五六七八九〇;

第二步:按下 Shift 键,再键入 I 及 1234567890,输入字符:壹贰叁肆伍陆柒捌玖零;

第三步:键入 igsbqwez,输入字符:个十百千万亿兆;

第四步:键入 Igsbqwez,输入字符:个拾佰仟万亿兆;

第五步:键入 i1998n6y2s5r,输入字符:一九九八年六月二十五日;

第六步:键入 i7t2b5s5qk,输入字符:七吨二百五十五千克;

第七步:键入 i1b3s6$,输入字符:一百三十六元;

第八步:键入 I1b3s6$,输入字符:壹佰叁拾陆元。

4. 图形符号输入,按下面要求键入并观察输入结果。

第一步:键入 v1,用翻页查找:《;》;↑;↓。

第二步:键入 v2,查找符号:1.;(1);①;(一);Ⅲ。

第三步:键入 v3,查找并输入符号:/;@;W(双字节)和 Y(双字节)。

第四步：键入 v6，查找并输入字符：α；β；π。

第五步：键入 v9，查看制表符。

第二节　五笔字型汉字输入法(上)(第五讲)

一、案例目标

通过本讲学习，掌握五笔字型汉字输入法的五种笔画、三种字型、字根划分及字根在键盘上的位置。学习五笔字型汉字输入法前必须先牢记字根，所以，在学习本讲之前，必须要求学生提前 2～4 周开始背"五笔字型字根总图"。

二、案例主要技能

- 汉字的构成和汉字的分解
- 汉字的五种笔画和三种字型
- 字根组成汉字分析
- 字根的分区划位
- 在键盘上找字根

三、知识剖析

五笔字型输入法是一种专业的汉字输入方法，是我国目前使用最广泛的汉字输入方法之一。它发展到今天已经有了多种版本，目前已经定型的主要有 86 版与 98 版五笔字型，由于使用 86 版的用户最多，所以我们主要学习 86 版。

（一）汉字的构成和汉字的分解

1. 汉字的构成

对于一个完整的汉字，既不是一系列笔画的线性排列，也不是一组各种笔画的任意堆积。例如，我们常说"弓长张"，意即"张"字是由"弓"与"长"构成。人们很少听到"一折一横一折、一撇一横一竖钩再一捺"就是"张"的说法。由此可见，一个方块汉字是由较小的块拼合而成的。这些"小方块"如"日、月、金、木、土、人、火、口"等，可认为是构成汉字最基本的单位。我们把这些"小方块"称为"字根"，"五笔字型"确定的字根有 125 种。

字根是由笔画构成的。汉字的构成关系是：由基本笔画(5 种)组成字根(125 种)；由字根组成汉字(成千上万个)。

2. 汉字的分解

汉字输入电脑难，难就难在汉字"多"：字数多，笔画多。而电脑的输入设备——键盘，只有 26 个字母键，不可能把所有的汉字都摆上去。

解决的办法是像汉字的构成一样，把汉字分解开来。例如：将"算"分解成"竹目廾"，将"能"分解成"厶月匕匕"等。因为字根只有 125 种(共 199 个),这样就把处理成千上万个汉字的问题,变成了处理 125 种字根的问题。

分解汉字的过程,是构成汉字的逆过程。当然,汉字的分解是按照一定的规则进行的,这个规则总起来就是:整字分解为字根,字根分解为笔画。

(二) 字根和五种笔画

1. 字根

上面讲到汉字由字根构成,可以用字根像搭积木那样构成全部的汉字和词组,绝大多数的偏旁部首是字根。"五笔字型"的字根总数是 125 种。有的字根,还包含有几个相近字根,主要是:

(1) 字源相同的字根,如:"心、忄、小";"水、氵、氺、ㄍ"等。

(2) 形态相近的字根,如:"廾、廿、艹";"己、已、巳"等。

(3) 便于联想的字根,如:"耳、阝、阝、巳"等。

所有的相近字根都与其主字根是"一家人",作为相近字根,它们同在一个键位上,编码时使用同一个代码(即同一个字母或区位码)。

2. 五种笔画

字根由笔画组成。在书写汉字时,一次写成的一个连续不断的线段,叫做汉字的笔画。根据它们使用的频率的高低依次用"1、2、3、4、5"作为它们的代号,如表 2-8 所示。

表 2-8 汉字的五种笔画表

代　号	笔 画 名 称	笔 画 走 向	笔 画 及 其 变 形
1	横	左→右	一 (横、提)
2	竖	上→下	丨 (竖、左竖钩)
3	撇	右上→左下	丿
4	捺	左上→右下	丶 (捺、点)
5	折	带转折	乙 (转折)

说明:"提笔"视为横,"左竖钩"为竖,"点"均为捺,"带转折"为折。

将汉字的基本笔画简化概括为"一、丨、丿、丶、乙"五种,是一种科学的分类方法,是对汉字结构认识的一个飞跃。

由笔画构成字根,由字根构成单字。所以汉字可以分为三个层次:笔画、字根和单字。

(三) 汉字的三种字型

同样几个字根由于构成位置不同,就形成不同的汉字。例如:"旭"与"杳"、"只"与"叭"等。可见,字根的位置关系,也是汉字的一个重要的特征信息。

根据构成汉字各字根之间的位置关系,我们可以把成千上万的方块汉字分为三种字型:左右型、上下型和杂合型。我们按照它们拥有的汉字字数的多少,把左右型用代号"1"

来表示,上下型用代号"2"来表示,杂合型用代号"3"来表示。

1. 左右型汉字

左右型汉字,包括两种情况:

(1) 在双合字中,两个部分分列左右,其间有一定的距离。如"相"、"对"等字。

(2) 在三合字中,整字的三个部分从左至右并列,或者单独占据一边的部分与另外两个部分呈左右排列。如"做"、"部"、"脱"、"湖"、"撤"等字。

2. 上下型汉字

上下型汉字也包括两种情况:

(1) 在双合字中,两个部分分列上下,其间有一定的距离。如"青"、"类"等字。

(2) 在三合字中,三个部分上下排列,或者单独占一层的部分与另外两部分呈上下排列。如"型"、"堂"、"晶"等字。

3. 杂合型字——内外型汉字和单体型汉字

杂合型是指组成整字的各部分之间没有简单明确的左右或上下型关系。如"成"、"区"、"也"、"选"、"困"、"内"等字。

(四)字根组成汉字分析

一切汉字都是由基本字根组成的,或者说是拼合而成的。基本字根在组成汉字时按照它们之间的位置关系也可以分为四种类型:

(1) 单:即基本字根本身就单独成为一个汉字。如"王"、"白"、"羽"等字。

(2) 散:指构成汉字的基本字根之间保持一定距离,不相连也不相交。如"字"、"型"、"识"、"别"等字。

(3) 连:不是指字根之间的笔画相连关系。如"充"、"首"、"交"、"有"等都不当作连的关系。这里所指的连是指基本字根加上一笔,但不相交。如"自"、"产"、"千"、"术"、"义"、"太"等字。凡是连结构的字,不能认为它们之间是上下型和左右型,而是属于杂合型。

(4) 交:指几个基本字根交叉套叠,基本字根之间没有距离。在判断这一类汉字的字型时毫无疑问,它们是属于第三类型即杂合型。如"申"、"农"、"必"、"果"等字。

字根组字中,还有一种情况是杂合型,即几个字根之间既有连的关系,又有交的关系。如"重"等字。

对汉字的结构的认识是非常重要的,归纳起来为:① 基本字根单独成字,在取码中有它专门的规定,因而不需要判断字型;② 属于"散"的汉字,可以分左右型、上下型;③ 属于"连"与"交"的汉字,一律属于第三型,即杂合型;④ 不能分成左右型、上下型的汉字,一律属于第三型,即杂合型。

(五)字根键盘

标准英文键盘的主体部分是 26 个字母键,这种标准键盘分上、中、下三排字母键,手指放在基准键位即中间一排,上下各紧邻一排,特别适合手指操作。如能沿用英文指法,不但效率高,而且通用性强,所以英文键盘的 26 个字母键是很好的汉字输入设备。

只要把五笔字型的字根对应地放在英文字母键上,该键盘就改成为一个五笔字型字根键盘了。

1. 字根的分区划位

我们把选出的 125 种基本字根(包括 5 种单笔画共 199 个),按照其起笔代号,并考虑键位设计的需要,分为 5 个大区,每区又尽量考虑字根的第二个笔画,再分为 5 个位,分别命名为区位号,以 11～55 来表示,也可以用对应的英文字母(G～X)表示。如图 2-5 所示。

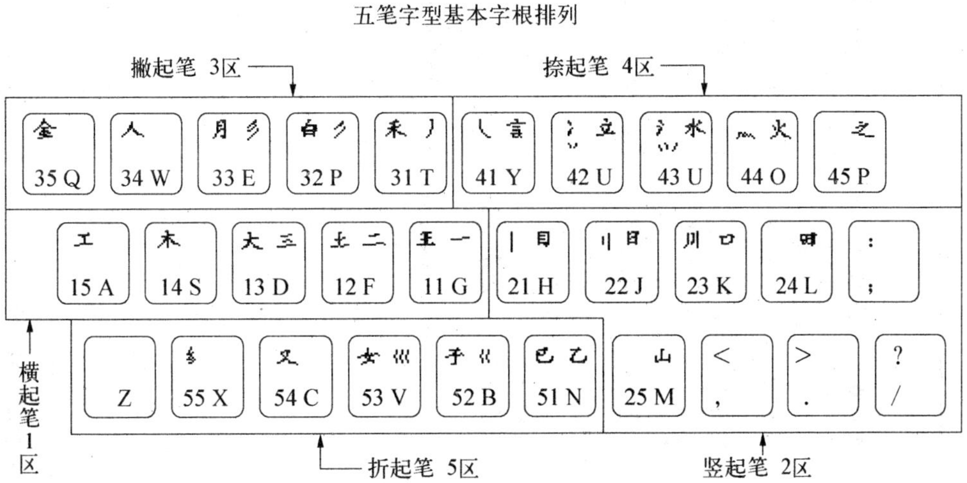

五笔字型基本字根排列

图 2-5 字根的区位号

基本字根又分作键名、五种笔画和其他基本字根三种,它们的统称还是叫基本字根。五笔字型所优选出来的 125 种基本字根按区位划分为:

一区:横起笔类,分"王土大木工"5 个位。

二区:竖起笔类,分"目日口田山"5 个位。

三区:撇起笔类,分"禾白月人金"5 个位。

四区:捺起笔类,分"言立水火之"5 个位。

五区:折起笔类,分"已子女又纟"5 个位。

这 25 个汉字称作"键名"汉字。具体字根参见图 2-6 所示的五笔字型键盘字根总图。

由图 2-6 可知,这是一个井然有序的字根键盘,从"五笔字型"键盘设计和字根排列的规律中可以得出:

(1) 字根的第一个笔画的代号与其所在的区号一致,如"禾、白、月、人、金"的首笔为撇,撇的代号为 3,故它们都在 3 区。

(2) 一般来说,字根的第二个笔画代号与其所在的位号一致,如"土、白、门"的第二笔为竖,竖的代号为 2,故它们的位号都为 2。

(3) 单笔画"一、丨、丿、丶、乙"都在第 1 位,两个单笔画重复的字根,如"二、刂"都在第 2 位,三个单笔画的重复的字根,如"三、川、彡、巛"都在第 3 位,等等。

五笔字型键盘字根总图

金钅鱼勹儿 勹乂c钅ㄥ	人亻 八乂	月冂舟用 彡ㄅ勹夕	白手扌毛 勹二斤 斤	禾木竹彳 攵夂ㄆ丿
35Q 我	34W 人	33E 的	32R 二	31T 和

工戈艹廾 匚匸匚廾廿 七弋艹廾七	木木丁西	大犬三羊 古石厂厂 长ナ镸丆	土士二干 十寸干ナ扌 雨	王主 五一
15A 工	14S 要	13D 在	12F 地	11G 一

言讠文方 亠一言讠 主、丶	立辛六丬 立丬辛ㅗ 六ㄎ门疒	水氵氺冫 业业丷小 小业丷米	火业灬小 灬米
41Y 主	42U 产	43I 不	44O 为

目且上 止卜上卜卜 广疒丨丨	日日四早 刂刂川虫	口川 罒罒罒川	田甲口四 田甲罒罒皿四 车力
21H 上	22J 是	23K 中	24L 四

子子耳阝 阝阝卩卩卪 了也乢《《	已巳已己尸 乙尸尸尸尸 心忄羽羽己	山由贝口 门几
52B 了	51N 民	25M 周

又ㄨㄡ 巴马ㄥㄥ	女刀九臼 彐彐彐《《	纟幺幺小 纟匕匕ㄑ	Z
54C 以	53V 发	55X 经	

11 王旁青头戋（兼）五一
12 土士二干十寸雨
13 大犬三羊（羊）古石厂
14 木丁西
15 工戈草头右框七

21 目具上止卜虎皮
22 日早两竖与虫依
23 口与川，字根稀
24 田甲方框四车力
25 山由贝，下框几

31 禾竹一撇双人立
　　反文条头共三一
32 白手看头三二斤
33 月彡（衫）乃用家衣底
34 人和八，三四里
35 金勺缺点无尾鱼，犬旁
　　留儿一点夕，氏无七（妻）

41 言文方广在四一
　　高头一捺谁人去（讠、主）
42 立辛两点六门疒（广）
43 水旁兴头小倒立
44 火业头，四点米
45 之宝盖，摘礻（示）衤（衣）

51 已半巳满不出己
　　左框折尸心和羽
52 子耳了也框向上
53 女刀九臼山朝西（彐）
54 又巴马，丢矢矣（厶）
55 慈母无心弓和匕（彐）
　　幼无力（幺）

图 2-6　五笔字型键盘字根总图

>>>>>>

2. 怎样找字根

根据字根设计及键位分区划位的规律,初学者可以参考以下的方法很快地在键盘上找到所要的字根。

(1) 依字根的第一个笔画(首笔)可找到字根的区(只有四个字根例外)。例如:"王、土、大、木、工、五、古、西、戈"的首笔为横(代号为1),它们都在第一区。又如:"上、早、口、由、贝、门、虫"的首笔为竖(代号为2),它们都在第2区。再如:"女、刀、弓、己、又"的首笔为折(代号为5),它们都在第5区。

(2) 一般说来,依字根的第二个笔画,可找到位。例如:"王、禾、言、己"的第二个笔画为横(代号为1),它们都在第1位。又如:"戈、山、夕、之、乡"的第二个笔画为折(代号为5),它们都在第5位。

(3) 单笔画及其单笔的重复形成的字根,其位号等于其笔画数。

如:"一、丨、丿、丶、乙"都在对应区的第1位。

如:"二、刂、彡、冫、巛"都在对应区的第2位。

如:"三、川、彡、氵、巛"都在对应区的第3位。

(4) 少数例外。有4个字根即:"力、车、几、心",它们不在前二笔所在对应的"区"中,因为在对应"区"和"位"中有矛盾(引起大量重码),只好另作安排。"力"的拼音为"li",故放在"L"键上。"车"的繁体字为"車",与"田甲"相近,故与"田甲"放在一起。"几"外形与"门"相近,因此也把它与"门"放在一起。"心"最长的一个笔画为"乙",也就与"乙"放在一起了。

为了便于记忆,人们构造了字根助记词,如图2-6所示。把字根联起来,编成一首词,不但押韵上口,而且还有些"诗味",多念几遍,便能记住各键位有哪些字根。助记词共有五首,如下所示,每句的第一字,都是对应键位上的"键名"汉字。助记词为:

王旁青头戋五一,土士二干十寸雨,大犬三(羊)古石厂,木丁西,工戈草头右框七。

目具上止卜虎皮,日早两竖与虫依,口与川 字根稀,田甲方框四车力,山由贝下框几。

禾竹一撇双人立,反文条头共三一,白手看头三二斤,月彡(衫)乃用家衣底,人和八 三四里,金勺缺点无尾鱼,犬旁留儿一点夕 氏无七(妻)。

言文方广在四一 高头一捺谁人去,立辛两点六门病(疒),水旁兴头小倒立,火业头 四点米;之宝盖 摘礻(示)衤(衣)。

已半巳满不出己 左框折尸心和羽,子耳了也框向上,女刀九白山朝西(彐),又巴马 丢矢矣,慈母无心弓和匕 幼无力(幺)。

四、案例实现

(一) 案例要求

了解五笔字型汉字输入法的基本原理,理解五笔字型中汉字的五种笔画和三种字型,掌握五笔字型字根分布,会背五笔字型助记词,记牢五笔字型字根总图中各字根的位置。

（二）案例实现

第一步：已知区位号要求填写该区位号对应的键位名称,已知键位名称要求填写与该键位对应的区位号。

12(　) 32(　) 21(　) 41(　) 23(　) 34(　) 14(　) 15(　)

25(　) 52(　) 25(　) 54(　) 15(　) 45(　) 43(　) 55(　)

R(　) J(　) B(　) U(　) C(　) A(　) T(　) L(　)

M(　) O(　) N(　) G(　) W(　) V(　) X(　) P(　)

第二步：请说出下列汉字字根的编码按键。

空 约 代 想 晴 芯 登 条 衫 这 设 恭 杰 钢 的 叔 她 思

芝 汉 字 习 时 孟 肋 以 皮 须 爱 矿 盘 时 计 私 蕾 根

第三步：按表2-9所示对字根总图分区位进行分析。

表2-9 字根按区位分析表

区号	区位	键位	笔画	键名	基 本 字 根	助 记 词
1区 横起笔	11	G	一	王	丰戈五	王旁青头戈(兼)五一
	12	F	二	土士	干十寸雨	土士二干十寸雨
	13	D	三	大犬	丰犭長古石厂丆ナ广	大犬三丰(羊)古石厂
	14	S		木	丁西	木丁西
	15	A		工	戈弋艹廾卄匚七	工戈草头右框七
2区 竖起笔	21	H	丨	目且	上卜卜止龙虍广	目具上止卜虎皮
	22	J	刂刂刂	日曰曱	早虫	日早两竖与虫依
	23	K	川川	口		口与川,字根稀
	24	L	川	田	甲口四皿皿车力	田甲方框四车力
	25	M		山	由贝门几凸	山由贝,下框几
3区 撇起笔	31	T	丿	禾禾	竹ㅗ彳夂攵	禾竹一撇双人立,反文条头共三一
	32	R	彡	白	手扌扌匚厂斤斤	白手看头三二斤
	33	E	彡	月月	皿用舟乃豕衣乀氏	月彡(衫)乃用家衣底
	34	W		人亻	八癶癶	人和八,三四里
	35	Q		金钅	勹匚鱼勹乂儿几夕勺夕	金勹缺点无尾鱼,乂儿夕氏无七(妻)
4区 捺起笔	41	Y	丶丶	言讠	文方广亠高圭	言文方广在四一,高头一捺谁人去
	42	U	冫冫	立	辛丷丬疒门六立	立辛两点六门疒
	43	I	氵	水氺ㄨ灬	小业丷业	水旁兴头小倒立
	44	O	灬	火	业灬米	火业头 四点米
	45	P		之辶廴	衤宀冖	之宝盖,摘衤(示)衤(衣)

(续表)

区号	区位	键位	笔画	键名	基本字根	助记词
5区	51	N	乙	已巳己	心忄小尸尸羽コ	已半巳满不出己,左框折尸心和羽
	52	B	巛	子孑	耳阝卩凵了也凵	子耳了也框向上
折	53	V	巛	女	刀九臼彐	女刀九臼山朝西
起	54	C		又厶スマ	巴马	又巴马 丢矢矣
笔	55	X	纟纟纟	弓匕上乛	慈母无心弓和匕 幼无力

第四步：指出下列字根所在键位。

巳	夕	弓	彐	阝	厶	纟	几
廴	巛	纟	斤	王	彐	禾	皿
辛	匕	扌	讠	弓	羽	五	虫
攵	廾	廿	钅	用	止	也	马
匚	弋	勹	辛	竹	贝	古	目
门	丬	一	疒	七	宀	灬	白

五、提高练习与技巧

1. 按座位每个同学两两相互背诵五笔字型键盘字根总图助记词。

2. 每个小组的组员到组长那里背诵五笔字型键盘字根总图助记词,然后每个组长到班长那里背诵五笔字型键盘字根总图助记词。

3. 在寝室,每位寝室成员到寝室长处背诵五笔字型键盘字根总图助记词,每个寝室长到学习委员处背诵五笔字型键盘字根总图助记词。

4. 班长和学习委员到课代表处背五笔字型键盘字根总图助记词。

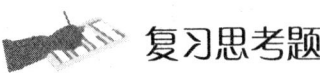 复习思考题

一、简答题

1. 方块汉字分哪几个层次?

2. 汉字的字型分哪三种? 它们是怎样划分的?

3. 汉字的笔画是怎样定义的? 按这个定义分为哪五种笔画?

4. 将五笔字型字根键盘总图的助记词默写到作业本上。

5. 写出25个键名汉字,写出所有单独能成汉字的字根。

6. 写出少数几个没按规律分布的字根,如何记忆?

7. 基本字根在组成汉字时按照它们之间的位置关系可以分为哪四种类型? 简述各种

类型的特点。

二、"案例实现"结果整理题

将"案例实现"讲解过程中课堂笔记的内容进行整理,然后做到作业本上。

三、上机实验

1. 将"案例实现"的整个过程在机房自己独立做一遍。

2. 根据下列要求,完成本讲内容的上机实验。

选择一种五笔字型练习软件(如:金山打字 2006),对字根进行对照练习。

启动"金山打字"软件,单击"五笔打字"选项按钮,选择"字根练习"选项卡,单击"课程选择"按钮,选择下列项目进行练习:"横区"、"竖区"、"撇区"、"捺区"、"折区"、"综合"。五笔练习中也能进行分类训练,包括"字根练习"、"单字练习"、"词组练习"、"文章练习"。用户可以根据自己的实际情况选择练习,循序渐进地提高。

也可以在"字根练习"选项卡界面单击"设置"按钮对"五笔版本"、"换行方式"、"编码提示"和"音效"等进行设置。

注意:在练习的过程中,必须严格遵守键盘操作的规则,即尽量实现"盲打"。

第三节 五笔字型汉字输入法(下)(第六讲)

一、案例目标

通过本讲学习,掌握五笔字型汉字输入法,包括:键名汉字输入法、五种单笔画的输入法、成字字根输入法、合体字的输入法、简码输入法和词组输入法。

二、案例主要技能

● 学会键名汉字和五种笔画输入法

● 学会成字字根输入法

● 学会合体字的输入法

● 学会简码输入法和词组输入法

三、知识剖析

(一)五笔字型编码规则

一张"字根总表"把全部汉字划分成了两大部分,总表里面有的,是用来组成总表以外汉字用的,称为"键面字"或"成字字根";总表里面没有的,全部是由字根组合而成的,称为"键外字"或"合体字"。为了能尽快掌握汉字输入方法,先介绍一下根据五笔字型编码规

则编成的一首码歌,歌词是:

五笔字型均直观,依照笔顺把码编;

键名汉字打四下,基本字根请照搬。

一二三末取四码,顺序拆分大优先;

不足四码要注意,交叉识别补后边。

这首取码歌可以概括为五笔字型拆分编码的六项规则:① 键名汉字击四下规则;② 按书写顺序从左到右,从上到下,从外到内的取码规则;③ 以基本字根为单位的取码规则;④ 按一、二、三、末字根,最多只取四码的规则;⑤ 汉字拆分取大优先的规则;⑥ 末笔与字型识别码规则。下面我们讲解汉字的具体编码规则。

(二)键名汉字输入方法

各个键上的第一个字根,即助记词中开头的那个字根,我们称之为"键名",它的输入方法为:把所在键连打四下,简称"键名汉字打四下"。例如:

王　11 11 11 11　(GGGG)

木　14 14 14 14　(SSSS)

金　35 35 35 35　(QQQQ)

已　51 51 51 51　(NNNN)

(三)五种单笔画的输入方法

五种单笔画的编码比较特殊,编码规则是"所在键编码＋所在键编码＋L＋L",具体为:

一　11 11 24 24　(GGLL)

丨　21 21 24 24　(HHLL)

丿　31 31 24 24　(TTLL)

、　41 41 24 24　(YYLL)

乙　51 51 24 24　(NNLL)

注意:真正用五笔字型输入汉字时全部在小写状态下操作。

(四)成字字根的输入方法

所谓成字字根是指字根总图中除键名和五种笔画外本身就是汉字的字根。它总共有97 个。输入方法为:先打一下它所在的键(称为"报户口"),再根据"字根拆成单笔画"的原则,打它的第一个单笔画、第二个单笔画以及其最后一个单笔画,不足四键时,加打一次空格键,即"报户口＋首笔＋次笔＋末笔"。下面举例说明:

字例	报户口	首笔	次笔	末笔
文	Y	Y	G	Y
辛	U	Y	G	H
皿	L	H	N	G
乃	E	T	N	
雨	F	G	H	Y
川	K	T	H	H

虫	J	H	N	Y
曰	J	H	N	G
巴	C	N	H	N
己	N	N	G	N
白	V	T	H	G
耳	V	G	H	G
弓	X	N	G	N

说明：所有折笔都用"乙"代替；不足四码要加打空格键。

（五）合体字的输入

在键盘字根总图中没有的汉字称为合体字。它们均应按书写顺序，依次拆成总图中已有的最大字根，以"增加一笔不能形成已有的最大字根"来决定笔画分组，直到把整个汉字拆分完毕。拆分原则为：除按书写顺序外，还应遵循"取大优先，兼顾直观，能散不连，能连不交"的规则。对字根总图中的汉字是不必再拆分的，对散结构的汉字，拆分也是十分清楚的，所以拆分的重点是"连"、"交"和"连交混合"的汉字。其拆分原则可以概括成两点：

（1）连笔结构：将其拆成单笔与基本字根。例如："千"字拆成"丿十"，"升"字拆成"丿廾"。

（2）交叉结构和交连混合结构：按书写顺序拆分成为几个已知的最大字根，以"增加一笔不能构成已知字根"来决定笔画分组。

以上两种如果属于第一种情况，就不能再按第二种进行拆分，因为这样常常失去直观性。掌握和运用本节的基本规则，然后经过一定时间的练习，就可以在汉字输入中有效地拆分汉字了。下面我们介绍合体字的输入方法。

1. 书写顺序

拆分"合体字"时，一定要按照正确的书写顺序进行。例如："新"字只能拆成"立木斤"，而不能拆成"立斤木"；"中"字只能拆成"口丨"，而不能拆成"丨口"。

2. 取大优先

即顺序拆分时应尽可能大，以再添一个笔画，便不能成为字根为限。例如"世"字：第一种拆法为"一凵乙"（误）；第二种拆法为"廿乙"（正）。为什么第一种错呢？因为还可以把"一凵"凑成更大的字根"廿"。又如"制"字，第一种拆法为："𠂉一冂刂"（误），第二种拆法为"𠂉冂丨刂"（正）。同样也是因为"𠂉一"还可以凑成更大的字根"𠂉"。

3. 能散不连

"能散不连"是指当一个汉字能拆成几个散的字根，则不要拆成相连的关系。例如"午"字：拆成"𠂉十"，二者为散，正确；拆成"丿干"，二者相连，错。

4. 能连不交

"能连不交"是指当一个汉字既能拆成相连的几个部分，也可以拆成相交的几个部分时，我们规定"相连"的拆法是正确的。因为一般来说，"连"比"交"更为"直观"。例如：

"于"字：拆成"一十"，二者相连，正确；拆成"二丨"，二者相交，错。

"天"字：拆成"一大"，二者相连，正确；拆成"二人"，二者相交，错。

"丑"字：拆成"乙土"，二者相连，正确；拆成"刀二"，二者相交，错。

5. 兼顾直观

有时为了照顾汉字字根的完整性,不得不放弃"书写顺序"和"取大优先"的原则,出现个别例外的情况。例如:带框框的如"国"字,按书写顺序应拆成"冂王、一",但这样便破坏了汉字构造的直观性,故只好违背"书写顺序",拆成"囗王、了。又如:"自"字,按"取大优先"应拆成"亻乙三",但这样拆,不仅不直观,而且也有悖于"自"字的字源(这个字的字源是"一个手指指着鼻子")。故也只能拆做"丿目",这叫做"兼顾直观"。

6. 取码长规则

(1)"多字根"的取码规则。当一个汉字拆成的字根多于四个时,我们只按顺序取其第一、二、三及最末一个字根,简称"一二三末",共取四码。例如:

"赣"字:可拆分成"立早夂工贝",我们只取一二三末四码,即(UJTM)。

"赭"字:可拆分成"土小土丿日",我们只取一二三末四码,即(FOFJ)。

(2)"四字根"的取码规则。当一个汉字刚好拆成四个字根时,就依照顺序把四个字根取完。例如:

"词":拆成"讠乙一口",取码为(YNGK)。

"期":拆成"廿三八月",取码为(ADWE)。

(3)不足四个字根的取码规则。当一个汉字拆分后不足四个字根且不是一级、二级、三级简码时,先打完字根码,还应打"识别码"。

7."识别码"的方法

"口"与"八"两个字根,可组成:"叭"(口 八)和"只"(口 八)。

这两个字编码相同,如何区别? 一个是上下型、一个是左右型,有必要加一位字型识别码。因此,五笔字型中规定,凡是不足四个字根组成的字,后边要再加一个末笔代号作为 10 位数,字型代号作为个位数的编码——"末笔字型识别码"。

末笔字型识别码=末笔代码+字型代码,如表 2-10 所示。

表 2-10 末笔字型识别码

字型代码 末笔代码	左右 1	上下 2	杂合 3
横 1	11(G)	12(F)	13(D)
竖 2	21(H)	22(J)	23(K)
撇 3	31(T)	32(R)	33(E)
捺 4	41(Y)	42(U)	43(I)
折 5	51(N)	52(B)	53(V)

例如:

沐:氵 木 41 编码为[ISY]

汀:氵 丁 21 编码为[ISH]

洒:氵 西 11 编码为[ISG]

去：土 厶 42 编码为[FCU]

苦：艹 古 12 编码为[ADF]

升：丿 艹 23 编码为[TAK]

元：二 儿 52 编码为[FQB]

千：丿 十 23 编码为[TFK]

"末笔字型识别码"为减少重码起到了很重要的作用,使得绝大多数原本重码的常见字都有与之对应的惟一编码,而不再重码。如果一个字可以取足四个字根,就全部用字根编码,只有在不足四个字根的情况下,才有可能追加识别码。

8. 关于"末笔"的几点说明

(1) 对"力、刀、九、匕"几个字根,鉴于这些字根的笔顺常常因人而异,因此当它们参加"识别"时,一律以其"伸"得最长的"折"笔作为末笔。如:

仇：亻 九 51 (末笔为:"乙",字型为左右型),编码为[WVN]。

(2) 带方框的字,如"围、圆"与"连、迫"等,因为是一个部分被另一个部分包围,我们规定视被包围部分的"末笔"为整个字的"末笔"。如:

圆：囗 口 贝 冫(43) 故编码为[LKMI]

连：车 辶 川 (23) 故编码为[LPK]

迫：白 辶 三 (13) 故编码为[RPD]

(3) 对"我、戈、成"等字的"末笔",由于书写习惯因人而异,故一律规定按照"从上到下"的原则,撇"丿"为其"末笔"。

(4) 对于"义、太、勺、为"等这类字中的"单独点",它们离字根的距离很难确定,可近可远。为了统一,"五笔字型"规定这种"单独点"与其附近的字根是"相连"的,既然"粘"在一起,则属于杂合型(3 型)。其中"义"的笔顺,按"从上到下"的原则,"先点后撇"。例如:"勺"末笔为"、",杂合型,识别码为 43。

9. 简码输入

常用汉字中,绝大多数常用汉字可只取其前边的一至三个字根,再加空格键完成输入。

(1) 一级简码。一级简码又叫高频字,五笔字型输入法把最常用的 25 个汉字定为一级简码,分别分布在 25 个键位上。输入一级简码的方法:所在按键＋空格。如图 2-7 所示。

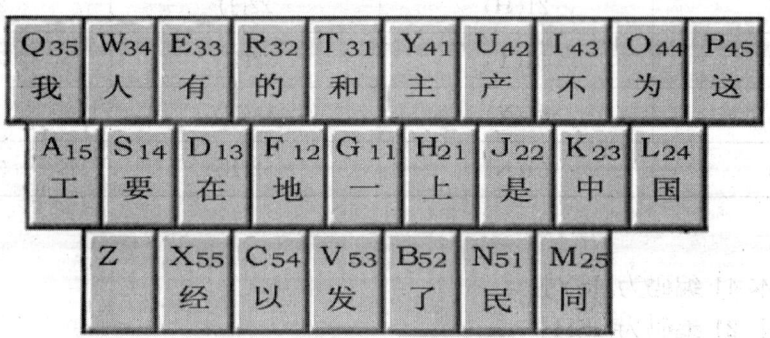

图 2-7 一级简码

>>>>>>

(2) 二级简码。取前二码＋空格,下面将所有二级简码列出。

G F D S A H J K L M T R E W Q Y U I O P N B V C X

G五于天末开下理事画现玫珠表珍列玉平不来　与屯妻到互

F二寺城霜载直是吉协南才垢圾夫无坟增示赫过志地雪支

D三夺大厅左丰百右历成帮原胡春克太磁砂灰达成顾肆友龙

S本村枯林械相查可楞机格析极检构术样档杰棕杨李要权楷

A七革基苛式牙划或功贡攻匠菜共区芳燕东　芝世节切芭药

H睛睦　盯虎止旧占卤贞睡　肯具餐眩瞳步眯瞎卢　眼皮此

J量时晨果虹早昌蝇曙遇昨蝗明蛤晚景暗晃显晕电最归紧昆

K呈叶顺呆呀中虽吕另员呼听吸只史嘛啼吵　喧叫啊哪吧哟

L车轩因困　四辊加男轴力斩胃办罗罚较　　边思　轨轻累

M同财央朵曲由则　崭册几贩骨内风凡赠峭　迪岂邮　凤

T生行知条长处得各力向笔物秀答称入科秒　管秘季委么第

R后持拓打找年提扣押抽手折扔失换扩拉朱搂近所报扫反批

E且肝　　肛　胆肿肋肌用遥朋脸胸及胶腔　爱甩服妥肥脂

W全会估休代个介保佃仙作伯仍从你信们偿伙　亿他分公化

Q钱针然钉氏外旬名锣负儿铁角欠多久匀乐炙锭包凶争色

Y主计庆订度让刘训为高放诉衣认义方说就变这记离良充率

U闰半关亲并站间部曾商产瓣前闪交六立冰普帝决闻妆冯北

I汪法尖洒江小浊澡渐没少泊肖兴光注洋水淡学沁池当汉涨

O业灶类灯煤粘烛炽烟灿烽煌粗伙炮米料炒炎迷断籽娄烃

P定守害宁宽寂审宫军宙客宾家空宛社实宵灾之官字安　它

N怀导居　民收慢避惭届必怕　愉懈心习悄屡忧忆敢恨怪尼

B卫际承阿陈耻阳职阵出降孤阴队隐防联孙耿辽也子限取陛

V姨寻姑杂毁　旭如舅　九　奶　婚妨嫌录灵巡刀好妇妈姆

C　对参　戏　　台劝观矣牟能难允驻　　　驼马邓艰双

X线结顷　红引旨强细纲张绵级给约纺弱纱继综纪弛绿经比

(3) 三级简码。取前三码＋空格。如:"邦单息脉特肘棚例"等字。有时,同一汉字可有几种简码。例如:"经"就有一级、二级、三级简码及全码四种:经:(X,一级)、(XC,二级)、(XCA,三级)、(XCAG,全码)。判断哪些是三级简码哪些不是三级简码对于初学者来说比较难,因为三级简码共有4 000多个。实际上,只要多加练习,自然就能将大部分常用的三级简码区分出来。例如:

谢(YTM)　课(YJS)　校(SUQ)　模(SAJ)　特(TRF)　缟(XYM)　熟(YBV)
练(XAN)　握(RNG)　需(FDM)　重(TGJ)　党(IPK)　苯(ASG)　氯(RNV)

10. 词组输入

词组输入分两字词组、三字词组、四字词组和多字词组。

(1) 两字词组。每字取其前二码,共四码组成,例如:

字例	编码	字例	编码
经济	XCIY	成立	DNUU
计划	YFAJ	修理	WHGJ
财产	MFUT	领导	WYNF
开会	GAWF	节约	ABXQ
大型	DDGA	大众	DDWW
计算	YFTH	出现	BMGM
基础	ADDB	保证	WKYG

(2) 三字词组。前两字各取首码,最后一字取前两码,共四码组成,例如:

字例	编码	字例	编码
计算机	YTSM	同志们	MFWU
革命化	AWWX	参考书	CFNN
电视机	JPSM	世界观	ALCM
联合国	BWLG	浙江省	IIIT

(3) 四字词组。每字各取首码,共四码组成,例如:

字例	编码	字例	编码
汉字编码	IPXD	艰苦奋斗	CADU
知识分子	TYWB	百货公司	DWWN
信息处理	WTTG	技术革命	RSAW
中共中央	KAKM	科学技术	TIRS

(4) 多字词组。多字词组取第一、二、三及末汉字的首码,共四码组成,例如:

字例	编码
中华人民共和国	KWWL
中国共产党	KLAI
为人民服务	YWNT
中央电视台	KMJC
中央委员会	KMTW
全国人民代表大会	WLWW

11. 重码与容错码

(1) 重码:有相同编码的字叫重码字。如键入"FGHY",即显示:

1雨 2寸

如需要"雨"字,就不必挑选,只管输入下文,"雨"字会自动显示到当前光标位置上来。如需要的是"寸"字,要打数字键"2",则"寸"字就会输入光标所在位置上。

(2) 容错码:"容易"弄错的码"容许"按错码输入,叫做"容错码"。随着五笔字型输入法的改进和现在学生书写汉字越来越规范,容错码用得越来越少,并且有些版本的五笔字型方案中已经禁止容错码的使用。我们在此不做详细介绍。

12. 学习键"Z"的使用

"Z"键为万能学习键，它不但可以代替"识别码"，帮助你把字找出来，并告诉你"识别码"，它还可以代替一时记不清或分解不准的任何字根。例如："劳"字，你可以打成"艹冖Z"，接下来根据提示进行操作即可。

四、案例实现

（一）案例要求

学会键名汉字的输入、成字根的输入、五种笔画的输入、合体字的输入、词组输入和简码输入。

（二）案例实现

第一步：在"写字板"中输入下列键名汉字。

田　日　王　大　工　木　金　月　禾　立　水　之　人　白　言　水　火　土　目　口　山　子　又　纟　女　已

第二步：输入五种笔画。

一　丨　丿　丶　乙

第三步：在"写字板"中输入下列成字根。

戈　七　廿　月　上　止　五　二　十　干　雨　寸　士　三　犬　古　厂　石　丁　西　卜　早　中　虫　日　川　甲　四　尸　心　羽　也　了　刀　九　白　巴　车　力　竹　手　斤　用　乃　八　文　方　广　辛　六　门　小　米　己　巳　马　弓　匕

第四步：在"写字板"中根据编码输入下列汉字。

失 RW、矢 TDU

天 GD、夫 FW

牛 RHK、午 TFJ

未 FII、末 GS

于 GF、丑 NFD、生 TG、千 TFK、户 YNE、且 EG、申 JHK

第五步：拆分并在"写字板"中输入下列汉字。

肚　妒　竟　讣　尔　饵　伐　乏　犯　坊　叭　劫　巾　今　丑　歹　待　奋　惊　习　钓　叮　冬　抖　杜　筋　仅　故　卡　铂　仓　草　击　讥　伎　剂　肩　茧　京　惶　煌　回　把　坝　柏　败　拌　剥　斥　愁　亿　治　见　涧　钱　固　刮　挂　刊　井　炯　酒　巨　句　誉　决　卑　钡　旱　汗　夯　享　弘　户　幻　皇　君　狈　叉　备　灭　彻　尘　程　付　父　讣　改　甘　杆　午　驰　尺　钓　扯　看　访　飞　奋　封　拂　伏　弗　忌　贾　钾　盲　赶　闻　告　恭　勾　风　柱

第六步：在"写字板"中输入首码在一区的汉字练习。

事　吏　再　来　世　求　丐　辰　页　不　成　东　百　巨　臣　太　牙　歹　夹　严　非　丌　互　革　甘　太　无　正　可　下　未　井　韦　考　才　友

第七步：在"写字板"中输入首码在二区的汉字练习。

内 果 里 史 曳 禺 少 占 卤 甩 且 串 电 申 县 丹 册 冉 巾 见

第八步：在"写字板"中输入首码在三、四区的汉字练习。

风 乌 勿 久 氏 乐 多 亡 矢 失 千 壬 丢 重 垂 牛 岳 失 天 生 长 爪 币 自 我 升 毛 兆 并 首 酉 义 农 户 秉 舌 毛 午 气 身 禹 乎 乏 央 鱼 兔 产 州 半 北 良 永

第九步：在"写字板"中输入首码在五区的汉字练习。

飞 发 刃 书 尺 丑 尹 习 出 丞 乡 幽 母 疋 叉

第十步：常用汉字的拆分练习。

高 量 实 表 等 第 还 应 期 的 是 为 有 时 预 矛 序 编 用 动 进 说 革 或 感 服 寨 甚

第十一步：容易拆错汉字的拆分练习。

呀 饮 牛 派 犹 旅 曾 禹 兔 秉 爪 禺 臣 册 年 助 姬 途 既 曲 离 片 黄 满 豫 柔 年 成 承 乘 函 范 序 练 外 垂 末 开 魂 特 捕 夜 舞 追 貌 曳 廉 彤 赛 拜 翠 身 所 报 励 遇 行 未 末 以 面 买 卖 凸 凹 像 剩 鬼 推

第十二步：对所有一级简码字进行练习。

发 地 中 这 我 以 民 有 是 人 在 的 主 国 要 和 一 产 上 不 为 工 了 同

第十三步：对下列二级简码字进行练习。

闪 灯 牟 驻 岂 冯 邓 参 成 得 长 出 五 反 介 载 水 炎 遇 避 张 入 可 办 基 顾 泊 渐 小 才 克 定 年 此 杂 全 空 代 行 生 电 及 笔 乐 开 科 持 现 玫 表 友 作 第 步 间 空 争 能 最 高 交 较 财 于 个 晚 度 放 前 订 就 你 学 然 共 量 能 械 向 面 继 它 相 娄 衣 纺 批 会 多 分 轨 类 折 朋 肖 曲

第十四步：对下列三级简码字进行练习。

段 正 敝 余 蔽 弄 万 频 带 乘 微 惯 脑 者 师 籽 耕 兼 典 曹 咆 哮 图 廖 刻 意 夜 研 戴 裁 舞 寒 缺 快 柬 卸 严 应 连 回 象 征 幅 海 初 醒 深 皿 插 鼠 鬼 魂 秉 某 补 笨 获 逃 桃 箭 黑 底 肃 短 易 悉 里 盘 迥 驾 延 清 毛 减 啤 临 晓 落 每 束 输 豫 族 洲 章 描 绘 寄 寓 算 根 般 航 隅 越

第十五步：对下列全码字进行练习。

予 四 凸 卷 撇 鸟 场 藏 斜 矛 扇 单 翻 謇 庭 速 键 毯 魃 魄 换 挽 留 造 西 貌 干 版 籍 歉 谦 庸 遭 麼 编 造 选 框 塞 赛 墟 跷 鄙 善 默 帛 键 露 鞋 著 嘈 嗽 词

第十六步：对下列两字词进行练习。

北海　备案　背诵　被迫　洒脱　签订　强烈　侨民　抢修　飘荡　模拟　傲慢
巴黎　民政　版面　伴奏　帮忙　包修　宝贵　饱满　保管　堡垒　霸权　爱慕
安徽　案件　暗藏　黯然　昂贵　盎然　澳洲　百家　柏树　摆布　班机　颁奖
搬运　板凳　报偿　抱歉　暴露　爆破　悲哀　奔驰

第十七步：对下列三字词进行练习。

电风扇　电视机　事实上　兼容性　装饰品　著作权　贮存器　猪八戒　诸葛亮
重金属　运动员　科学家　计算机　共产党　办公室　众议院　智囊团　志愿兵
指挥部　半月谈　保守派　报告团　爆炸性　保温瓶　本学科　洗衣机　重庆市
数据库

第十八步：对下列四字词进行练习。

藏龙卧虎　百炼成钢　奥林匹克　畅通无阻　朝气蓬勃　陈词滥调　五讲四美
暴跳如雷　背井离乡　遍地开花　兵荒马乱　博闻强记　不约而同　社会主义

第十九步：对下列多字词进行练习。

中央政治局常委　中国共产党　毛泽东思想　四个现代化　中国人民解放军
宁夏回族自治区　新技术革命　中央办公厅

五、提高练习与技巧

学习五笔字型没有什么捷径可走，关键是要"多记、多练"，熟能生巧。请利用五笔字型汉字输入法在"写字板"中输入下列文章：

在新的发展阶段继续全面建设小康社会、发展中国特色社会主义，必须坚持以邓小平理论和"三个代表"重要思想为指导，深入贯彻落实科学发展观。

科学发展观，是对党的三代中央领导集体关于发展的重要思想的继承和发展，是马克思主义关于发展的世界观和方法论的集中体现，是同马克思列宁主义、毛泽东思想、邓小平理论和"三个代表"重要思想既一脉相承又与时俱进的科学理论，是我国经济社会发展的重要指导方针，是发展中国特色社会主义必须坚持和贯彻的重大战略思想。

科学发展观，是立足社会主义初级阶段基本国情，总结我国发展实践，借鉴国外发展经验。适应新的发展要求提出来的。进入新世纪新阶段，我国发展呈现一系列新的阶段性特征。主要是：经济实力显著增强，同时生产力水平总体上还不高，自主创新能力还不强，长期形成的结构性矛盾和粗放型增长方式尚未根本改变；社会主义市场经济体制初步建立，同时影响发展的体制机制障碍依然存在，改革攻坚面临深层次矛盾和问题；人民生活总体上达到小康水平，同时收入分配差距拉大趋势还未根本扭转，城乡贫困人口和低收入人口还有相当数量，统筹兼顾各方面利益难度加大；协调发展取得显著成绩，同时农业基础薄弱、农村发展滞后的局面尚未改变，缩小城乡、区域发展差距和促进经济社会协调发展任务艰巨；社会主义民主政治不断发展、依法治国基本方略扎实贯彻，同时民主法制建设与扩大人民民主和经济社会发展的要求还不完全适应，政治体制改革需要继续深化；社会主义文化更加繁荣，同时人民精神文化需求日趋旺盛，人们思想活动的独立性、选择性、多变性、差异性明显增强,对发展社会主义先进文化提出了更高要求;社会活力显著增强,同时社会结构、社会组织形式、社会利益格局发生深刻变化,社会建设和管理面临诸多新课题;对外开放日益扩大,同时面临的国际竞争日趋激烈,发达国家在经济科技上占优势的压力长期存在,可以预见和难以预见的风险增多,统筹国内发展和对外开放要求更高。

这些情况表明,经过新中国成立以来特别是改革开放以来的不懈努力,我国取得了举世瞩目的发展成就,从生产力到生产关系、从经济基础到上层建筑都发生了意义深远的重大变化,但我国仍处于并将长期处于社会主义初级阶段的基本国情没有变,人民日益增长的物质文化需要同落后的社会生产力之间的矛盾这一社会主要矛盾没有变。当前我国发展的阶段性特征,是社会主义初级阶段基本国情在新世纪新阶段的具体表现。强调认清社会主义初级阶段基本国情,不是要妄自菲薄、自甘落后,也不是要脱离实际、急于求成,而是要坚持把它作为推进改革、谋划发展的根本依据。我们必须始终保持清醒头脑,立足社会主义初级阶段这个最大的实际,科学分析我国全面参与经济全球化的新机遇新挑战,全面认识工业化、信息化、城镇化、市场化、国际化深入发展的新形势新任务,深刻把握我国发展面临的新课题新矛盾,更加自觉地走科学发展道路,奋力开拓中国特色社会主义更为广阔的发展前景。

 本章小结

本章我们学习了智能 ABC 汉字输入法和五笔字型汉字输入法(86 版)。如何选择使用输入法视具体情况而定。经常从事大量的文字录入工作,适用五笔字型汉字输入法,以后提高的空间较大,并且不会读的字也能输入;很少使用计算机的则适用智能 ABC 汉字输入法,该输入法简单易学,但重码较多,并且如果用其中的"全拼、简拼、双拼"等输入汉字,必须知道该字的读音。智能 ABC 和五笔字型汉字输入方法的输入练习是本章的重点,要达到熟练还需要很长的一个练习过程。

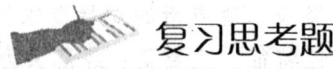 复习思考题

一、简答题

1. 五笔字型输入法在什么情况下要加末笔字形识别码? 怎样加末笔字形识别码? 试举例说明。

2. 五笔字型的编码规则是什么?

3. 什么是成字字根? 它们是怎样输入的?

4. 叙述五笔字型两字词组、三字词组、四字词组、多字词组的编码方法。

5. 试写出下列词组的五笔字型输入编码:

大局　大家　感情　顾客　夸张　故事　动员　矛盾　通行　成为　存在　成果　未知数　规律性　教职工　动物园　运动员　开玩笑　来不及　少年宫　小商品　理事长　开幕词　政治犯　目的地　学习班　无条件　改革开放　精神文明　安全生产　四面八方　国家机关　国际市场　中文信息　由此可见　见义勇为

6. 什么是重码与容错码？

7. 拆分下列汉字(加末笔字型识别码)：

巾丹坤舟勿兆飞叉页柏备尘程闯斗坊故艺仕香

申里刃久亡尺正尹曳把场仇仿杠兑幼句酉讨羊

甘戒牛舌乏户丑应未叭坝倡斥访冬尔昏气若套

丈击孔午鱼习乡井笆岔旨灿床告杜汗齐舌丸

二、"案例实现"结果整理题

将"案例实现"讲解过程中课堂笔记的内容进行整理,然后做到作业本上。

三、上机实验

(一)将"案例实现"的整个过程在机房自己独立做一遍。

(二)根据下列要求,完成本讲内容的上机实验。

1. 键名编码练习：请将所有键名汉字打四遍。

2. 成字根编码练习：对照字根总图,将所有成字根打四遍。

3. 启动"金山打字"软件,练习一级、二级简码。

4. 启动"金山打字"软件,练习"常用字"。

5. 启动"金山打字"软件,练习"难折字"。

6. 启动"金山打字"软件,练习两字、三字、四字词组。

7. 利用"金山打字"软件进行"文章练习"。

8. 利用五笔字型汉字输入法在"写字板"中输入朱自清的散文《荷塘月色》：

这几天心里颇不宁静。今晚在院子里坐着乘凉,忽然想起日日走过的荷塘,在这满月的光里,总该另有一番样子吧。月亮渐渐地升高了,墙外马路上孩子们的欢笑,已经听不见了;妻在屋里拍着闰儿,迷迷糊糊地哼着眠歌。我悄悄地披了大衫,带上门出去。

沿着荷塘,是一条曲折的小煤屑路。这是一条幽僻的路;白天也少人走,夜晚更加寂寞。荷塘四面,长着许多树,蓊蓊郁郁的。路的一旁,是些杨柳,和一些不知道名字的树。没有月光的晚上,这路上阴森森的,有些怕人。今晚却很好,虽然月光也还是淡淡的。

路上只我一个人,背着手踱着。这一片天地好像是我的;我也像超出了平常的自己,到了另一个世界里。我爱热闹,也爱冷静;爱群居,也爱独处。像今晚上,一个人在这苍茫的月下,什么都可以想,什么都可以不想,便觉是个自由的人。白天里一定要做的事,一定要说的话,现在都可不理。这是独处的妙处;我且受用这无边的荷香月色好了。

曲曲折折的荷塘上面,弥望的是田田的叶子。叶子出水很高,像亭亭的舞女的裙。层层的叶子中间，零星地点缀着些白花，有袅娜地开着，有羞涩地打着朵儿的；正如一粒粒的明珠，又如碧天里的星星，又如刚出浴的美人。微风过处，送来缕缕清香，仿佛远处高楼上渺茫的歌声似的。这时候叶子与花也有一些的颤动，像闪电般，霎时传过荷塘的那边去了。叶子本是肩并肩密密地挨着，这便宛然有了一道凝碧的波痕。叶子底下是脉脉的流水，遮住了，不能见一些颜色；而叶子却更见风致了。

月光如流水一般，静静地泻在这一片叶子和花上。薄薄的青雾浮起在荷塘里。叶子和花仿佛在牛乳中洗过一样；又像笼着轻纱的梦。虽然是满月，天上却有一层淡淡的云，所以不能朗照；但我以为这恰是到了好处——酣眠固不可少，小睡也别有风味的。月光是隔了树照过来的，高处丛生的灌木，落下参差的斑驳的黑影，却又像是画在荷叶上。塘中的月色并不均匀；但光与影有着和谐的旋律，如梵婀玲上奏着的名曲。

荷塘的四面，远远近近，高高低低都是树，而杨柳最多。这些树将一片荷塘重重围住；只在小路一旁，漏着几段空隙，像是特为月光留下的。树色一例是阴阴的，乍看像一团烟雾；但杨柳的丰姿，便在烟雾里也辨得出。树梢上隐隐约约的是一带远山，只有些大意罢了。树缝里也漏着一两点路灯光，没精打采的，是渴睡人的眼。这时候最热闹的，要数树上的蝉声与水里的蛙声；但热闹的是它们的，我什么也没有。

忽然想起采莲的事情来了。采莲是江南的旧俗，似乎很早就有，而六朝时为盛，从诗歌里可以约略知道。采莲的是少年的女子，她们是荡着小船，唱着艳歌去的。采莲人不用说很多，还有看采莲的人。那是一个热闹的季节，也是一个风流的季节。梁元帝《采莲赋》里说得好：于是妖童媛女，荡舟心话；鹢首徐回，兼传羽杯；棹将移而藻挂，船欲动而萍开。尔其纤腰束素，迁延顾步；夏始春余，叶嫩花初，恐沾裳而浅笑，畏倾船而敛裾。

可见当时嬉游的光景了。这真是有趣的事，可惜我们现在早已无福消受了。

于是又记起《西洲曲》里的句子：

采莲南塘秋，莲花过人头；低头弄莲子，莲子清如水。

今晚若有采莲人，这儿的莲花也算得"过人头"了；只不见一些流水的影子，是不行的。这令我到底惦着江南了。——这样想着，猛一抬头，不觉已是自己的门前；轻轻地推门进去，什么声息也没有，妻已睡熟好久了。

3

第三章　Windows XP 操作系统

 学习目的

任何应用软件都建立在操作系统基础之上，离开了操作系统我们无法使用计算机。目前最流行的操作系统是 Windows XP。本章主要学习 Windows XP 操作系统的基本操作、文件管理、控制面板设置等内容。

第一节　Windows XP 的基本操作（第七讲）

一、案例目标

通过本讲学习，掌握计算机的启动和退出，认识 Windows XP 的桌面，掌握 Windows 窗口操作，掌握对话框、菜单、工具栏的使用。

二、案例主要技能

- 启动、关闭计算机
- 认识 Windows XP 的桌面，学会使用任务栏属性
- Windows XP 的窗口及操作
- 使用对话框、菜单、工具栏

三、知识剖析

（一）启动 Windows XP

只要正确安装了 Windows XP 系统，那么以后启动计算机时，只要打开电源稍稍等待后，系统就直接进入 Windows XP 桌面。如果按指定用户名启动计算机，在启动过程中会

出现一个用户登录界面,选择用户名并输入密码。

（二）退出 Windows XP

在退出 Windows XP 前,最好关闭所有正在运行的应用程序,然后按如下步骤操作:

（1）单击任务栏"开始"按钮,打开"开始"菜单,如图 3-1 所示。

（2）选择并单击"关闭计算机"命令,出现"关闭计算机"对话框,如图 3-2 所示。

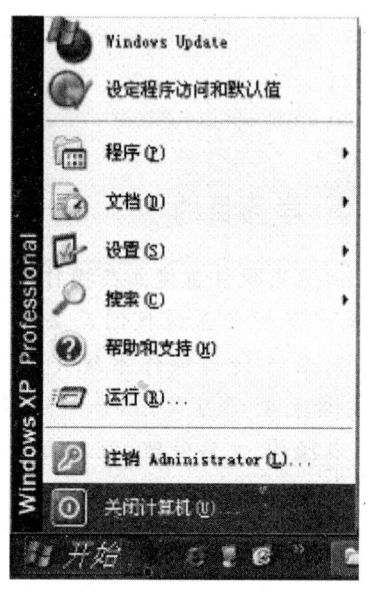

图 3-1 开始/关闭计算机   图 3-2 关闭计算机对话框

（3）在"关闭计算机"对话框中,单击"关闭"按钮即可退出 Windows,如图 3-2 所示。

从"关闭计算机"对话框中可以看到,在这里还可以选择"重新启动（R）"和"待机（S）"选项。如果选择"待机（S）"的话,计算机在闲置时可节省电能、但又保持立即可用的一种状态。如果想继续使用计算机,只要按一下电源开关,计算机立即可用。如果选择"重新启动（R）",则将重新启动计算机。

正确退出 Windows XP 很重要,切不可用直接关闭电源的方法来退出 Windows XP。在正常退出时,Windows XP 将做好退出前的准备工作,如删除临时文件、保存设置信息等;但非正常退出将使 Windows XP 来不及处理这些工作,从而导致设置信息的丢失、硬盘空间的浪费,再者,也会引起后台运行程序的数据和结果的丢失,非正常退出还会造成下次启动时对计算机硬盘的检测,增加启动时间。

试一试！通过关闭计算机对话框中的"待机"按钮,让计算机待机几分钟。

（三）Windows XP 桌面的组成

1. 桌面

Windows XP 启动完成后所显示的整个屏幕称为桌面。桌面上可放置图标、菜单、窗口和对话框等。

通常桌面上有"我的电脑"、"回收站"、"我的文档"、"Internet Explorer"和"网上邻居"等图标和若干个用户创建的快捷方式图标。桌面底端有任务栏,任务栏左端有一个

"开始"按钮。"开始"按钮的右边是快速启动工具栏,常有"启动 Internet Explorer 浏览器"和"显示桌面"等图标。

2. 图标

图标通常是由代表 Windows XP 的各种组成对象的小图形并配以文字说明而组成。例如,文档、应用程序、文件夹、磁盘驱动器、控制面板、打印机等都用一个形象化的图标来表示。它可以代表一个应用程序、一个文档或一个设备等。用鼠标左键单击某一图标,该图标及其下面的文字说明颜色改变,表示此图标被选中。

双击桌面或窗口上的图标即可启动(或打开)该图标代表的程序(或窗口)。

3. 任务栏

它一般位于桌面底部。其左边依次有"开始"菜单按钮和快速启动工具栏,中间是显示正在运行的应用程序或正在打开的窗口。当每次启动一个应用程序或打开一个窗口后,"任务栏"上就有代表该程序或窗口的一个"任务按钮",其中处于按下状态的按钮表示当前活动的应用程序。单击所需的"任务按钮"可以激活它所代表的应用程序。通过单击"任务按钮"可以快速切换应用程序。关闭程序后,其相应的"任务按钮"也随之消失。任务栏右端有"音量控制"、"系统时钟"和"输入法"等提示区。

对任务栏可以进行如下的操作:

(1) 锁定任务栏:任务栏一旦锁定,我们无法改变其位置和大小等。通过右击任务栏的空白处,选择"属性"命令,在弹出的对话框中,钩选"锁定任务栏"复选框即可。

(2) 在非锁定状态下,可以移动任务栏的位置,也可以改变任务栏的大小。

试一试! 通过右击任务栏,然后选择"属性",即可对任务栏进行设置,设置方法非常简单,在此不做介绍,同学们不妨去试一试。

4. "开始"按钮

"开始"按钮通常位于桌面底部任务栏的左侧,如图 3-1 所示,单击此按钮可以打开 Windows XP 的"开始"菜单,这是执行程序最常用的方式。

(四) 鼠标器和键盘的操作

Windows XP 环境下的操作主要依靠鼠标器(简称鼠标)和键盘来执行。因此熟练掌握鼠标和键盘操作可以提高工作效率。

1. 鼠标操作

Windows XP 支持"二键+滚轮"模式的鼠标。安装了鼠标器后则屏幕上出现鼠标指针,鼠标指针随鼠标的移动而移动,可以把鼠标指针对准屏幕上的特定目标进行操作。

下面列出鼠标操作的方法和名称。

指向:移动鼠标指针到某一对象上。

单击(或称左击):迅速按下并立即释放鼠标左键。

右单击(或称右击):迅速按下并立即释放鼠标右键。

双击:快速地连续两次按下并立即释放鼠标左键。

拖动:按住鼠标左键不放,移动鼠标到另一地方松开。

右拖动:按住鼠标右键不放,移动鼠标到另一地方松开。

滚动：在浏览文档时，可以用滚轮上下移动文档内容。

2. 键盘操作

键盘不仅可以用来输入文字或字符，而且使用组合键还可以替代鼠标操作，例如组合键 Alt＋Tab 可以完成任务窗口之间的切换，相当于用鼠标单击任务按钮。

试一试！打开"我的电脑"、"网上邻居"、"Word 2003"和"我的文档"，用 Alt＋Tab 对各任务窗口进行切换。

（五）Windows XP 的窗口

所有 Windows XP 的操作主要是在系统提供的不同窗口中进行的，因此熟悉窗口的操作是最基本也是最重要的。

Windows XP 的窗口分为应用程序（或文件夹）窗口和文档窗口两类。应用程序窗口表示一个正在运行的程序，程序名显示在标题栏中，一个应用程序窗口可含有多个文档窗口；文档窗口出现在相应的应用程序窗口中，共享应用程序窗口的菜单栏，文档窗口有自己的标题栏，最大化时，它与应用程序共享一个标题栏，如图 3－3 所示的为"我的电脑"窗口。

1. Windows XP 窗口的组成

（1）边框和四角。每个窗口都有一个边界框，标识出窗口的边界。当鼠标指针指向某个边框或四角时，鼠标指针会变成双向箭头，此时沿箭头所指方向拖动鼠标就可改变窗口的大小。

（2）标题栏。标题栏位于窗口顶部第一行，用于显示窗口标题（应用程序名或文档名），如图 3－3 所示的最上面一行标题名是"我的电脑"，就是窗口标题。

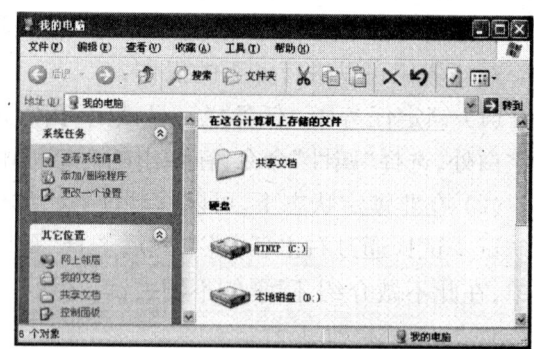

图 3－3　我的电脑窗口

（3）窗口的"最小化"、"最大化/还原"和"关闭"按钮。它们位于标题栏的右侧，用于窗口的调整及关闭。如图 3－3 所示。

（4）菜单栏。菜单栏位于标题栏之下，在菜单栏中列出了可选用的菜单项。单击菜单项可打开对应的下拉菜单，它包含一组命令或动作，供选用。

（5）工具栏。工具栏通常位于菜单栏之下，工具栏中的每个小图标按钮对应下拉菜单中的一个常用命令，以提高操作效率。

（6）水平和垂直滚动条。当窗口的内容无法同时在窗口内全部显示时，窗口的底端或（和）右端会分别出现水平和垂直滚动条。在每个滚动条上有一个滑块，利用鼠标或键盘上的箭头键来移动滑块，使窗口中内容上下或左右滚动，以便查看当前窗口尚未显示出来的内容。

（7）状态栏。许多窗口都有状态栏，它位于窗口底端，显示与当前操作、当前系统状态有关的信息。

（8）工作区域。窗口内部的区域。

2. Windows XP 窗口的操作

窗口的基本操作包括窗口的移动、放大、缩小、切换、排列和关闭等。

(1) 激活(切换)窗口。在 Windows 环境下,当前正在使用的窗口为活动窗口(或称前台窗口),位于最上层,窗口的标题栏默认为深蓝色。其他窗口为非活动窗口(或称后台窗口)。但可随时激活所需的窗口。

可用鼠标或键盘激活(切换)窗口,其具体方法如下:

用鼠标切换:在所要激活的窗口内任意位置单击一下或单击任务栏中所需的任务按钮,可激活相应的应用程序窗口。

用键盘切换:按组合键 Alt+Tab。

(2) 移动窗口。将鼠标指针指向窗口标题栏,拖动鼠标到所需要的地方。

(3) 改变窗口大小。可以通过拖动窗口边框或窗口角来调整窗口的大小。

(4) 最大化、最小化、还原和关闭窗口。只要单击窗口右上角的"最大化/还原"、"最小化"和"关闭"按钮即可。如果窗口已经最小化,只要激活即可对该窗口进行操作。

(5) 窗口内容的滚动和复制。可以使用滚动条、滚轮、上页/下页键、光标上/下移动键滚动窗口内容。若希望把当前窗口的内容复制到另一个文档或图像编辑软件中去,可按 Alt+PrintScreen 组合键将整个窗口以图片的形式复制到剪贴板,再激活处理文档或图像的编辑软件窗口,进行"粘贴"。如果想复制整个桌面的内容,可按 PrintScreen 键实现。

(6) 排列窗口。窗口排列方法有层叠、横向平铺和纵向平铺三种。用鼠标右击"任务栏"空白处,弹出快捷菜单,即可选择窗口排列方式的命令。

试一试! 打开"我的电脑",将窗口"最大化"、"最小化"、"还原"、调整窗口的位置和大小,打开 C 盘 Windows 文件夹,然后试用"滚动条"。

(六)菜单的组成及操作

菜单是一个命令列表,它是应用程序与用户交互的主要方式。用户可从中选择所需的命令来指示应用程序执行相应的动作。

Windows XP 的菜单中,有开始菜单、菜单栏上的下拉菜单和快捷菜单等多种菜单。

菜单操作有:打开菜单、选择菜单命令和关闭菜单。下面分别介绍下拉菜单、开始菜单和快捷菜单的操作。

1. 菜单栏上的下拉菜单

应用程序的菜单系统主要由控制菜单和菜单栏组成。菜单栏上的文字如"文件"、"编辑"、"帮助"等称为菜单名。每个菜单名对应一个由若干菜单命令(项)组成的下拉菜单,如图 3-4 所示。

(1) 打开下拉菜单的方法:用鼠标单击菜单栏中的相应菜单名,即可打开下拉菜单。

(2) 选择菜单命令:打开菜单后,用鼠标单击菜单中要选择的菜单命令。

(3) 菜单的关闭(或撤销):用鼠标单击被打开

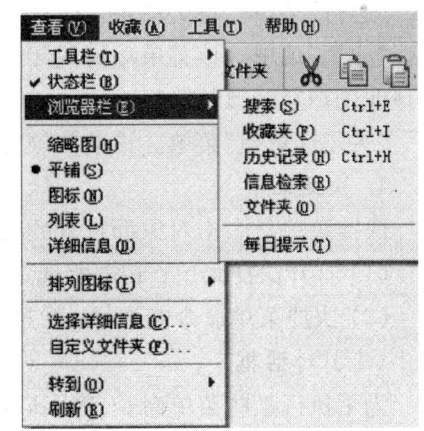

图 3-4 文件夹中的"查看"菜单

的菜单以外任何地方或按 Esc 键可关闭被打开的下拉菜单。

2. 菜单的约定

(1) 灰色字符的菜单命令：正常的菜单命令是用黑色字符显示，表示此命令当前有效，可以选用。用灰色字符显示的菜单命令表示当前情形下此命令无效，不能选用。

(2) 带省略号(…)的菜单命令：表示选定该命令后，将打开一个相应的对话框，以便进一步输入某种信息或改变设置参数。

(3) 名字前带有"√"记号的菜单命令：该符号是一个选择标记，当菜单命令前有此符号时，表示该命令生效。通过再次选择该命令项可以删除此选择标记，该命令不再起作用。

(4) 名字后带有组合键的菜单命令：这种在菜单命令右边显示的组合键称为该命令的快捷键，表示可以直接按该组合键执行此菜单命令，而不必打开菜单。如 Ctrl+C 就是"复制"命令的快捷键，按此快捷键可直接进行复制而不必打开下拉菜单。在实际操作中，记住一些常用命令的快捷键可提高操作效率。

(5) 带符号"▶"的命令项：表示该命令项后还有下一级子菜单。

3. "开始"菜单

(1) "开始"菜单的打开。单击"开始"菜单按钮 ◢ 开始 可打开"开始"菜单。

(2) "开始"菜单的组成。主要有程序、运行、帮助和支持、搜索、控制面板、文档、注销和关闭计算机等。如图 3-1 所示。

"程序"菜单项。当鼠标指针指向"程序"菜单项时，自动打开下一级级联菜单，单击此菜单上的程序名，Windows XP 就启动该程序。

"文档"菜单项的下一级级联菜单中最多可以包含用户最近打开使用过的 15 个文档名列表，单击文档名就可启动相应的应用程序并打开该文档。

"控制面板"。我们将在后面单独用一节的内容来讲。

"搜索"菜单。该菜单具有查找文件和文件夹、网络中的计算机和用户以及 Internet 上的 Web 页等功能。

"帮助和支持"菜单。该菜单项可启动联机帮助系统等功能。

"运行"菜单。该菜单项可执行字符命令、运行应用程序或打开文件夹。

"注销"菜单。该菜单项可关闭所有正在运行的应用程序，将计算机与网络断开，并可由其他用户登录该计算机。

"关闭计算机"菜单。该菜单项可关闭、重新启动计算机或待机，前面已介绍。

4. 快捷菜单

快捷菜单是右击对象而打开的菜单。快捷菜单中包含了操作该对象的常用命令。

(1) 打开快捷菜单：右击所选定的对象即可。

(2) 快捷菜单命令的选择：快捷菜单命令的选择与下拉菜单命令的选择方法一样。

(七) 对话框

为了执行某些菜单命令，Windows XP 需要请求用户输入信息或进行设置选择，那么就可通过对话框来询问，用户可以通过对话框来完成输入或设置。Windows XP 也可使用对话框显示附加信息和警告,或解释没有完成的原因等。

1. 启动对话框

对话框的方式广泛应用于 Windows XP 中,对话框的大小、形状各不相同。它是继菜单和图标后进一步提供给用户的又一种人机对话的窗口。单击带有省略号(…)的菜单命令即可出现对话框。

2. 对话框的组成元素及使用

除桌面外,窗口和对话框的操作是最基本的。对话框外形与窗口类似,也有标题栏,不同的是对话框没有菜单栏,对话框的大小是固定的,不能改变,如图 3-5 所示。组成对话框的元素一般有:

(1) 标题栏:标题栏中的左边是对话框的名称,右边是"求助"和"关闭"按钮。用鼠标拖动标题栏可以移动对话框。

(2) 标签:也称选项卡,用户可在多个标签之间进行切换选择。可用鼠标单击标签或按标签名后的英文字母键来切换。

(3) 单选按钮:单选按钮是一组相互排斥的选项,用来在一组选项中选择一个,且只能选择一个,被选中的按钮上出现一个小圆点。

(4) 复选框:复选框列出可选择的选项,可以根据需要选择一个或多个选项。复选框被选中后,在框中会出现"√"。单击一个被选中的复选框就是取消该复选框的选定状态,"√"消失。

图 3-5 "段落"对话框

(5) 列表框:列表框显示多个选项,由用户选定其中一项。当选项一次不能全部显示在列表框中时,系统会提供滚动条帮助用户快速查看。

(6) 下拉列表框:单击下拉列表框右端的下拉按钮可以打开下拉列表,显示所有选项。列表关闭时,框内所显示的就是选中的信息。

(7) 文本框:文本框是用于输入文本信息的一个矩形区域。

(8) 数值框:将鼠标移入数值框内,可直接输入数值,也可单击右边的增/减按钮来改变数值大小。

(9) 滑标:用鼠标左右拖动滑标可以改变数值大小,以便调整参数。

(10) 命令按钮:单击命令按钮可立即执行一个命令。如果一个命令按钮呈灰色,则表示该按钮是不可选的;如果一个命令按钮后跟有省略号(…),则表示打开另一个对话框。对话框中常见的是矩形带文字的命令按钮,如"确定"、"取消"和"应用"等。

(11) 帮助按钮:对话框的右上角有一个帮助按钮,具体使用方法为:

单击该按钮,指针变成 形状,用这个指针单击要了解的对话框组件,就可获得有关该组件的帮助信息。右击求助的对象项,弹出"这是什么?"小框,单击该小框,弹出帮助信息文本框。

(12) 关闭对话框:若选择了命令按钮,如选"确定"按钮,则对话框自动关闭,所选定的命令生效。

若想不执行任何命令,直接关闭对话框,则可单击"取消"按钮,或"关闭"按钮,或按 Esc 键。

试一试！打开"我的电脑"窗口,选择"工具"/"文件夹选项"对话框,使用"帮助"按钮为你提供帮助。

四、案例实现

(一)案例要求

学会 Windows XP 操作系统的启动和关闭、桌面和任务栏的功能和使用、鼠标和键盘操作、窗口操作、菜单操作、对话框操作等。

(二)案例实现

第一步:打开计算机电源、输入登录的用户名和密码,启动计算机。

第二步:启动成功后看 Windows XP 桌面,查看桌面上由哪些项目组成(除任务栏)。简单介绍其作用,并请学生记录桌面上的项目。

第三步:查看"开始"菜单,利用"开始"菜单启动"Word 2003"和"画图",利用开始菜单查看"我最近的文档",利用"开始"菜单查看控制面板包含哪些项目。

第四步:查看任务栏左侧的快速启动工具栏的项目,并将各项目都试用一次。请同学说出各项目的作用。

第五步:查看任务栏右侧的项目按钮,将每个按钮都试用一次。请同学说出各项目的作用。

第六步:打开我的电脑、我的文档、网上邻居、Word 2003,利用鼠标切换各窗口使之成为活动窗口。请同学记录我的电脑、我的文档、网上邻居内包含的内容。

第七步:取消任务栏锁定,改变任务栏的大小和位置,然后锁定任务栏。

第八步:请同学上讲台练习鼠标操作和键盘操作,打开两个窗口和三个文件,并利用 Alt＋Tab 对五个任务窗口进行切换。

第九步:打开两个 Word 文档、两个 Excel 文档,说出程序窗口和应用程序窗口的区别。

第十步:打开一个 Word 文档(至少有两页内容以上),然后练习窗口操作:切换窗口、移动窗口、改变窗口大小,最大化、最小化、还原和关闭窗口,窗口内容的滚动和排列窗口等。

第十一步:打开一个 Word 文档,试一试打开下拉菜单、选择菜单命令和菜单的关闭操作。

第十二步:利用开始菜单打开"写字板",利用开始菜单中的"运行"启动 Word 2003,利用开始菜单查看当前使用的打印机,利用开始菜单注销计算机。利用开始菜单查看"控制面板",并将控制面板中的内容记录下来。

第十三步：快捷菜单的作用很大,请打开一个 Word 文档,并选中一段文字,在该段文字上右击,出现快捷菜单,请仔细查看快捷菜单中的命令内容。在 Word 中选中一张图片,在该图片上右击,出现快捷菜单,再查看快捷菜单的命令内容,并说明快捷菜单的作用。

第十四步：打开 Word 文档,对该文档中的"页面设置"对话框进行设置(在此不需要完全清楚各设置的作用,只要学会对话框的操作即可)。在该文档中选中一部分内容,对"字体"对话框根据自己的要求进行设置。

五、提高练习与技巧

1. 让你的计算机进入休眠状态。

2. Windows XP"开始"菜单与 Windows 经典"开始"菜单的相互切换。

3. 请将"程序"菜单中的"Word 2003"快捷方式复制到桌面上。

4. 将桌面上的"我的电脑"图标删除,并清空回收站,请自己动手通过设置使其重新显示出来。

5. 关闭 Word 应用程序窗口有哪几种方法？

6. 请试着用鼠标在任一窗口的标题栏上进行双击操作,看看有什么现象发生。

7. 多个窗口切换有哪些方法？

复习思考题

一、选择题

1. 下列叙述中,正确的一条是(　　)。

A. "开始"菜单只能用鼠标单击"开始"按钮才能打开

B. Windows XP 的任务栏的大小是不能改变的

C. "开始"菜单是系统生成的,用户不能再设置它

D. Windows XP 的任务栏可以放在桌面的四个边的任意边上

2. "开始"菜单中的"文档"选项中列出了最近使用过的文档清单,其数目最多可达(　　)个。

　　A. 4　　　　　　　　B. 15　　　　　　　C. 10　　　　　　　D. 12

3. 按组合键(　　)可以打开"开始"菜单。

　　A. Ctrl＋O　　　　　B. Ctrl＋Esc　　　　C. Ctrl＋空格键　　D. Ctrl＋Tab

4. 若 Windows XP 的菜单命令后面有省略号(…),就表示系统在执行此菜单命令时需要通过(　　)询问用户,获取更多的信息。

　　A. 窗口　　　　　　　B. 屏幕　　　　　　　C. 对话框　　　　　D. 桌面

5. Windows XP 的整个显示屏幕称为(　　)。

　　A. 窗口　　　　　　　B. 屏幕　　　　　　　C. 工作台　　　　　D. 桌面

6. 为了改变任务栏的位置,应该(　　　)。

A. 在任务栏属性对话框中进行设置

B. 用鼠标左键单击任务栏空白处并拖放

C. 用鼠标右键单击任务栏空白处并拖放

D. 用左键单击任务栏上任一个图标并拖放

7. 在 Windows XP 中,下列有关任务栏的描述中,正确的是(　　　)。

A. 任务栏的大小不可以改变

B. 任务栏的位置不可以改变

C. 任务栏不可以自动隐藏

D. 单击任务栏上的"任务按钮"可以激活它所代表的应用程序

8. 在下列有关 Windows XP 菜单命令的说法中,不正确的是(　　　)。

A. 带省略号(…)的命令执行后会打开一个对话框,要求用户输入信息

B. 命令前有打钩符号(√)代表该命令有效

C. 当鼠标指向带有黑色箭头符号(▶)的命令时,会弹出一个子菜单

D. 用灰色字符显示的菜单命令表示相应的程序被破坏

9. 在 Windows XP 中,通常由系统安装时安排在桌面上的图标是(　　　)。

A. 资源管理器　　　　B. 我的电脑　　　　C. 控制面板　　　　D. 收件箱

10. Windows XP 的"开始"菜单包括了 Windows XP 系统的(　　　)。

A. 主要功能　　　　B. 全部功能　　　　C. 部分功能　　　　D. 初始化功能

11. 如果桌面或窗口中出现"沙漏"形状的鼠标,说明(　　　)。

A. 系统出现错误　　　　　　　　　　B. 系统忙,用户不能进行其他操作

C. 系统要求用户施加某种操作　　　　D. 系统正在启动应用程序

12. 在任务栏的中部,显示的是(　　　)。

A. 当前窗口的图标

B. 所有被最小化的窗口图标

C. 所有已打开的窗口的图标

D. 除当前窗口以外的所有已打开的窗口的图标

13. 在 Windows XP 中,"任务栏"(　　　)。

A. 只能改变位置不能改变大小　　　　B. 只能改变大小不能改变位置

C. 既不能改变位置也不能改变大小　　D. 既能改变位置也能改变大小

14. 任务栏可以实现的主要功能不包括(　　　)。

A. 设置系统日期和时间　　　　　　　B. 排列桌面图标

C. 排列和切换窗口　　　　　　　　　D. 启动开始菜单

15. 用鼠标右键单击任务栏空白处,从弹出的快捷菜单中可以实现的功能不包括(　　　)。

A. 修改开始菜单中的内容　　　　　　B. 对打开的窗口进行重新排列

C. 将所有打开的窗口最大化　　　　　D. 删除开始菜单中文档菜单中的内容

16. 在标题栏的右侧有最大化、最小化、还原和关闭按钮,其中不可能同时出现的两个按钮是( )。

A. 最大化和最小化 B. 最小化和还原 C. 最大化和还原 D. 最小化和关闭

17. 对话框右上角 ? 按钮的功能是( )。

A. 关闭对话框 B. 获取帮助信息

C. 便于用户输入问号 D. 将对话框最小化

18. 下列关于对话框的叙述中,错误的是( )。

A. 对话框是系统提供给用户进行人机对话的界面

B. 对话框的位置可以移动,但大小不能改变

C. 对话框的大小和位置都可以改变

D. 对话框中可能出现滚动条

19. 对话框中可能会出现选择按钮,其中复选按钮的形状为( )。

A. 圆形,若被选中,中间加上圆点 B. 方形,若被选中,中间加上对钩

C. 圆形,若被选中,中间加上对钩 D. 方形,若被选中,中间加上圆点

20. 当一个应用程序窗口被最小化后,该应用程序将( )。

A. 被终止执行 B. 继续在前台执行 C. 被暂停执行 D. 被转入后台执行

21. 如果设置了任务栏自动隐藏,则为了使任务栏只在需要时才显现出来,应进行的操作是( )。

A. 重新启动 Windows XP 系统 B. 设法取消任务栏的自动隐藏属性

C. 将鼠标指向桌面的边界并停留 D. 重新安装 Windows XP 系统

二、"案例实现"结果整理题

将"案例实现"讲解过程中课堂笔记的内容进行整理,然后做到作业本上。

三、简答题

1. 关闭计算机对话框有哪三个按钮?

2. "待机"的作用。

3. Windows XP 桌面上通常有哪些图标?

4. "任务栏"的左边有什么?中间有什么?右边有什么?

5. 鼠标"单击"、"双击"、"右击"和"拖动"的含义。

6. Windows XP 窗口由哪八个部分组成?

7. Windows XP 窗口的操作主要有哪六个方面?

8. Windows XP 主要有哪三种菜单?

9. 灰色字符的菜单命令的含义。

10. 带省略号(…)的菜单命令的含义。

11. 带符号"▶"的菜单命令的含义。

12. 对话框中一般包含哪些元素?

四、上机实验

（一）将"案例实现"的整个过程在机房自己独立做一遍。

（二）如果上机条件和上机时间允许，请将"提高练习与技巧"中的题目在机房做一遍。

（三）根据下列要求，完成本讲内容的上机实验。

1. 以正常方式启动 Windows XP。

2. 打开"我的电脑"窗口，观察窗口的组成。

3. 移动"我的电脑"窗口。

4. 调整"我的电脑"窗口的大小。

5. 将"我的电脑"最大化，然后还原；再最小化，然后还原。

6. 将"我的电脑"窗口中的工具栏和状态栏先隐藏，然后再使其重新显示。

7. 利用"关闭"按钮关闭"我的电脑"窗口，再打开"我的电脑"窗口。

8. 分别打开"我的文档"窗口、"我的电脑"窗口和"回收站"窗口，观察桌面上的任务栏有哪几项任务？哪一项是当前任务？

9. 利用键盘分别进行三个窗口之间切换。

10. 分别将三个窗口"层叠"、"横向平铺"、"纵向平铺"和"全部最小化"。

11. 将三个最小化窗口进行"还原"，并关闭所有窗口。

12. 分别打开"我的电脑"中的 C 盘驱动器窗口和 E 盘驱动器窗口。

13. 分别调整 C 盘驱动器窗口和 E 盘驱动器窗口的大小和位置，使两个窗口都可见。

14. 关闭所有打开的窗口。

15. 单击"开始/程序/Office 2003/Word 2003"，启动 Word 应用程序。

16. 单击"文件"菜单，观察哪些菜单命令可操作，哪些菜单不可操作，观察哪些菜单命令有快捷键，哪些菜单命令会出现对话框，哪些菜单命令会出现子菜单。

17. 单击"文件"菜单，再选择"页面设置"命令，出现对话框，观察出现的标签（选项卡），点击各标签，试一试对各项目的设置，最后单击"取消"按钮。

18. 单击"关闭"按钮，若出现对话框请选择"否"，退出 Word 程序。

19. 为什么会有灰色字符的菜单命令？带省略号（…）的菜单命令有什么含义？名字前带有"√"记号的菜单命令有什么含义？名字后带有组合键的菜单命令有什么含义？带符号"▶"的命令项有什么含义？请上机去试一试。

第二节　Windows XP 的文件管理（第八讲）

一、案例目标

通过本讲学习，掌握文件夹树和文件的路径，资源管理器窗口的组成和使用，文件和文件夹的管理和操作，文件和文件夹的命名、复制、移动、删除、更名和查找等操作技能，为今后管理自己的文件(文档)打下良好的基础。

二、案例主要技能

- 资源管理器的组成和使用
- 目录路径,文件和文件夹的命名
- 文件的分类,文件与文件夹的属性
- 文件和文件夹的创建、复制、移动、删除和更名
- 文件与文件夹的查找

三、知识剖析

Windows XP 提供了两套管理计算机资源的系统,它们是"Windows 资源管理器"和"我的电脑"窗口。它们是组织和管理用户文件和文件夹以及其他资源的有效工具。"资源管理器"是一个功能很强的管理器,我们使用它可以迅速地对磁盘文件和文件夹进行复制、移动、删除和查找等操作。

本节将着重介绍"资源管理器"的基本功能和使用。"我的电脑"文件夹窗口的使用方法与之类似,我们对此只做简单介绍。

（一）基本概念

Windows XP 是一个以图形界面出现的操作系统,在文件管理方面功能强大,并且简单易用。学习了资源管理器之后,我们就能对自己的文件进行有效的管理。下面先介绍文件和路径的基本概念。

1. 长文件名

Windows XP 命名文件名及文件夹名的长度可达 255 个字符,并且在文件名中允许使用空格、加号、逗号、分号、左右方括号和等号。不允许使用尖括号、正斜杠、反斜杠、竖杠、冒号、双撇号、星号和问号,文件夹命名与文件的命名方法基本相同。文件名一般包含扩展名,表示文件的类型。例如：文件"总结. doc"表示文件名为"总结",文件类型为 Word 文档。

2. 文件夹

Windows XP 引入了"文件夹"术语。如用户的电脑就是一个"我的电脑"文件夹。文件夹中除了可以包含程序、文档、打印机等设备文件和快捷方式外,还可以包含下一级文件夹。通过文件夹把不同的文件进行分组、归类管理。利用文件管理功能可以很容易实现创建、移动、复制、重命名和删除文件夹等操作。

3. 文件夹树和路径

由于各级文件夹之间有从属的关系,使得所有文件夹构成一树状结构,称为文件夹树。Windows XP 中的文件夹树的根是桌面,下一级是"我的电脑"、"网上邻居"和"回收站"等,"我的电脑"的下一级就是"C 盘"和"D 盘"等。可以在"C 盘"和"D 盘"等下创建用户自己的文件夹来管理自己的文档。

通常在对文件进行操作时,不仅要指出该文件在哪一个磁盘上,还要指出它在磁盘上的位置(即哪一级子文件夹下)。文件在文件夹树上的位置称为文件的路径。文件的路径

是由用反斜杠"\"隔开的一系列子文件夹名来表示,它反映了文件在文件夹树中的具体位置,而路径中的最后一个文件夹名就是文件所在的子文件夹名。例如:

C:\Program Files\Microsoft Office\OFFICE11\Winword.exe

这个文件路径指出了 Winword.exe 文件存放的位置是"C:\Program Files\Microsoft Office\OFFICE11",在窗口的地址栏中可以看见。

4. 快捷方式

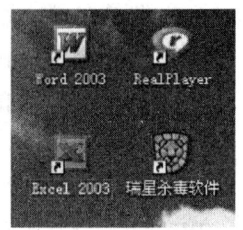

Windows XP 的"快捷方式"是一个链接对象的图标,它是指向对象的指针,而不是对象本身。快捷方式文件内包含指向一个应用程序、一个文档或文件夹的指针信息,它以左下角带有一个小黑箭头的图标表示,如图3-6所示。双击某个快捷方式图标,系统会根据指针的内部链接迅速地启动相应的应用程序或打开对应的文档或文件夹。具体创建方法本书后面介绍。

图3-6 快捷方式

(二)"资源管理器"的启动和退出

1. "资源管理器"的启动

右单击"我的电脑"、"网上邻居"、"我的文档"、"回收站"或任一个文件夹图标,弹出快捷菜单;单击快捷菜单中的"资源管理器"命令即可启动,如图3-7所示。

2. "资源管理器"的退出

单击"资源管理器"窗口中右上角的"关闭"按钮即可退出"资源管理器"。

(三)资源管理器窗口

1. 资源管理器窗口的组成

(1)标题栏。显示当前文件夹名,如"C:\"表示 C 盘是当前文件夹。

(2)菜单栏。菜单栏在窗口的第二行,有"文件"、"编辑"、"查看"、"收藏"、"工具"和"帮助"六个菜单项。

(3)工具栏。工具栏在菜单栏之

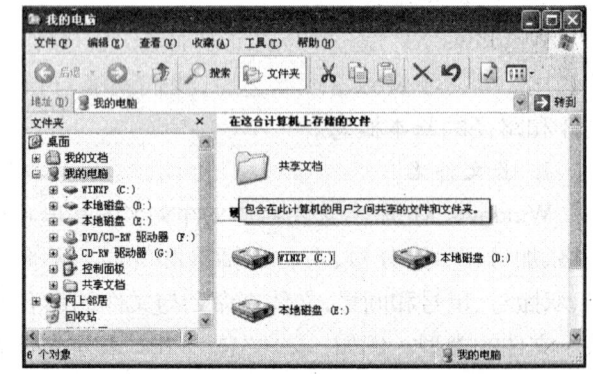

图3-7 "我的电脑"资源管理器窗口

下,提供常用菜单命令的快捷访问按钮。工具栏可以利用"查看"菜单下的"工具栏"中的选项进行显示和隐藏。

(4)地址栏。地址栏显示的是当前文件夹所在的位置及名称,是一个下拉列表框。单击地址栏右端的下拉按钮可弹出本地的资源列表,可从此列表中选定所需的文件夹。

(5)窗口分隔条。它处于"资源管理器"中部。将窗口分隔为文件夹树窗格和文件夹内容窗格两部分。用鼠标指针指向分隔条,当指针变成左右双箭头时,左右拖动分隔条就可以改变左右窗格的大小。

(6)文件夹树窗格。左窗格是文件夹树窗格,显示文件夹树结构。桌面为文件夹树的根,其下包含"我的电脑"、"回收站"、"网上邻居"等文件夹。

(7)文件夹内容窗格。右窗格是文件夹内容窗格,用来显示当前文件夹中的文件和子文件夹名及相关信息(通常是某一类的应用程序、文档等)。

(8) 状态栏。"资源管理器"底部是状态栏,显示当前文件夹中文件的个数及占用的总字节数和当前驱动器中可用空间的字节数,或显示所选定文件的个数和所占的字节数等信息。状态栏可以打开或关闭,可以单击"查看"下拉菜单中的"状态栏"命令,其左端出现"√",表示显示状态栏;如再单击"状态栏"命令,其左端的"√"标志消失,状态栏被关闭。

2. 资源管理器窗口显示方式的调整

(1) 文件夹内容的显示方式。在"资源管理器"里,可以用"查看"下拉菜单中的命令来调整文件夹内容窗格的显示方式,如图 3 - 8 所示。在五个显示方式命令中,"图标"以文件夹或文件的标准图标显示;"平铺"显示方式与"图标"显示方式类似,只是显示的图标比"图标"方式大一些;"列表"方式与"图标"基本一样,只是当对象个数较多、超出窗口范围时会出现水平滚动条;"详细信息"方式显示对象的名称、大小、类型及修改日期等详细信息;"缩略图"显示方式在显示图片

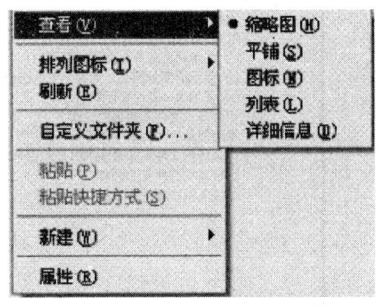

图 3 - 8　文件夹内容窗格的显示方式

文件时特别有用。右击文件夹内容窗格,在弹出的快捷菜单中选择"查看"命令也可以改变"文件夹内容窗格的显示方式"。

(2) 图标的排列。"查看"菜单中的"排列图标"命令是一个级联菜单,它包括按名称、按类型、按大小、按修改时间、按组排列、自动排列和对齐到网格七个选项,如图 3 - 9 所示。具体含义及操作方法在此不做介绍。

(3) "工具"菜单中的"文件夹选项"命令。可以在文件夹选项对话框中设置"显示所有文件和文件夹"、"隐藏已知文件类型的扩展名"、"在标题栏显示完整路径"等,并查阅各种文件类型及其相应的图标等,如图 3 - 10 所示。

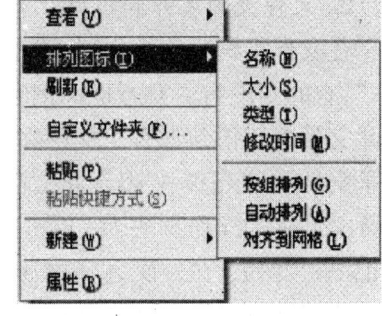

图 3 - 9　图标的排列

试一试! 打开"工具"菜单中的"文件夹选项",选择"查看"选项卡,对其中的各项内容进行操作,并理解其含义。

(4) "查看"菜单中的"刷新"命令。刷新"资源管理器"左、右窗格的内容,使之显示最新的信息。

(四) 管理文件和文件夹

我们可以利用"资源管理器"对文件夹或文件进行建立、移动、复制、删除、恢复及更名等操作,这是使用"资源管理器"进行的常用操作。此外,它还具有搜索文件和文件夹等功能。

1. 打开文件夹

打开一个文件夹是指在"文件夹内容"窗格中显示该文件夹的内容。被打开的文件夹成为当前文件夹,其名字显示在标题栏和地址栏中的列表框中。可用下列方法之一打开文件夹:

(1) 在"文件夹树"窗格中,单击要打开的文件夹图标或文件夹名,如图 3 - 11 所示。

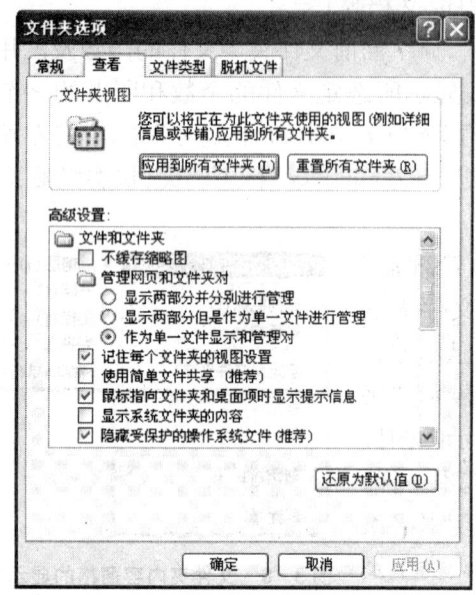
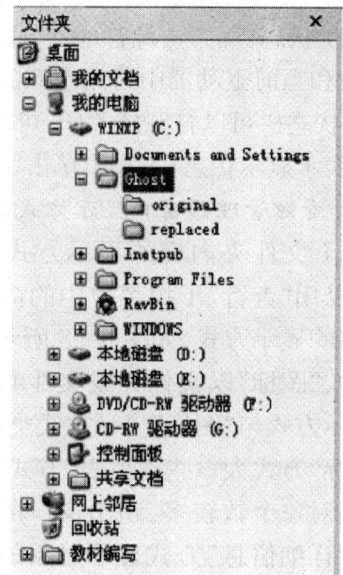

图 3-10　"文件夹选项"中的"查看"选项卡　　　　图 3-11　"文件夹树"窗格

（2）在"文件夹内容"窗格中，双击要打开的文件夹图标或文件夹名。

2. 文件夹的展开和折叠

在文件夹树窗格中，有的文件夹图标左边有一小方框标记，其中标有加号"＋"或减号"－"，有的则没有。有方框标记的表示此文件夹下包含有子文件夹，而没有方框标记的表示此文件夹不再包含有子文件夹。标记"＋"表示此文件夹处于折叠状态，看不到其包含的子文件夹；标记"－"表示此文件夹处于展开状态，可以看到其包含的子文件夹。展开或折叠文件夹的操作方法为：单击标记"＋"可以展开此文件夹，显示其下的子文件夹，并且标记"＋"变为"－"。反之，单击标记"－"可以折叠此文件夹，同时标记"－"变为"＋"。

值得注意的是："展开文件夹"和"打开文件夹"是两个不同的操作。"展开文件夹"操作仅仅是在文件夹树窗格中显示它的子文件夹，该文件夹并没有因"展开"操作而打开。

3. 创建文件夹

可以在当前文件夹中创建一个新的文件夹。具体步骤如下：

（1）选定新建文件夹所在的文件夹。

（2）右击文件夹内容窗格中任意空白处，在快捷菜单中选择下一级菜单"新建"。

（3）在"新建"菜单中单击"文件夹"命令，然后给"新建文件夹"命名即可。

4. 文件或文件夹的选定

在"资源管理器"中要对文件或文件夹进行操作，首先应选定这些文件或文件夹对象，以确定操作的范围。选定对象（文件或文件夹）的操作方法有：

（1）选定单个对象。在"文件夹内容"窗格中单击所选的文件或文件夹的图标或名字，所选定的文件名或文件夹名以蓝底反白显示。

（2）选定连续多个对象。如果要选定多个连续的对象，那么可做如下操作：在"文件夹内容"窗格中,单击要选定的第一个对象,然后移动鼠标指针至要选定的最后一个对象,按住 Shift 不放并单击最后一个对象,那么这一组连续文件(或文件夹)即被选中。另一种快捷的方法是,用鼠标左键从连续对象区的右上角处开始向左下角拖动,这时就出现一个虚线矩形框围住所要选定的所有对象为止,然后松开左键。

(3) 选定不连续的多个对象。在"文件夹内容"窗格中,按住 Ctrl 键不放,单击所要选定的每一个对象,最后放开 Ctrl 键。

(4) 选定不连续的多组连续对象。如果要选定的多个对象,使之分布在几个局部连续的区域中,可进行如下操作:① 用"方法(2)"选定第一个局部连续的对象组。② 按住 Ctrl 键,单击第二个局部连续区域中的第一个对象,再按住组合键 Ctrl+Shift 单击该区域中的最后一个对象,从而选定了第二个局部连续的对象组。③ 反复"操作②"可选定全部要选的对象。

(5) 选定全部对象。单击"编辑"菜单中的"全部选定"命令可选定当前文件夹中的(即文件夹内容窗格中的)全部文件和文件夹对象,另一种方法是在当前文件夹中按 Ctrl+A。

(6) 取消选定的对象。只需用鼠标在文件夹内容窗格中任意空白处单击一下即全部取消已选定的对象。

5. 文件或文件夹的复制和移动

在"资源管理器"中可以方便而直观地复制和移动文件或文件夹。"移动"指文件从原来位置上消失,而出现在指定的位置上;"复制"指原来位置上的源文件保留不动,而在指定的位置上建立源文件的拷贝。复制对象方法很多,用户可以根据具体情况灵活使用。下面介绍使用快捷菜单进行复制操作的方法:

(1) 先选定要复制的一个或多个对象,然后右击这些对象,打开快捷菜单。
(2) 单击快捷菜单中的"复制"命令。
(3) 右击目标文件夹,打开快捷菜单。
(4) 单击"粘贴"命令。

注意:用快捷菜单进行复制可以不必打开目标文件夹。

用 Ctrl+左键拖动的方法也可完成复制操作。还可用"编辑"菜单中的命令、"常用"工具栏中的按钮等方法进行复制操作,同学们自己可以上机去试一试。

6. 文件的移动

移动对象的方法与复制对象的方法类似,只要用"剪切"命令替换"复制"命令,其余操作相同。用 Shift+左键拖动的方法也可完成移动操作。

左键拖动对象时,应注意区别两种情况:

(1) 在同一磁盘驱动器的文件夹之间用左键拖动对象时,Windows XP 默认是移动对象,所以,在同一驱动器的各文件夹之间用左键拖动的方法移动对象时,不需按住 Shift 键。

(2) 在不同磁盘驱动器的文件夹之间用左键拖动对象时,Windows XP 默认是复制对象,所以,在不同驱动器的各文件夹之间用左键拖动的方法复制对象时,不需按住 Ctrl 键。

7. 删除文件或文件夹

删除文件或文件夹的具体方法是:首先选定要删除的一个或多个对象,然后使用快捷菜单进行删除即可。

(1) 右击选定的对象,打开快捷菜单。

(2) 选择"删除"命令。

(3) 单击"确认文件删除"对话框中的"是"按钮。

也可用直接将其拖动到回收站的方法删除文件或文件夹。

注意:如果删除的对象是文件夹,就将该文件夹中的文件和子文件夹一起删除。如果删除的对象是在硬盘上,那么删除时被送到"回收站"文件夹中暂存起来,以备随时恢复用。如果想直接删除硬盘上的对象而不送到"回收站",那么在删除时只要按住组合键Shift 键即可。如果删除的对象是在软盘或 U 盘中的文件或文件夹,那么删除时不送入回收站。

8. 撤销复制、移动和删除操作

如果在完成对象的复制、移动或删除操作后,用户突然改变主意,想要回到刚才操作前的状态,那么只要单击"编辑"菜单中的"撤销"命令,或单击工具栏上的"撤销"按钮即可。"撤销"命令可及时避免误操作,非常有用。

9. 恢复被删除的对象

Windows XP 为删除操作提供了一个"回收站"。在"资源管理器"或"我的电脑"文件夹窗口中,用户删除的文件只是暂时移到"回收站"中保存,并没有真正从磁盘中删除掉。需要时,可以从"回收站"恢复被删除的文件。"回收站"是在桌面上的一个文件夹,通常所占用空间的默认值是它所在磁盘容量的 10%。实际上回收站是硬盘的一部分,单击回收站"文件"菜单中的"清空回收站"或"删除"命令,可以永久性地全部或部分清空回收站,这样真正把文件从硬盘中删除掉,也就不能再恢复了。只要在"回收站"中还存在被删除的文件,那么用户可以使用"还原"命令,随时可将选定的文件恢复到原来位置上去。

恢复被删除文件的具体操作步骤如下:

(1) 打开"回收站"窗口,其中列出了被删除的文件名和文件夹名。

(2) 选定要恢复的文件。

(3) 单击"文件"菜单中的"还原"命令,文件就会恢复到原来的位置。

10. 文件或文件夹的重命名

对文件或文件夹名进行更名是经常遇到的问题。在"资源管理器"中具体的操作步骤为:只要右击需要更名的对象,在快捷菜单中选择"重命名",然后输入新的对象名即可。也可两次单击对象名,然后输入新的对象名。

(五)对象属性

利用右击对象,在快捷菜单中选择"属性"命令即可对对象的属性进行设置。

1. 磁盘驱动器属性

在"资源管理器"中右击要查看的磁盘驱动器;在"快捷"菜单中单击"属性"命令;选择"常规"标签,会出现磁盘驱动器的类型、文件系统、已用空间、可用空间、容量等信息和"磁盘清理"按钮。选定"工具"标签,出现磁盘管理的三个工具软件,它们是"查错"、"碎片整理"和"备份"工具,必要时可以使用它们。还有"硬件"和"共享"选项卡,在此不做介绍。

2. 查看和设置文件或文件夹的属性

右击文件或文件夹,选择"属性"命令,即可查看或设置所选定的文件或文件夹的属性。在对话框的"常规"选项卡中,显示文件名、类型、打开方式、位置、大小、占用空间、创建时间、修改时间和访问时间。文件属性有"只读"、"存档"和"隐藏"三种。用户可在属性前的复选框中选择设置文件的属性。具有"只读"属性的文件可以保护文件不被误删除或修改;具有"隐藏"属性的文件或文件夹在"文件夹选项"/"查看"中设置"不显示隐藏文件"时是不显示的;"存档"属性一般不常用。

(六)文件和文件夹的搜索

Windows XP 提供了一个功能强大的搜索功能,在"资源管理器"中,从"标准按钮"工具栏中单击"搜索"命令即可弹出如图 3 - 12 所示的"搜索"对话框,也可从"开始"菜单中单击"搜索"命令。

输入要搜索的文件或文件夹名,也可输入其中包含的文字,然后选择搜索范围,也可对"日期"、"类型"、"大小"和"高级选项"进行设置,最后单击"立即搜索",即可对文件和文件夹进行搜索。

在局域网中也可对网内"计算机"和"用户"进行搜索。同学们可根据自己的需要学习"局域网内'搜索'",在此不做详细介绍。

当查找结束后,查找结果显示在查找窗口中。利用查找窗口提供的菜单,可以对查找到的结果进行诸如打开、发送、删除、剪切和粘贴等操作;也可以双击某个文件名直接打开它。

试一试!请在 D 盘建立一个以自己姓名命名的文件夹,在此文件夹中建立一个 Word 文件,文件名为"年度工作计划",然后用"搜索"的方法将其找到。

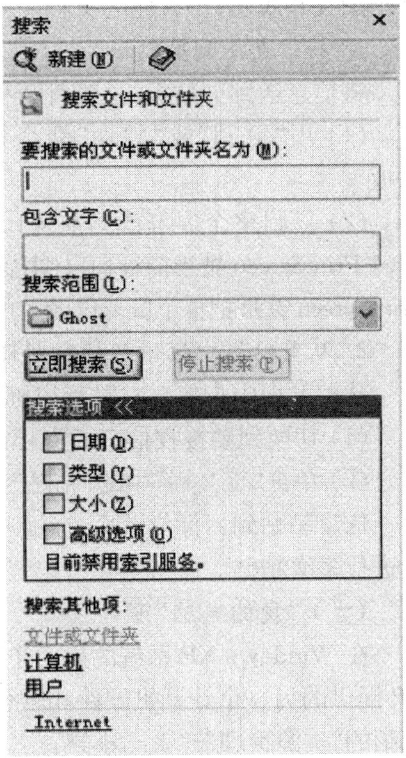

图 3 - 12 文件搜索对话框

(七)有关磁盘的操作

利用"资源管理器"可以进行格式化磁盘等操作。下面对格式化的操作进行介绍。

Windows XP 提供对硬盘各分区和 U 盘等进行快速格式化、完全格式化功能。快速格式化只删除磁盘上的文件,但不检查磁盘的坏扇区,这种方式只能格式化已经使用过的旧磁盘;完全格式化时会删除其上的全部文件并在检查磁盘后将坏扇区标注上。我们可在"格式化"对话框中选择所使用的格式化类型后即可进行格式化。下面我们举一个格式化的例子:

(1)右击文件夹树窗格中需格式化的驱动器,弹出快捷菜单。

(2)单击快捷菜单中的"格式化"命令,打开"格式化"对话框,如图 3 - 13 所示。

(3)在"格式化"对话框中,选定格式化类型(快速格式化或完全格式化),然后单击"开始"按钮。

（4）格式化结束后，单击"关闭"按钮。

注意：格式化后磁盘或 U 盘上的数据全部被删除，请一定要慎重。

（八）剪贴板的使用

剪贴板是程序和文件之间用于传递信息的临时存储区，它是内存的一部分。通过它我们可以把各种文件的部分正文、部分图像和部分声音等内容粘贴在一起，形成一个图文并茂、有声有色的文档。

1. 将信息送到剪贴板

将信息送到剪贴板，一般有两种方法：

（1）用"复制"或"剪切"命令把选定的对象送到剪贴板。

（2）复制整个屏幕或当前窗口到剪贴板：按组合键 Alt＋PrintScreen 把当前窗口以图片的形式送到剪贴板；按 PrintScreen 键是把整个屏幕以图片的形式送到剪贴板。

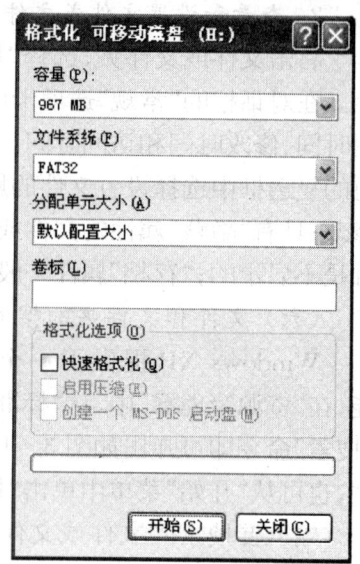

图 3－13　格式化对话框

2. 从剪贴板中把信息粘贴到目标位置

从剪贴板中把信息粘贴到目标位置，操作步骤如下：

（1）切换到要接收信息的文档或应用程序窗口并把光标定位到要放置信息的位置上。

（2）单击"工具栏"中的"粘贴"按钮。

信息粘贴到目标位置后，在没有新的信息送到剪贴板时，剪贴板中的内容依然不变，能进行多次粘贴。

（九）"我的电脑"窗口

在 Windows XP 系统的桌面上始终有一个"我的电脑"的图标。它实际上是 Windows XP 提供的另一个计算机硬件和软件资源的管理系统。它的功能和操作方法与我们前面介绍的"资源管理器"大同小异。

双击桌面上"我的电脑"图标就可打开"我的电脑"窗口，如图 3－14 所示。在窗口中有各硬盘盘符、可移动存储设备、共享文档、系统任务、其他位置和详细信息等。"我的电脑"窗口和一般应用程序窗口类似，由标题栏、菜单栏、工具栏、状态栏和工作区等组成。

子文件夹的打开类似于"资源管理器"的操作，双击要打开的文件夹图标即可打开。

在"我的电脑"各级文件夹窗口中可以进行管理文件夹和文件的各种操作，也可

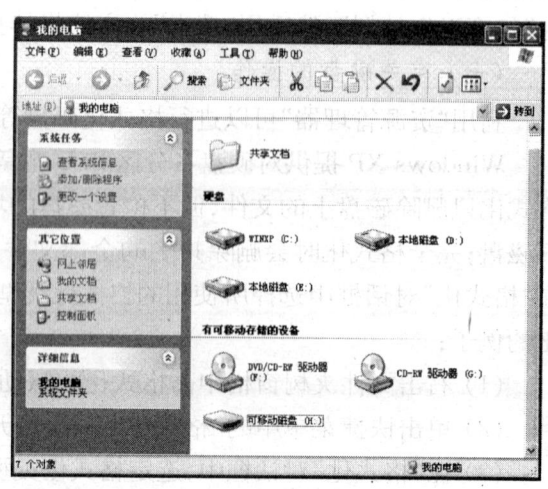

图 3－14　"我的电脑"窗口

以格式化磁盘和其他一些设置操作,具体操作方法与"资源管理器"的操作类似,在此不再重复。

（十）创建快捷方式

当为一个对象创建了快捷方式后,就可以快速打开此对象或运行程序。创建快捷方式的方法分为文件夹内创建快捷方式和直接创建在桌面上两种。其创建方法如下。

1. 在文件夹中创建快捷方式

首先选定要创建快捷方式的对象,右击对象后弹出快捷菜单,单击"创建快捷方式"命令,就在该对象所在的文件夹中建立了一个快捷方式。快捷方式可放置在桌面上或任意的文件夹内以便使用。

2. 在桌面上创建快捷方式最简单的方法

打开所需的文件夹窗口,右拖动要创建快捷方式的文件夹或文件图标到桌面,单击快捷菜单中的"在当前位置创建快捷方式"命令即可,如图 3-15 所示。

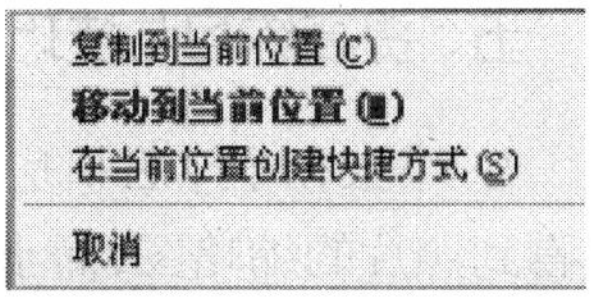

```
复制到当前位置(C)
移动到当前位置(M)
在当前位置创建快捷方式(S)

取消
```

图 3-15　右键拖动快捷方式

四、案例实现

（一）案例要求

学会 Windows XP 资源管理器的使用,重点掌握对文件和文件夹的操作和管理。

（二）案例实现

第一步:在桌面上新建一个文件夹,并用自己班级命名,打开该文件夹,在该文件夹中新建一个子文件夹,并用自己的名字命名,打开该文件夹,在该文件夹中创建一个空的 Word 文档(名字自定)。

第二步:在"我的文档"中任选一篇文档("我的文档"中的文件由老师准备),将它移动到自己名字命名的文件夹中,在"我的文档"中任选另一篇文档,将它复制到自己名字命名的文件夹中,在自己名字命名的文件夹中将所有文档复制一个备份。

第三步:将自己名字命名的文件夹中的所有"复件"删除,将桌面上以自己班级命名的文件夹移动到 E 盘。

第四步:在桌面上为 E 盘上以自己名字命名的文件夹创建一个快捷方式,删除刚才所建的快捷方式,再察看 E 盘中你的文件夹是否依然存在(为什么)。

第五步:查看"开始"/"程序"/"附件"/"画图"的属性,记下"画图"的位置及文件名称,请为这个程序在桌面上创建一个快捷方式,并命名为"画图"。

第六步:在 E 盘自己班级的文件夹中创建一个新的文件夹,名字为"WB1",打开"我的电脑",将 C 盘上 WB1 文件夹(请老师在 C 盘建立一个 WB1 文件夹,并在其中存放一些文件)中的所有内容复制到 E 盘刚建立的"WB1"文件夹中,将"WB1"文件夹改名为"五笔练习"。

第七步:打开回收站,观察回收站中有哪些菜单,然后清空回收站,打开回收站的属性对话框,设置回收站的最大空间为:C 盘 12%、D 盘 10%、E 盘 8%。

第八步:打开资源管理器窗口,观察窗口结构,搞清窗口中各图标的含义及左右窗格的关系。再观察窗口中有哪些菜单、哪些工具,调整左右窗口的大小,进行文件夹树的展开与折叠操作。

第九步:打开 C 盘 Windows 文件夹,分别进行"图标"、"列表"、"缩略图"、"平铺"与"详细信息"的查看。查看某驱动器的属性,查看某文件夹的属性,将资源管理器窗口的工具栏和状态栏隐藏和显示。

第十步:打开某文件夹,在右窗格中进行选择连续的多个对象、不连续的多个对象、选择全部对象等操作。

第十一步:在左窗格中,选中桌面图标,观察右窗口的内容,打开右窗口中"我的文档"图标,这与在桌面上直接打开"我的文档"有区别吗?

五、提高练习与技巧

1. 小张和小李去机房上机,打开计算机 D 盘上存放照片的文件夹,小张的电脑上可以看到照片的缩略图,而小李的电脑上却只看到一些 JPG 文件图标,为什么? 小李要查看照片的缩略图又应该如何操作?

2. 小张打开一个文件夹,里面有几百个文件,小张想选中除五个文件之外的所有文件(这五个文件不排在一起),如何操作最简单,请你上机去试一试。

3. 移动与复制有什么区别? 在移动与复制时按住 Ctrl 或 Shift 键后起什么作用? 请上机去试一试。

4. 小张去年在电脑中保存了一份学习计划,今年又要写学习计划,想看一下去年的计划,但找不到,只记住文件名中有"计划"两个字,请你帮助小张查找去年的计划。

5. 准备一只 U 盘,对该盘进行格式化。

6. 打开"我的电脑",用组合键 Alt+PrintScreen 将"我的电脑"窗口复制到剪贴板,启动 Word 2003,将"我的电脑"窗口图片粘贴到 Word 文档中。

7. 查看"开始"/"程序"/"附件"/"计算器"的属性,记下计算器应用程序文件名,然后搜索该应用程序,并在桌面上创建该程序的快捷方式,快捷方式名称为"我的计算器"。

8. 利用右击弹出快捷菜单的方法,在自己的文件夹中建立一个 Word 文档、一个文本文档和 Excel 工作表。

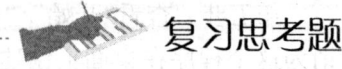 复习思考题

一、选择题

1. 在"资源管理器"的文件夹内容窗口中,如果需要选定多个非连续排列的文件,应按组合键( )。

  A. Ctrl+单击要选定的文件对象　　　B. Alt+单击要选定的文件对象
  C. Shift+单击要选定的文件对象　　　D. Ctrl+双击要选定的文件对象

2. 在 Windows XP 中,下列不能用"资源管理器"对选定的文件或文件夹进行更名操

作的是(　　)。

A. 单击"文件"菜单中的"重命名"菜单命令

B. 右单击要更名的文件或文件夹,选择快捷菜单中的"重命名"菜单命令

C. 快速双击要更名的文件或文件夹

D. 间隔双击要更名的文件或文件夹,并键入新名字

3. Windows XP 资源管理器中部的窗口分隔条(　　)。

A. 可以移动　　　　B. 不可以移动　　　C. 自动移动　　　D. 以上说法都不对

4. 在 Windows XP 的资源管理器中,下列叙述中,正确的是(　　)。

A. 展开文件夹和打开文件夹是相同的操作

B. 展开文件夹和打开文件夹是不相同的操作

C. 单击标有"+"的方框可以打开文件夹

D. 单击标有"—"的方框可以展开文件夹

5. 如果在 Windows XP 的资源管理器底部没有状态栏,那么要增加状态栏的操作是(　　)。

A. 单击"编辑"菜单中的"状态栏"命令

B. 单击"查看"菜单中的"状态栏"命令

C. 单击"工具"菜单中的"状态栏"命令

D. 单击"文件"菜单中的"状态栏"命令

6. 在 Windows XP 中将信息传送到剪贴板不正确的方法是(　　)。

A. 用"复制"命令把选定的对象送到剪贴板

B. 用"剪切"命令把选定的对象送到剪贴板

C. 用 Ctrl+V 把选定的对象送到剪贴板

D. Alt+PrintScreen 把当前窗口送到剪贴板

7. 在 Windows XP 资源管理器中,在按下 Shift 键的同时执行删除某文件的操作是(　　)。

A. 将文件放入回收站　　　　　　B. 将文件直接删除

C. 将文件放入上一层文件夹　　　D. 将文件放入下一层文件夹

8. 在 Windows XP 的回收站中,可以恢复(　　)。

A. 从硬盘中删除的文件或文件夹　　B. 从软盘中删除的文件或文件夹

C. 剪切掉的文档　　　　　　　　　D. 从光盘中删除的文件或文件夹

9. 在 Windows XP 中有两个管理系统资源的程序组是(　　)。

A. 我的电脑和控制面板　　　　　B. 资源管理器和控制面板

C. 我的电脑和资源管理器　　　　D. 控制面板和开始菜单

10. 打开资源管理器的一种操作是(　　)。

A. 用鼠标右键单击回收站图标,然后从弹出的快捷菜单中选取"打开"

B. 用鼠标右键单击开始图标,然后从弹出的快捷菜单中选取"资源管理器"

C. 用鼠标右键单击我的电脑图标,然后从弹出的快捷菜单中选取"打开"

D. 用鼠标右键单击开始图标,然后从弹出的快捷菜单中选取"打开"

11. 可以打开一个很久以前,又记不清用何种程序建立的文档的操作是(　　)。

A. 用开始菜单中的文档命令打开

B. 用建立该文档的程序打开

C. 用开始菜单中的搜索命令找到该文档,然后双击它

D. 用开始菜单中的运行命令运行它

12. 若在一文档中连续进行了多次复制操作,当关闭 Windows XP 系统后,再次启动后,剪贴板中存放的是(　　)。

A. 空白　　　　　　　　　　B. 所有复制过的内容

C. 最后一次复制的内容　　　　D. 第一次复制的内容

13. 资源管理器的窗口被分成两部分,其中左部显示的内容是(　　)。

A. 当前打开的文件夹的内容　　B. 系统的树形文件夹结构

C. 当前打开的文件夹名称及其内容　　D. 当前打开的文件夹名称

14. 资源管理器的窗口被分成两部分,其中右部显示的内容是(　　)。

A. 桌面上所有的文件夹和文件　　B. 系统的树形文件夹结构

C. 当前打开的磁盘或文件夹的内容　　D. 当前打开的磁盘或文件夹名称

15. 在资源管理器窗口左部,处于最顶层的文件夹是(　　)。

A. 我的电脑　　　B. 桌面　　　C. C盘(C:)　　　D. 资源管理器

16. 要改变文件或文件夹的显示方式,应进行的操作是(　　)。

A. 在文件菜单中选择　　　　　B. 在编辑菜单中选择

C. 在查看菜单中选择　　　　　D. 在帮助菜单中选择

17. 如果要一次选择多个连续排列的文件夹,应进行的操作是(　　)。

A. 用鼠标左键依次单击各个文件

B. 按住 Ctrl 键然后用鼠标左键单击第一个和最后一个文件

C. 用鼠标左键单击第一个文件,然后按住 Shift 键单击最后一个文件

D. 用鼠标左键单击第一个文件,然后用右键单击最后一个文件

18. 在回收站窗口中,若选定了文件或文件夹,并执行了"文件"菜单中的"还原"命令,则(　　)。

A. 选定的文件或文件夹被恢复到原来的位置,但仍保留在回收站中

B. 选定的文件或文件夹从硬盘上被清除

C. 选定的文件或文件夹可以被恢复到指定的位置

D. 选定的文件或文件夹可以被恢复到原来的位置,并从回收站清除

19. 在进行了清空回收站操作后,(　　)。

A. 回收站被清空,其中文件或文件夹被复制到删除时的位置,硬盘可用空间保持不变

B. 回收站被清空,其中的文件或文件夹被从硬盘清除,硬盘可用空间扩大

C. 回收站中文件或文件夹仍保留,同时被恢复到删除时的位置,硬盘可用空间缩小

D. 回收站被清空,其中的文件或文件夹被复制到用户指定的位置,硬盘可用空间保持不变

20. 用下列方式删除文件或文件夹的操作中,不能将它们放到回收站的是(   )。

A. 按 Delete 键

B. 用鼠标左键直接拖到桌面上的回收站图标中

C. 按 Shift+Delete 键

D. 用"文件"菜单中的删除命令

21. 在回收站中可以存放的是(   )。

A. 硬盘上被删除的文件或文件夹

B. 软盘上被删除的文件或文件夹

C. 硬盘或软盘上被删除的文件或文件夹

D. 所有外存储器中被删除的文件或文件夹

二、"案例实现"结果整理题

将"案例实现"讲解过程中课堂笔记的内容进行整理,然后做到作业本上。

三、简答题

1. 不能用于文件和文件夹命名的符号有哪些?

2. 文件夹树的概念。

3. 文件路径的概念。

4. 快捷方式的概念。

5. 资源管理器窗口由哪几部分组成?

6. 如何启动资源管理器?

7. "查看"菜单中有哪五种查看方式?

8. 排列图标有哪七种方式?

9. 文件和文件夹的移动和复制有何区别?

10. 文件和文件夹的属性有哪三种?

四、上机实验

(一)将"案例实现"的整个过程在机房自己独立做一遍。

(二)如果上机条件和时间允许,有选择地完成"提高练习与技巧"中的题目。

(三)按照下列要求,完成本讲内容的上机实验。

1. 在 E 盘创建以"自己班级+姓名"命名的文件夹,在 C 盘建立"WB1"文件夹。

2. 在该文件夹中创建"LX"子文件夹。

3. 将 C 盘的"WB1"文件夹中的内容复制到 E 盘以"自己班级+姓名"命名的文件夹中。

4. 在 E 盘以"自己班级+姓名"命名的文件夹下的"LX"子文件夹中创建一个空的

Word 文档并取名为"我的第一篇文章",双击打开该文档,输入内容(内容自定,可以是书信,也可以是文章)。然后,单击"文件"/"保存",关闭窗口。

5. 再次打开这个 Word 文档,观察文档的内容。

6. 在桌面上为"我的第一篇文章"建立一个快捷方式,取名为"my first text"。

7. 将 E 盘中的"WB1"文件夹移入 E 盘以"自己班级＋姓名"命名的文件夹下的"LX"子文件夹中。

8. 对 F 盘进行快速格式化。如果我们上机的计算机没有 F 盘,可选择其他盘。但要注意,格式化后该盘内容将被删除。

9. 将 E 盘以"自己班级＋姓名"命名的文件夹发送到"我的文档"中,打开"我的文档"观察各文件夹和文档的情况。

10. 删除 U 盘上的所有内容,查看一下,刚删除的内容有没有在"回收站"。

11. 将 E 盘以"自己班级＋姓名"命名的文件夹移动到 U 盘中。

第三节　Windows XP 的基本设置(第九讲)

一、案例目标

通过本讲学习,掌握 Windows XP 系统的设置。根据自己的喜好,对显示器、键盘、鼠标、桌面、输入法、时间等进行设置。掌握记事本、画图、计算器和多媒体播放器等工具的使用。

二、案例主要技能

● 学会显示属性设置
● 学会鼠标和键盘的设置
● 学会更新和删除应用程序
● 学会输入法的设置
● 学会改变日期和时间
● 学会开始菜单的设置
● 学会记事本、画图和计算机等的使用
● 学会 Windows Media Player 的使用

三、知识剖析

计算机可以根据不同的需求进行个性化的设置。要真正学会计算机的操作技能,Windows 的基本设置很重要。下面介绍"控制面板"中最常用几项设置和"附件"中的几个常用工具。进入"控制面板"的方法:"开始"/"程序"/"控制面板",选择需要的项目进行设置。

>>>>>>

（一）设置显示器

在"控制面板"窗口中，双击"显示"图标(或在桌面空白处右击,选择快捷菜单中的"属性"命令),出现"显示属性"对话框。在对话框中,可以选择"主题"、"桌面"、"屏幕保护程序"、"外观"、"壁纸自动换"、"设置"六个标签对屏幕进行设置,如图3-16所示。

（1）"主题"标签：用于设置显示桌面和窗口的风格,主题是背景加一组声音、图标以及只需单击即可帮你个性化设置你的计算机的元素。

（2）"桌面"标签：用来设置桌面的背景图案,也可自定义桌面,将自己的图片作为桌面,并可设置"居中"、"平铺"和"拉伸"等。

（3）"屏幕保护程序"标签：在"屏幕保护程序"列表中选择一个屏幕保护程序,设置等待时间,若想查看其屏幕效果,可单击"预览"按钮,还可以通过"在恢复时使用密码保护"复选框,防止他人使用你的计算机。

（4）"外观"标签：用来设置桌面对象的外观,如对象的颜色、大小和字体等。

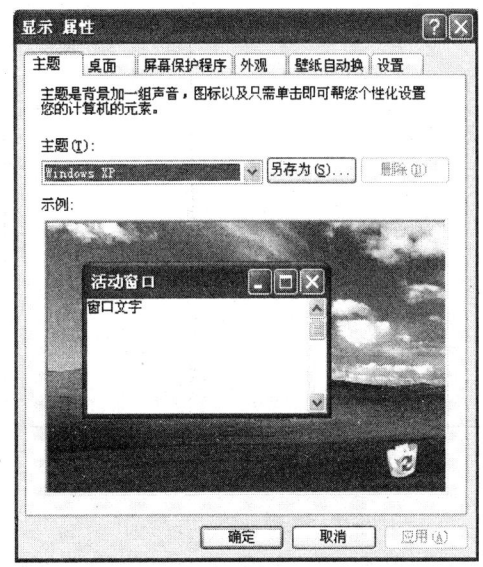

图 3-16　显示属性对话框

（5）"壁纸自动换"标签：在指定文件夹中放一些图片,然后开启桌面壁纸自动换复选框,则根据你指定的时间间隔自动换壁纸。

（6）"设置"标签：用来设置显示器的参数。如"屏幕分辨率"和"颜色质量"等。屏幕分辨率应根据你的显示器进行设置,目前最低为 800×600 ,一般为 $1\ 024 \times 768$,"颜色质量"一般选用"16 位"、"24 位"和"32 位"等。

（二）键盘和鼠标的设置

键盘和鼠标是当前计算机最常用的两种输入设备。下面分别介绍"键盘"和"鼠标"的设置。

1. 设置键盘

双击"控制面板"窗口的"键盘"图标,打开"键盘属性"对话框,可以对键盘进行设置。"重复延迟"用于设置出现字符重复的延缓时间、"重复率"用于设置按住一个键后相同字符出现的频率、"光标闪烁频率"用于设置光标闪烁的快慢。如图 3-17 所示。

2. 设置鼠标

双击"鼠标"图标,出现"鼠标属性"对话框。在"鼠标键"、"指针"、"指针选项"和"轮"等几个选项卡中,可以调整鼠标器的左、右手使用习惯、双击速度、指针大小及形状、移动速度、鼠标的指针轨迹以及滚动滑轮一个齿格滚动的行数等进行设置。如图3-18所示。

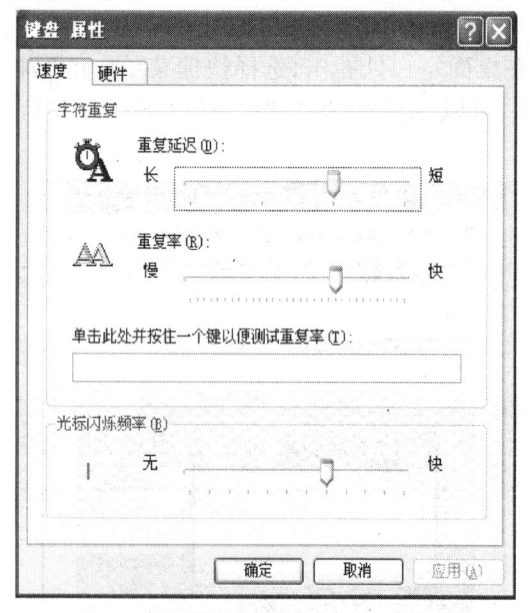

图 3 - 17　键盘属性对话框　　　　　　　　图 3 - 18　鼠标属性对话框

（三）添加和删除应用程序

Windows XP 提供了运行诸如字处理、电子表格和图形处理等应用程序,然而这些应用程序并没有包含在 Windows XP 操作系统中。用户可以根据需要,单独购买并安装新的应用程序,在不需要应用程序的时候随时可删除掉,以节省空间。

双击"添加/删除程序"图标,就会弹出"添加/删除程序"对话框,如图 3 - 19 所示,其中有"更新或删除程序"、"添加新程序"、"添加/删除 Windows 组件"和"设定程序访问和默认值"四个项目。在此主要介绍"更改或删除程序"和"添加/删除 Windows 组件"。

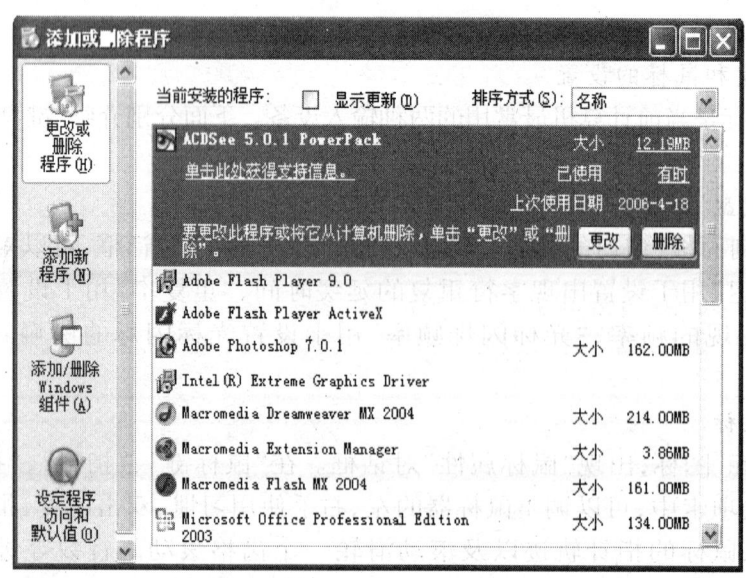

图 3 - 19　添加或删除程序对话框

1. 更改或删除程序

在"更改或删除程序"项目上单击,列表框中列出了已安装的应用程序。当某些程序不再使用时,可以在列表框中选择要删除的应用程序,再单击"更改/删除"按钮就可以了。程序删除后磁盘空间也就随之释放了。

2. 添加/删除 Windows 组件

Windows XP 提供了丰富且功能齐全的组件,在安装 Windows 的过程中,往往没有把组件一次性全部安装好。在使用过程中,可根据需要再来安装某些组件。同样,当某些组件不再使用时,可以删除这些组件,以释放磁盘空间。

安装和删除 Windows 组件的步骤如下:

(1) 选择"添加/删除 Windows 组件"项目,弹出如图 3-20 所示的对话框。

(2) 在组件列表中,钩选要安装的组件复选框,或清除已钩选的要删除的组件复选框。

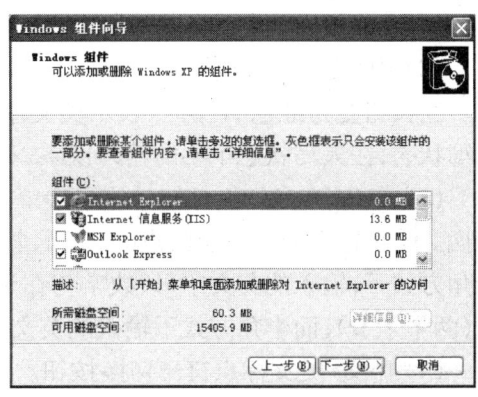

注意:如果组件复选框中有"√"并带阴影,则表示该组件只有部分程序被安装。每个组件包含一个或多个程序。如果要添加或删除一个组件的部分程序,则先选定该组件,然后单击"详细信息",选择或清除要添加或删除的部分程序即可。最后按"确定"按钮返回"添加/删除程序属性"对话框。

图 3-20 Windows 组件向导对话框

(3) 单击"确定"按钮,开始安装或删除 Windows 组件。

如果最初 Windows XP 是用 CD-ROM 安装的,计算机将提示用户插入 Windows 安装盘。这里介绍一个实用的办法:当最初安装 Windows XP 系统时,将 Windows XP 安装系统盘的内容复制、保存在硬盘上。这样在计算机提示用户插入 Windows 安装盘时,只要指出复制在硬盘上的文件夹名就可以了,免去了反复使用 Windows 安装盘的麻烦。

(四) 输入法的设置

1. 输入法的安装和删除

中文 Windows XP 在系统安装时,已预装了智能 ABC、微软拼音、全拼等输入法。以后可以根据需要,任意安装或卸除输入法。在控制面板中,双击"区域和语言选项"图标,然后选择"语言"选项卡,再单击"详细信息"按钮,出现如图 3-21所示的对话框,屏幕上弹出"文字服务和输入语言"对话框,就可以添加或卸除输入法了。

(1) 中文输入法的添加:单击"设置"标签,再

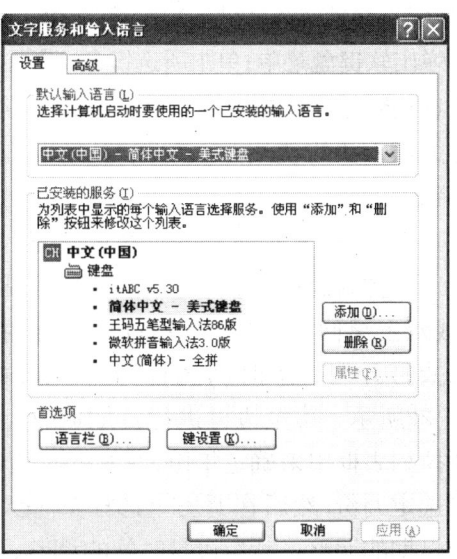

图 3-21 文字服务和输入语言对话框

单击"添加"按钮,屏幕出现"添加输入法"对话框,单击下拉列表;在"输入法"下拉列表框中选择某种输入法,然后单击"确定"按钮。

(2) 中文输入法的卸除:单击"设置"标签,在列出的已安装的输入法中选定要删除的输入法,然后单击"删除"按钮,再单击"确定"即可。

2. 输入法的切换

在中文 Windows XP 环境下,可以自由选用系统已安装的各种中文输入法。具体操作:单击任务栏右侧的"语言指示器",打开"输入法"菜单,单击要选用的输入法。

中文输入法使用说明:

(1) 中文输入法启动/关闭。在第一次选择输入法后,以后也可以随时用"Ctrl+空格键"来启动或关闭中文输入法,或用"Ctrl+Shift"键进行汉字输入法之间的切换。

(2) 中/英文切换按钮。单击中/英文切换按钮,可以在中文输入和英文输入之间切换。当按钮变为红色 A 字时,表示英文输入,否则是中文输入。要输入汉字,键盘应处于小写状态,在大写状态下不能输入汉字,利用 Caps Lock 键可以切换大、小写状态。

(3) 全角/半角切换按钮。用鼠标单击该按钮或用 Shift+空格键,进行全角和半角的切换。当按钮上显示一黑圆点时,表示全角方式;显示一月牙形时,表示为半角方式。在全角方式下,输入的英文字母、数字与在半角方式下输入的不同,它们需占一个汉字的宽度(两个字节);而半角方式下输入的英文字母、数字占一个字节。

(4) 中文/英文标点符号切换按钮。用鼠标单击该按钮或用"Ctrl+·(圆点)",进行中、英文标点符号之间的切换。当按钮上显示出中文的句号和逗号时,表示用户可以输入中文标点符号。

(5) 软键盘按钮。单击此按钮,在屏幕上显示一模拟键盘,称软键盘。单击软键上的键,其效果相当于按硬键盘上相应的键。再次单击此按钮就关闭了软键盘。Windows XP 提供了 13 种软键盘布局(PC 键盘、希腊字母、俄文字母、注音符号、拼音、日文平假名、日文片假名、标点符号、数字序号、数学符号、单位符号、制表符、特殊符号),用鼠标右击此按钮,屏幕会弹出软键盘菜单;单击所选键盘,就可显示相应软键盘的布局。右击除"软键盘"按钮外的任意按钮可打开输入法工具栏的快捷菜单。有关输入法的使用方法可从"帮助"信息中得到。

(五) 改变日期/时间、区域设置

在控制面板中,双击"日期/时间"图标(或双击桌面"任务栏"最右边的时间指示器),打开"日期/时间属性"对话框,如图 3-22 所示。其左边可进行日期调整,年份下拉列表框用来确定年份,月份下拉列表框可选定月份,然后在月历上选择某一天,完成日期的调整。其右边是时间的调整,可先用鼠标定位在时间上,再单击增减按钮调整

图 3-22 日期和时间属性对话框

>>>>>>

时间,也可在时间框中输入正确的时间。若单击"时区"标签,进入"时区"选项卡,可从时区下拉列表框中选择时区。

(六)开始菜单的设置

用户可以把自己工作中经常要运行的应用程序添加到"开始"菜单中,也可以从"开始"菜单中删除那些不常用的程序以简化菜单。具体设置方法如下:

(1)单击"开始"按钮或按组合键 Ctrl+Esc,打开"开始"菜单。

(2)指向"设置",单击"任务栏和开始菜单"命令(或右击任务栏空白处,单击快捷菜单中的"属性"命令);打开"任务栏和开始菜单属性"对话框。如图 3-23 所示。

(3)单击"开始菜单"标签进入开始菜单选项卡。

(4)先单击"自定义"按钮进入如图 3-24 所示的对话框。如要添加程序菜单,在"自定义经典"开始"菜单"对话框中单击"添加"按钮,然后按对话框中的提示进行添加;如想删除程序菜单,则单击"删除"按钮,然后按对话框中的提示进行删除。最后单击"确定"按钮。

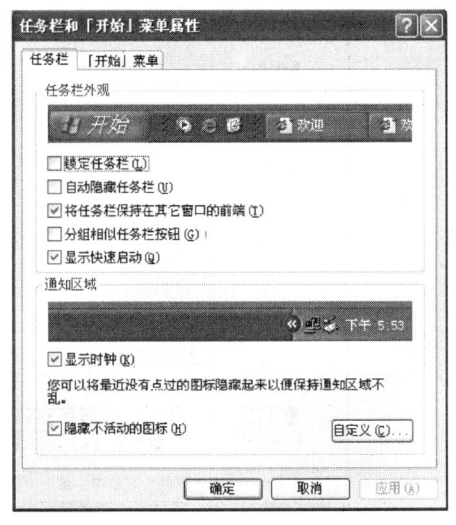

图 3-23 任务栏和开始菜单属性

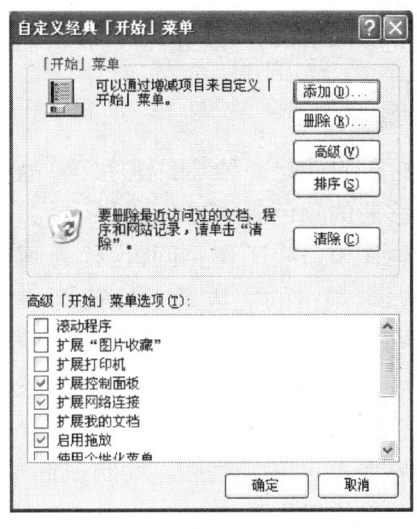

图 3-24 修改开始菜单对话框

(七)附件

附件是 Windows XP 系统附带的一套功能强大的实用工具程序。通常单击"开始"按钮,鼠标指针指向"程序"菜单,再指向"附件",最后单击相应的程序名就启动了附件中的应用程序。下面简单介绍附件中常用的记事本、画图和计算器工具。

1.记事本

附件下的"记事本"是一个纯文本文件编辑器,适用于备忘录、便条等的编辑。其功能比不上写字板,但是它运行速度快,占用空间小,显得小巧玲珑,很实用。如图 3-25 所示。

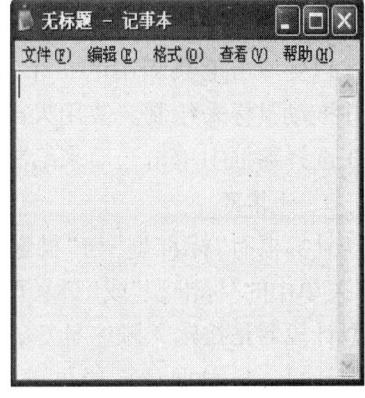

图 3-25 记事本窗口

（1）创建一个新文件。单击附件下的"记事本"命令，打开了一个空白的"无标题—记事本"文档编辑窗口。

（2）打开一个文件。双击已有的文本文件（.txt）或把文本文件拖放到记事本窗口，无论原来记事本窗口有无文件，都会打开这个文件。

（3）保存文件。① 如果是已保存过的文件，则单击"文件"菜单中的"保存"命令，如果是一个未存过盘的新文件，单击菜单中的"保存"命令后会弹出一个保存文件对话框，在该对话框中输入文件的保存位置和文件名，若不给扩展名，则系统自动加扩展名.TXT。② 单击文件菜单下的"另存为"，在"另存为"对话框中输入文件名，单击"保存"按钮即可，此方法实际上相当于复制了一个文件。

在编辑过程中，可以选定文本块，进行剪切、复制、粘贴等操作。

"编辑"菜单中的"自动换行"选项，是一个开关命令，选中此项后，在输入文字过程中按当前窗口的宽度进行自动换行。

在记事本窗口，可以进行"查找"，但不能进行"替换"操作。

2. 画图

"画图"附件是一种绘图程序，有一整套绘制工具和丰富多彩的颜色。如图 3-26 所示。

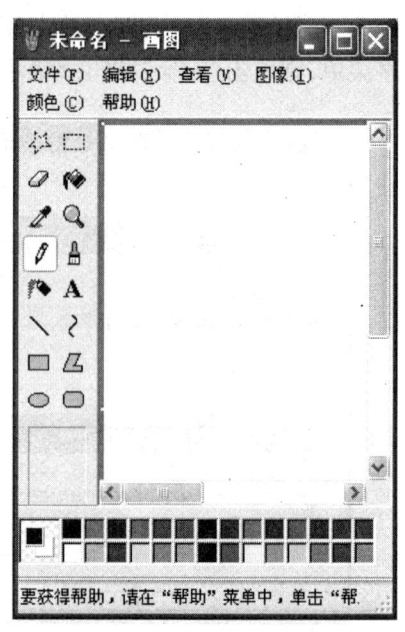

在画图窗口有工作空间，也称为画布，在此可以绘制图片。画布的左边是工具箱，含有一套绘制工具。画布的下面是调色板，可从这里选择颜色来进行绘制。工具箱下方是选择框，在此可以选择线宽或画笔尖宽度。绘制时，先选择一种工具、颜色及线宽，然后就可在画布上开始绘制。绘制很简单，就是定位、单击及拖动等操作。

图 3-26　画图窗口

在调色板的格子里，如果用鼠标左键单击一种颜色，这种颜色就出现在颜色选择框的前景框中，如果用鼠标右键单击一种颜色，这种颜色就出现在颜色选择框的背景框中。

只要单击工具箱中的一个工具，指向画布，就可单击并拖动鼠标来绘制。使用大部分工具来绘制时，还可以在选择器框中单击选项来绘制各种图形。

3. 计算器

计算器有"标准型"与"科学型"两种类型，单击"查看"菜单中的"标准型"或"科学型"可进行类型选择。标准型计算器是按输入顺序计算，科学型计算器是按运算规则计算。科学型计算器可进行二进制、八进制、十进制、十六进制间的转换等操作，如图 3-27 所示。

图 3-27　计算器窗口

>>>>>>

（八）Windows Media Player 播放器

媒体（Media）就是处理信息的载体。多媒体（Multimedia）就是集文字、声音、图表、图形、图像、动画和电影等各种信息数字化并综合而成的一种全新的媒体。

多媒体技术是一门综合性技术。它融半导体技术、电子技术、视频技术、通信技术、软件技术等高科技于一体，具有计算机、录像机、录音机、音响、游戏机、传真机等性能。它由计算机、CD - ROM 驱动器（光驱）、通信与控制端口、声卡（用于播放音频信息数据）和解压缩卡（把经过压缩的视频信息播放出来）、多媒体操作系统及应用软件等构成。

多媒体计算机能处理数字、文字、声音、图像、动画和视频等多种媒体。多媒体技术的关键特征是具有交互性，通过人机对话进行人工干预控制，如慢镜头、截取图片等。

Windows XP 自带的媒体播放器 Windows Media Player 可以播放多媒体视频、音频等，如电影、VCD、电视、MP3 等。由于该播放器的操作使用很简单，具体使用方法在此不做介绍，有兴趣的同学可自己去试一试。

四、案例实现

（一）案例要求

学会 Windows XP 显示、鼠标、键盘、输入法、时间和日期、开始菜单的设置，学会更新和删除应用程序，学会附件中记事本、画图和计算器等的使用，了解媒体播放器 Windows Media Player 的使用。

（二）案例实现

第一步：右击桌面空白处，选择"属性"，出现显示属性对话框，根据自己的喜好设置"主题"、"屏幕保护程序"、"外观"，然后单击"设置"选项卡，将"屏幕分辨率"和"颜色质量"分别设置为"1024×768"和"中（16 位）"。

第二步：进入"键盘属性"对话框，根据自己的需要设置"重复延迟"、"重复率"和"光标闪烁频率"，然后试一试设置修改后对键盘操作的影响。

第三步：进入"鼠标属性"对话框，根据自己的需要设置"鼠标键"、"指针"、"指针选项"和"轮"等。对于初学者来说，考虑如何设置更有利于操作。

第四步：利用输入法设置功能，删除"微软拼音输入法 3.0 版"，然后修改"王码五笔字型输入法 86 版"的属性，除去"词语联想"、"外码提示"、"光标跟随"复选框前的"√"。

第五步：用键盘完成如下切换功能：启动或关闭输入法、全角/半角切换、中文/英文标点符号切换、各种中文输入法之间切换等。

第六步：用软键盘输入希腊字母、注音符号、拼音、标点标号、数字序号、数学符号、单位符号和特殊符号。

第七步：进入"时间和日期属性"对话框，根据需要设置日期（年、月、日）和时间（小时、分、秒）。

第八步：利用"开始"菜单对话框，删除最近访问过的文档和程序记录。

第九步：打开"记事本"，输入两行文字，然后将该文件保存在 D 盘以自己姓名命名的文件夹中。

第十步：利用"画图"程序画一幅简单的图，并保存到 D 盘以自己姓名命名的文件夹中。

第十一步：利用"计算器"程序计算算式：$23-54+786\times3-345\div23$。

五、提高练习与技巧

（1）小张的同事最近到九寨沟旅游，拍了许多美丽的照片，他想利用旅游照片作为电脑的桌面背景，请小张帮忙，请你帮助解决此问题。

（2）Windows XP 的屏幕保护程序里有一个"图片收藏幻灯片"的功能，请在自己的电脑里设置一个"图片收藏幻灯片"的屏幕保护程序，并预览，看看有什么效果。

（3）练习对 Windows XP 外观的设置，将"色彩方案"设置为"橄榄绿"，字体大小设置为"大字体"，然后将窗口中"菜单"的字体设置为"隶书、12 号"。通过练习掌握对显示外观设置的具体操作。

（4）设置三维文字屏幕保护程序。

（5）从网上下载软件 WinRAR，并将其安装到计算机上，然后利用"更改/删除程序"方法将其删除，在 Office 2003 软件中添加"Microsoft 公式 3.0"。

（6）利用"添加/删除 Windows 组件"的功能，删除"附件和工具"中的"扫雷"和"纸牌"游戏。

（7）利用"画图"程序画一幅"太极八卦图"。

（8）在计算机中查找一个视频文件和一个音频文件，然后用媒体播放器 Windows Media Player 对其进行播放。（提示：在搜索中输入 ＊.wav 或 ＊.avi 进行搜索）。

（9）使用计算器计算$(2\,008+1\,963)\div5\times12$的值、计算 $100+102+120$ 的平均值，以及计算 121 的二进制值。

 本章小结

> 本章主要介绍了 Windows XP 的启动、关闭，桌面的功能和使用，鼠标、键盘操作，窗口操作，菜单、工具栏和对话框操作，资源管理器的组成和使用，目录路径，文件和文件夹的命名，文件和文件夹的属性，文件和文件夹的创建、复制、移动、删除、更名，文件与文件夹的查找，显示器、鼠标、键盘、输入法、时间和日期、开始菜单的设置，更新和删除应用程序，附件中记事本、画图、计算器和媒体播放器 Windows Media Player 等的使用。其中窗口操作、菜单和工具栏操作、对话框的使用、文件和文件夹的管理、计算机的常用设置等是本章的重点，同学们应重点掌握。同时，Windows XP 操作系统又是计算机操作的基础，希望同学们务必将本章内容学好。

复习思考题

一、选择题

1. 为了实现已选定的中文输入方式和英文方式的切换,应按的键是(　　)。

A. Shift+空格　　　B. Shift+Tab　　　C. Ctrl+空格　　　D. Alt+F6

2. 选用中文输入法后,可以实现中英文标点符号的切换的是(　　)。

A. 按 Caps Lock 键　　　　　　　　B. 按 Ctrl+圆点键

C. 按 Shift+空格键　　　　　　　　D. 按 Ctrl+空格键

3. 能在各种输入法及英文输入之间切换的操作是(　　)。

A. 按 Ctrl+Shift 键　　　　　　　B. 用鼠标左键单击输入方式切换按钮

C. 按 Shift+空格键　　　　　　　D. 按 Alt+空格键

4. 实现全角和半角字符的切换,应按的键是(　　)。

A. Shift+空格　　　　　　　　　　B. Ctrl+空格

C. Shift+Ctrl　　　　　　　　　　D. Ctrl+F9

5. 要在 Windows 中修改日期或时间,应运行(　　)程序的"日期和时间"命令。

A. 资源管理器　　　B. 附件　　　C. 控制面板　　　D. 计算器

二、简答题

1. 启动"控制面板"的操作步骤。

2. "显示属性"有哪六个标签(选项卡)?

3. 键盘属性设置主要有哪三项?

4. 鼠标属性设置主要有哪几个标签(选项卡)?

5. "添加或删除程序"有哪四个项目?

6. 写出下列切换方法的快捷键:

(1) 中文输入法启动/关闭切换。

(2) 中/英文切换。

(3) 全角/半角切换。

(4) 中文/英文标点符号切换。

7. 为什么安装 Windows XP 时最好先将安装软件复制到硬盘上?

8. 我们书上介绍了"附件"中哪几个工具?

三、"案例实现"结果整理题

将"案例实现"讲解过程中课堂笔记的内容进行整理,然后做到作业本上。

四、上机实验

(一) 将"案例实现"的整个过程在机房自己独立做一遍。

（二）如果上机条件和上机时间允许，请将"提高练习与技巧"中的题目在机房做一遍。

（三）根据下列要求，完成本讲内容的上机实验。

1. 输入法安装。安装智能 ABC 输入法（若已安装，则先删除），并设置其热键为左 Alt＋Shift＋2。并启动记事本，练习切换键 Ctrl＋空格、Ctrl＋Shift、Shift＋空格和 Ctrl＋. 。

2. 设定显示器桌面主题，将主题设置为"河流与山坡"或其他你自己所喜欢的主题。

3. 设置显示器桌面背景，将背景设置为"Azul"或其他你自己所喜欢的背景。

4. 设置显示器桌面背景，将你自己的一张照片作为显示器背景，并试用拉伸或平铺。

5. 设定屏幕保护程序，将保护程序设置为"梦幻水族馆"或其他你自己所喜欢的屏保程序，延迟时间为 5 分钟。

6. 设定外观，选择一种"窗口和按钮"、一种"色彩方案"和一种"字体大小"设置窗口的外观，并试着设置"效果"和"高级"按钮中的内容，并观察桌面和窗口的变化。

7. 安装 HP LaserJet 1200 Series PCL 6 打印机，并设置成默认打印机。

8. 在"开始"菜单的"程序"菜单下添加程序 notepad. exe，其名称取为"文本编辑器"。

9. 清空"开始"菜单"文档"子菜单下的所有文档，并将"开始"菜单设置为自动隐藏。

10. 根据上机当时的时间，对计算机的日期和时间进行设置。

11. 删除 Windows 组件"计算器"，观察"程序"菜单是否还有计算器；然后再添加"计算器"应用程序。

12. 根据自己的需求设置鼠标和键盘。

13. 删除一种自己不用的输入法。

14. 将一篇经 Word 排版后的文档（可由老师提供）复制到记事本中，观察有何变化。

15. 利用"画图"功能创作一幅精美的图片。

16. 练习"计算器"的使用，算式自定。

17. 利用 Windows Media Player 媒体播放器播放自己喜欢的电影、歌曲或音乐。

第四章　计算机网络知识及互联网应用

学习目的

互联网的应用已影响或改变着我们的工作、学习、生活和娱乐方式。本章学习计算机网络基础知识，IE 浏览器，资料搜索和下载，电子邮件收发，文件压缩解压，Blog、BBS、QQ、MSN 使用和计算机病毒及防范等。

第一节　计算机网络基本知识(第十讲)

一、案例目标

通过本讲学习，掌握计算机网络的概念、功能、种类、物理结构、网络连接设备、计算机网络系统软件和硬件的安装及上网方式选择等。

二、案例主要技能

- 识别网络连接设备
- 计算机网络软件和硬件的安装
- 网上邻居、文件和打印机共享
- 上网方式的选择

三、知识剖析

(一)计算机网络的概念

计算机网络，是指将地理位置不同的具有独立功能的多台计算机及其外部设备，通过通信线路连接起来，在网络操作系统、网络管理软件及网络通信协议的管理和协调下，实现资源共享和信息交换的计算机系统。简单地说,计算机网络就是通过电缆、电线或无线通讯将两台以上的计算机互连起来的集合。例如：通过网络共用一台打印机、连接上Internet(因特网)的计算机相互之间还可以收发电子邮件、进行聊天和交流,从中获取各种有用信息等。

（二）网络的基本功能

当今社会每个人都在谈论网络,许多人都在使用网络。下面我们对网络的基本功能进行简单介绍。

1. 资源共享

所谓资源是指构成计算机系统的所有要素,包括软、硬件资源,如计算处理能力、大容量磁盘、高速打印机、绘图仪、通信线路、数据库、文件以及互联网上的资料和信息等。由于受经济和其他因素的制约,这些资源并非(也不可能)所有用户都能独立拥有,所以网络上的计算机不仅可以使用自身的软硬件资源,同时还可以共享网络上的软硬件资源,因而增强了网络上计算机的处理能力,提高了计算机软硬件资源的利用率。

2. 信息交换

信息交换是计算机网络最基本的功能之一,主要完成计算机网络中各个节点之间的系统通信,就是信息的快速流通。我们可以在网上传送电子邮件、发布新闻消息、进行电子购物,进行电子贸易、远程电子教育、网上交流和娱乐、无纸化办公等。

（三）网络的种类

网络按其规模大小可分为局域网、城域网和广域网。

（1）局域网。通常我们提到的"LAN"就是指局域网,这是我们最常见、应用最广的一种网络。所谓局域网,那就是在局部地区范围内的网络,它所覆盖的地区范围较小。现在局域网随着整个计算机网络技术的发展得到了充分的应用和普及,几乎每个单位都有自己的局域网,有些家庭中也建立了自己的小型局域网。校园网就是一种典型的局域网。

（2）城域网。城域网一般来说是在一个城市范围内的计算机互联网络,平时很少提到。

（3）广域网。广域网也称为远程网,所覆盖的范围比城域网更广,它一般是在不同城市之间的局域网和城域网的互联,地理范围可从几百千米到几千千米。通过光纤、微波、卫星等把跨省、跨国、跨洲的计算机联网。例如 Internet 就是一种典型的广域网。

互联网是一种典型的广域网,又因其英文单词"Internet"的谐音,又称为"因特网",是目前相当普及并得到广泛应用的计算机网络。

（四）网络的物理结构

网络中各个节点相互连接的方法或几何方式称网络拓扑结构,或称物理结构。构成局域网络的拓扑结构有很多种,主要有星型结构、总线结构、环型结构以及混合型结构等。目前在局域网中主要使用星型结构,下面我们只对星型结构进行介绍。

星形网络拓扑结构的特点是具有一个控制中心,采用集中式控制,如图 4－1 所示。

其优点是各工作站点的设计简单,缺点是各站点间的信息交换必须由中心站中转或控制,当中心站点出现超负载或发生故障时,会导致整个网络停止工作。所以中心站至关重要,应配备功能强、可靠性高的计算机系统。星型结构是在局域网中用得最多的网络结构。通常中央控制器使用集线器或交换机。对于这两种设备我们将在后面进行介绍。

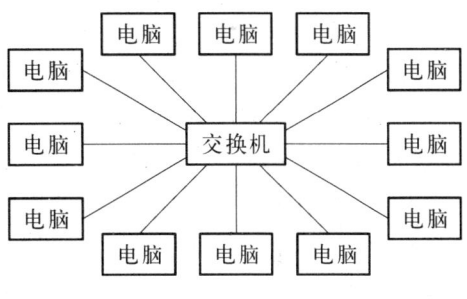

图 4-1 星型结构

（五）网络设备

普通的局域网建设通常使用下列主要设备:网卡、网线、集线器和交换机。

1. 网卡

在局域网中,通过网卡将计算机与网线连接起来。目前通常使用 10/100 Mbps 的 PCI 接口的网卡或是集成在主板上的 10/100 Mbps 网卡,如图 4-2 所示的是 PCI 网卡,在高速局域网中也使用 1 000 Mbps 的高档网卡。

网卡的主要性能指标是数据传输速率。现在主要有 10 Mbps、100 Mbps 和 1 000 Mbps 的网卡。主流是 10/100 Mbps 自适应的网卡。随着计算机技术的不断发展,网卡的价格也越来越便宜。

如果我们要建立的是一个工作组中的小型网络,建议大家使用 10/100 Mbps 的 PCI 总线接口的具有 RJ45 头的网卡;如果要建立一个中型局域网,建议对主要的服务器使用 1 000 Mbps 网卡。

图 4-2 网卡

2. 网线

网线是连接计算机与计算机、计算机与其他网络设备的连接线。目前组建局域网基本上用 5 类或超 5 类双绞线或光纤。

5 类双绞线是由四对外包绝缘材料的两两绞在一起的铜质导线组成,并包裹在一个绝缘外皮内。在星型结构中使用双绞线组建局域网,我们可以方便地在网络中添加或去掉一台计算机而不必中断网络的工作。网络的维护也比较简单,如果某处网线出现故障,只会影响到该条双绞线连接的计算机或设备,并不会造成网络的瘫痪。用双绞线联网就必须在网络中使用集线器或交换机。目前集线器和交换机的成本很低,随着网络设备的不断发展,集线器和交换机的价格还会下降,价格和成本已不会成为网络连接的主要问题。

3. 交换机或集线器

交换机的外观和集线器相同,但工作原理有很大的区别。集线器是采用共享带宽方式来传输数据的,而交换机是采用独享带宽的方式来传输数据的。如果网络上连接的计算机很多,相互之间有大量的数据需要传输,建议使用交换机,这样才能保证数据的快速传输。如果局域网内部计算机之间的数据传输量不大,组建局域网的主要目的是将计算机通过局域网接入互联网,那么使用集线器就够了。如果你家里组建小型局域网,使用集线器就足够了。

（六）计算机网卡及网线的安装

安装网卡的操作步骤如下:

（1）关闭计算机,切断计算机主机箱后的电源线,并准备好一块 PCI 网卡。如果主板上已有网卡集成或计算机上已经安装了网卡,则可以省略(1)～(5)步。

（2）打开计算机的主机箱,找到一个 PCI 扩展槽。

（3）将网卡插入到 PCI 插槽中。

（4）并用螺丝将网卡固定到主机箱上。

（5）装好主机箱,在主机箱后面找到网卡上的 RJ－45 插孔。

（6）准备一条足够长的两头有 RJ－45 水晶头的网线,但最大长度不能超过 100 米。

（7）将网线一端的水晶头插入到网卡上的 RJ－45 插孔中。

（8）准备一个集线器(Hub)或交换机。

（9）将插在计算机网卡上的网线的另一端插入到集线器(Hub)或交换机上的 RJ－45 接口中。这样就将计算机连接到局域网中了。

（七）安装网卡驱动程序

安装好了网卡、双绞线和集线器或交换机后,我们还需要安装网卡驱动程序,并添加相应的协议和服务。

1. 网卡驱动程序的安装

我们以 RTL8139 为例,介绍安装驱动程序和设置网卡的方法,如果操作系统能识别该网卡并有相应的驱动程序,则会自动安装驱动程序。

（1）将网卡安装到计算机主机箱中(前面已介绍)。如果是主板上集成网卡,可省略这一步骤。

（2）打开计算机电源开关启动计算机。

（3）计算机提示找到新硬件(网卡)。

（4）将随网卡一起附带的驱动程序光盘插入到计算机的光驱中。

（5）根据网卡说明书中的说明找到网卡驱动程序的位置。

（6）然后按"确定",计算机开始安装网卡驱动程序。安装完成后计算机将重新启动。

重新启动后,在桌面上可以看到一个"网上邻居"图标。接下来我们可以查看网卡驱动程序是否已安装好,操作方法如下:

（1）右击"我的电脑",在弹出的快捷菜单中选择"属性"命令。

（2）在"系统属性"对话框中选择"硬件"选项卡。

（3）在"硬件"选项卡中单击"设备管理器"按钮。

（4）若在"网络适配器"下可以看到你刚才安装的网卡,则表示网卡驱动程序已安装好了。单击"确定"按钮,关闭"系统属性"对话框。

2. 添加协议

安装了驱动程序后,需要添加网络协议。通过传输协议计算机之间才能够进行数据通信。添加协议的方法如下(注意：如果计算机只用来上网，不访问局域网中的其他计算机，则不需要添加协议，因为上网所必需的 TCP/IP 协议在驱动程序装好后就已自动安装好了)：

(1) 在 Windows 桌面上或"我的电脑"窗口中，右击"网上邻居"图标。

(2) 从快捷菜单中选择"属性"命令，打开"网络连接"窗口。

(3) 在"网络连接"窗口右击"本地连接"，选择属性命令，进入"本地连接属性"对话框。

(4) 在"本地连接属性"对话框中单击"常规"选项卡中的"安装"按钮，进入"选择网络组件类型"对话框。

(5) 在对话框中选择"协议"网络组件类型。

(6) 单击"添加"按钮。

(7) 单击要添加的协议：NWLink IPX/SPX/NetBIOS Compatible Transport Protocol。

(8) 单击"确定"按钮。

(9) 弹出"重新启动计算机"对话框，单击"是"按钮，重新启动计算机并将协议加载到系统中。

3. 添加文件和打印机共享服务

在安装了网卡驱动程序和通信协议后，接下来要安装"服务"。只有安装了"服务"后，计算机上的资源才能提供给其他计算机使用。安装的步骤如下：

(1) 在 Windows 桌面上或"我的电脑"窗口中，右击"网上邻居"图标。

(2) 从快捷菜单中选择"属性"命令，打开"网络连接"窗口。

(3) 在"网络连接"窗口右击"本地连接"，选择属性命令，进入"本地连接属性"对话框。

(4) 在"本地连接属性"对话框中单击"常规"选项卡中的"安装"按钮，进入"选择网络组件类型"对话框。

(5) 在对话框中选择"服务"网络组件类型。

(6) 单击"添加"按钮。

(7) 单击要添加的服务"Microsoft 网络的文件和打印机共享"。

(8) 单击"确定"按钮。

(9) 弹出"重新启动计算机"对话框，单击"是"按钮，重新启动计算机并将服务加载到系统中。

4. 设置计算机标识

在网络中，Windows XP 将使用计算机标识符识别检验计算机的身份。设置计算机标识的步骤如下：

(1) 在 Windows 桌面上，用鼠标右键单击"我的电脑"图标。

(2) 选择"属性"命令。

(3) 选择"计算机名"选项卡，然后单击"更名"按钮。

(4) 在"计算机名"框中输入计算机的名称。

(5) 在"工作组"框中输入工作组的名称(工作组名相同的电脑属于同一网络小组)。

（6）在"计算机说明"框中输入计算机的简要说明。

（7）单击"确定"按钮。

注意："计算机名"可方便其他用户在局域网中查找到你的计算机。但是应该注意，同一网络中的各计算机名称不能相同。

为方便以后网络的使用，"工作组"的名称在局域网络中应该一致。

5. 连接与测试网络

当我们将网卡安装和设置好之后，就可以用双绞线将各台计算机连接到集线器或交换机上，并接通集线器或交换机的电源。至此，我们的网络就建立好了。下面我们开始对网络进行测试，查看是否连通，如果没有问题就可以使用了。

6. 通过"网上邻居"测试网络

要测试网络环境是否建立起来，使用"网上邻居"进行检查是最简单的方法。操作步骤如下：

（1）双击"网上邻居"图标，在"网上邻居"窗口单击"查看工作组计算机"按钮。

（2）如果"网上邻居"窗口显示整个网络和本工作组的计算机名称，则说明"网上邻居"已经连通了。

如果我们在"网上邻居"窗口中没有看到已经连接到网络中的计算机，那么除了检查网络连接中硬件的故障之外，还应检查"文件及打印共享"服务是否安装好了。

7. 通过查找计算机检测网络

通过查找计算机检测网络的步骤如下：

（1）单击"开始"按钮，打开"开始"菜单，然后选择"搜索"命令，再选择"计算机或人"超链接，然后再单击"网络上的一个计算机"超链接。

（2）在"计算机名"文本框中输入要查找的计算机名称（计算机标识名），然后单击"搜索"按钮就开始在局域网中搜索指定的计算机。

如果通过以上的方法都没有找到网络中其他的计算机，则表示我们的网络没有连通。此时，我们应该先检查硬件设备是否连接好，集线器是否接通电源，网卡、网线和集线器是否有故障，然后检查软件是否安装，例如"文件及打印共享"服务和通信协议等是否安装。

如果看到了其他计算机，表示已经连通，就可以使用网络进行工作了。

（八）文件与打印机共享

1. 设置文件与打印机共享

设置共享文件夹之前，首先应确定哪些文件允许共享，是否要设置密码，开放给对方的权限有多大，然后再对要共享的文件夹设置共享。设置共享的步骤如下：

（1）选择需要共享的文件夹并单击鼠标右键。

（2）单击"共享和安全"命令。

（3）选择"共享"选项卡。

（4）选择"共享此文件夹"单选钮。并在"共享名"框中输入资源共享的名称，默认为文件夹的名称。如果需要，也可以在"注释"框中输入注释内容。

（5）选中"允许最多用户"单选钮，因为 Windows XP 最多允许同时 10 个用户访问计算机。

(6) 单击"权限"按钮,进入"共享权限"对话框,在该对话框中有"完全控制"、"更改"和"读取"三种权限供选择。

(7) 若选择"读取"选项,则所共享的文件夹只供其他用户读取,不允许进行新增、修改和删除等操作。若选择"完全控制"选项,则所共享的文件夹中的内容允许其他用户读取、新增、修改和删除。若选择"更改"选项,则所共享的文件夹允许其他用户读取和修改。

(8) 单击"确定"按钮。

将某个硬盘设置为共享的方法与设置文件夹共享的方法相同,只要将硬盘当作一个大的文件夹就可以了。

2. 使用网络上的文件资源

当网络中的电脑设置好共享文件夹后,就可以用这些文件夹中的文件,如同使用自己电脑中的文件一样。

(1) 在桌面上双击"网上邻居"图标。

(2) 在"网络任务"中单击"查看工作组计算机"。

(3) 选择工作组,双击要访问的计算机图标。

(4) 双击要使用的硬盘或文件夹图标。

(5) 在打开的窗口中显示了可使用的文件夹的内容,其他的操作与使用自己计算机中的文件和文件夹的方法相同。

(九)取消共享文件夹

如果想取消共享文件夹,可以按以下的步骤操作:

(1) 选择需要取消共享的文件夹并单击鼠标右键。

(2) 选择快捷菜单中的"共享和安全"命令。

(3) 选择"共享"选项卡。

(4) 选择"不共享此文件夹"选项。

(5) 单击"确定"按钮。

原来文件夹图标下的小手不见了,表示取消了文件夹的共享。

(十)设置打印机共享

在网络中我们不但可以共享文件,而且可以共享打印机。这样就不必为每台计算机都配备一台打印机,可以节省资源和提高打印机的使用效率。

在安装网络打印机之前,必须在连接打印机的计算机上将打印机设置为"共享打印机",操作步骤如下:

(1) 单击"开始"按钮打开"开始"菜单。

(2) 单击"打印机和传真"命令。

(3) 选择需要共享的打印机,单击鼠标右键。

(4) 单击"共享"命令。

(5) 选择"共享"选项卡。

（6）选择"共享这台打印机"选项。

（7）在"共享名"后面的文本框中输入共享名。

（8）单击"确定"。

现在被设为共享的打印机的图标下出现一只小手，表示该打印机已共享了。

（十一）安装网络打印机

安装网络打印机的方法和安装普通打印机的方法基本相同。要安装网络打印机，首先应进入"打印机和传真"窗口，然后按以下步骤操作：

（1）在"打印机和传真"窗口的"打印机任务"中单击"添加打印机"命令。

（2）进入"添加打印机"对话框，单击"下一步"按钮。

（3）选中"网络打印机或连接到其他计算机的打印机"单选钮。

（4）单击"下一步"按钮，进入"指定打印机"对话框。

（5）选中"浏览打印机"单选钮，单击"下一步"按钮。

（6）在"共享打印机"列表框中选择局域网中共享的打印机。

（7）单击"确定"按钮。

（8）单击"下一步"按钮。

（9）选择网络打印机的生产商，然后选择网络打印机的型号。如果你使用的打印机Windows XP 操作系统中没有驱动程序，则可以选择"从软盘安装"按钮，然后根据打印机的说明书进行安装。

（10）"打印机名"一般用默认的。也可以在此输入你自己命名的打印机名。

（11）选择"是否将网络打印机设为默认打印机"，将打印机设为默认打印机。

（12）单击"下一步"按钮。

（13）选择"是/否"打印测试页，如果选择"是"，则检测打印机的安装是否正确。

（14）将 Windows XP 安装盘放入光驱，单击"完成"按钮。

（15）若测试页打印结果正确，单击"正确"按钮，否则单击"不正确"按钮进入帮助窗口。

（十二）使用网络打印机

使用网络打印机的方法和使用本地打印机的方法基本相同，只是必须保证网络畅通和打印机处于开启状态。如果网络打印机不是默认打印机，则应在"打印"对话框中的打印机类型列表中选择要使用的网络打印机。

例如，在 Word 中使用网络打印机打印一份文档，可按以下步骤操作：

（1）打开需要打印的文档，执行"文件"菜单中的"打印"命令。

（2）单击"打印机"栏中的"名称"下拉按钮。

（3）选择设置好的网络打印机。

（4）单击"确定"按钮，即可使用网络打印机打印文档。

（十三）上网方式的选择和 ADSL 上网设置

目前，计算机网络发展很快，特别是国际互联网可以说是在飞速发展，国际互联网已经渗透到我们的工作、学习、生活、交流和娱乐等各个方面。上网方式也由原来的通过

Modem 上网到现在的宽带上网,利用宽带网我们可以很方便地在网上听音乐、看电影、打可视电话、视频聊天等。目前家庭和较小的单位一般采用 ADSL 宽带上网,而较大单位或学校等一般采用光纤专线接入上网,在此主要介绍利用 ADSL 宽带上网。

ADSL 的全称为非对称数字用户线路,也称为"极速通"。ADSL 提供最大下行 8 Mbps 上行 2 Mbps 的不对称速率。

安装 ADSL 无须改动电话线,是在原有的电话线上加载一个复用设备,所以用户不必再增加一条电话线。在使用 ADSL 时,必须使用特制的 Modem,拥有这台 Modem 之后,电脑需要安装一块网卡来连接这台 Modem,一般这台 Modem 是电信公司或宽带服务商指定的品牌,不可随意到市场购买。

1. ADSL 宽带上网设置

(1) 打开计算机机箱,在计算机中插入一块网卡,此网卡是专门用来连接 ADSL Modem 的,随后安装该网卡附带的驱动程序与相关协议。如果计算机已安装了网卡,则可跳过这一步。

(2) 安装 ADSL Modem 滤波器。滤波器看起来像一个稍大的电话接线盒,共有三个 RJ11 插口。一个是 Line 端用来接在电信局端的电话线,ADSL 端用于接 ADSL Modem, Phone 端接电话机。滤波器用于将电话线路中的高频数字信号和低频语音信号进行分离。低频语音信号由滤波器接电话机用来传输普通语音信息;高频数字信号则接入 ADSL Modem,用来传输上网信息和 VOD 视频点播节目。安装时先将电信局端的电话线接入滤波器的输入端,然后再用准备好的电话线一头连接滤波器的语音信号输出口,另一端连接电话机。此时电话机应该能够接听和拨打电话了。

(3) 安装 ADSL Modem。这是其中最关键的过程,也是最简单的过程,既不需要拧螺丝也不需要拆机器。用电话线将 ADSL Modem 滤波器的 ADSL 高频信号输入端与 ADSL Modem 的 LINE 接口连接起来,然后再将双绞线的一端插入到 ADSL Modem 的 Ethernet 上,另一端插入到网卡的 RJ45 接口上。这时候打开计算机和 ADSL Modem 的电源,如果两边连接网线的插孔所对应的 LED 都亮了,那么硬件连接就成功了。

(4) 安装 PPPoE 虚拟拨号软件(在 Windows XP 以后的操作系统中自带虚拟拨号软件),双击从网上下载的"RasPPPoE"软件即可开始安装,按照提示进行操作即可。安装完成后会在桌面上出现 PPPoE 快捷图标。

(5) 双击桌面上的快捷图标,输入从服务商处获得的用户名和密码即可进行呼叫和连接。呼叫建立成功之后,在桌面任务栏右边会出现双 PC 小图标,表示成功连接。至此,整个安装工作全部结束,可以利用 IE 浏览器上网了。

2. 在 Windows XP 中设置宽带上网

如果我们使用的是 Windows XP 操作系统,则不需要下载 PPPoE 软件,直接在 XP 中设置即可。方法是:

(1) 打开"我的电脑",单击"网上邻居",再单击"查看网络连接",然后在"网络任务"项目中单击"创建一个新连接"进入新建连接向导。

(2) 单击"下一步"按钮,进入"网络连接类型"界面,在此界面中选中"连接到

Internet"单选钮。

（3）单击"下一步"按钮，进入"您想怎样连接到 Internet?"界面，在此界面中选择"手动设置我的连接"单选按钮。

（4）单击"下一步"按钮，进入如图 4-3 所示的界面，选中"用要求用户名和密码的宽带连接来连接"单选按钮。

（5）单击"下一步"按钮，进入如图 4-4 所示的界面，在"ISP 名称"下面的文本框中输入申请的 ISP 的名称。

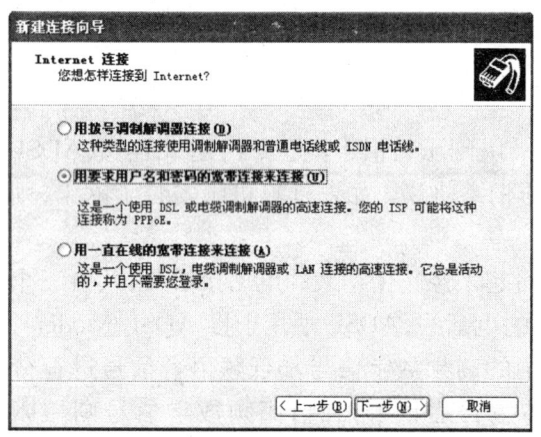

图 4-3　接入 Internet 的方式

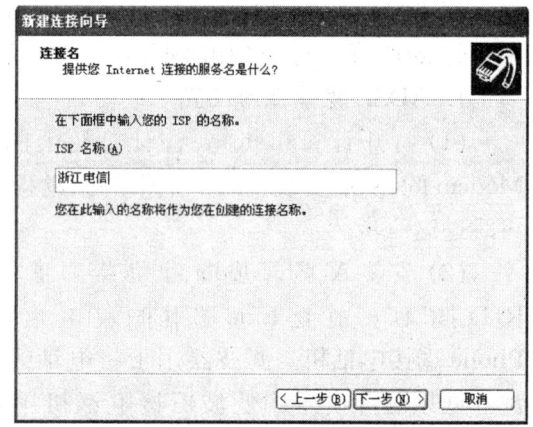

图 4-4　输入 ISP 名称

（6）单击"下一步"按钮，进入如图 4-5 所示的"Internet 账户信息"界面，输入用户名和密码。

（7）单击"下一步"按钮，进入如图 4-6 所示的"正在完成新建连接向导"界面，选中"在我的桌面上添加一个到此连接的快捷方式(S)"复选框。

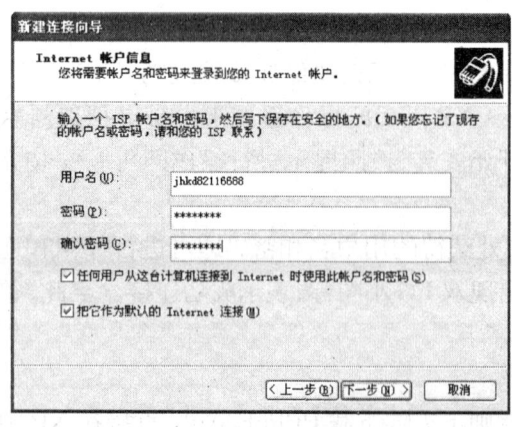

图 4-5　Internet 账户信息

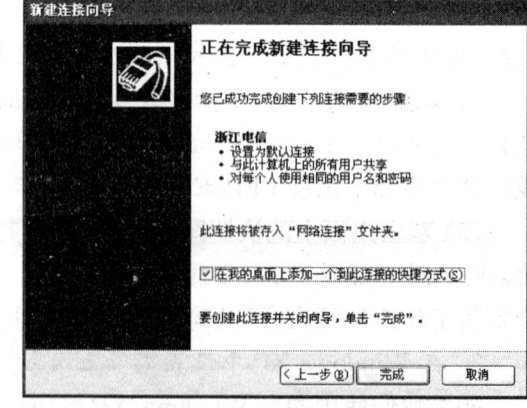

图 4-6　Internet 连接完成

（8）单击"完成"按钮，完成 Internet 连接的建立。

经过上面的设置，只要双击网络连接在桌面上的快捷图标"浙江电信"，在打开的对话框中单击"连接"按钮，即可实现 ADSL 宽带上网。

>>>>>>

四、案例实现

（一）案例要求

学会计算机网络系统软件和硬件的安装、上网方式选择、ADSL 上网设置、网上邻居的使用、文件和打印机共享以及虚拟拨号软件 PPPoE 的下载和安装（或在 XP 中设置 ADSL 连接）。

（二）案例实现

第一步：关闭计算机，拆下计算机主机后面的所有连线，打开机箱，安装网卡。

第二步：装好机箱，连接好主机后面的连线。

第三步：利用做好的双绞线将计算机网卡上的 RJ45 接口与双绞线的水晶头连接，另一头与集线器或交换机连接，启动计算机。

第四步：根据前面介绍的方法安装网卡驱动程序。

第五步：添加 NetBIOS 协议、添加"文件和打印机共享服务"。

第六步：设置网上邻居中的"计算机名"和"工作组名"。

第七步：利用网上邻居访问局域网中的另一台计算机，并从另一台计算机中复制文件到本机（在做此实验之前，设置好另一台计算机的一个共享文件夹）。

第八步：设置打印机共享，安装网络打印机，通过网络打印机打印一份 Word 文档。

第九步：在 Windows XP 中创建一个 ADSL 虚拟拨号上网连接。

五、提高练习与技巧

1. 学校机房中的计算机一般是通过局域网上网，请设置 TCP/IP 协议，使计算机能通过局域网上网。

2. 直接将两台电脑的网卡用双绞线（交叉线）进行连接，然后相互之间共享数据。

3. 下载虚拟拨号软件 PPPoE。

4. 将已经下载的 PPPoE 虚拟拨号软件安装到计算机上。

5. 如果条件允许，利用 PPPoE 虚拟拨号软件进行拨号连接，然后利用 IE 浏览器上网。

 复习思考题

一、简答题

1. 什么是计算机网络？

2. 简述网络的基本功能？

3. 计算机网络的种类有哪些？什么是局域网？

4. 画出星形网络物理结构图。

5. 目前常用的网卡和网线分别有哪些？

6. 写出设置文件夹共享的操作步骤。

7. 目前常用的宽带上网方式是 ADSL,简述 ADSL 的含义。利用 ADSL 上网需哪些设备? 如何连接?

二、"案例实现"结果整理题

将"案例实现"讲解过程中课堂笔记的内容进行整理,然后做到作业本上。

三、上机实验

(一)将"案例实现"的整个过程在机房自己独立做一遍。

(二)如果上机条件和上机时间允许,请将"提高练习与技巧"中的题目在机房做一遍。

(三)根据下列要求,完成本讲内容的上机实验。

1. 根据机房实际,拆装网卡。

2. 了解机房内的网络布线,画出机房的网络布线图。

3. 根据上机所用的计算机的实际情况,对"网上邻居"进行设置。

4. 查看你所用的计算机的网络工作组、计算机名、网卡类型、安装的协议等。

5. 查看你所用的计算机的 IP 地址、子网掩码、DNS、网关等。

6. 在桌面上建立一个新的文件夹 TEMP,将 C 盘 Windows 下的所有文本文档复制到该文件夹中。

7. 将该文件夹设置为"只读"共享。请其他同学通过"网上邻居"访问你的文件夹。

8. 将 TEMP 文件夹复制一个副本,文件夹名为 TEMP1。

9. 将 TEMP1 文件夹设置为"完全控制"共享文件夹,请其他同学访问你的文件夹,试一试能否删除共享文件夹中的文件。

10. 通过"网上邻居",访问其他同学计算机中的共享文件夹中的文件。

11. 取消文件夹的共享属性。

第二节 如何上网和下载(第十一讲)

一、案例目标

通过本讲学习,掌握计算机上网的基础知识和技能,掌握 IE 浏览器的使用、搜索网络资源、下载网上资料、压缩和解压缩等技能,为今后充分利用计算机网络资源打下良好的基础。

二、案例主要技能

● Internet 中 IE 浏览器的使用

>>>>>>

- 收藏夹、历史记录的使用及网上资料的保存
- 搜索网络资源、查询和下载网上资料
- FlashGet 和 BT 下载软件的使用
- 文件的压缩和解压缩

三、知识剖析

（一）开始上网

上网所必需的软件和硬件都安装好了以后，就可以上网了。由于网络的不断普及，许多同学可能已经接触过网络了。这里比较系统地学习上网知识和技能，学习如何从网上获取需要的资料等。

1. IE 浏览器简介

双击桌面上或单击快速启动栏中的"Internet Explorer"快捷图标即可启动 IE 浏览器。IE 浏览器界面主要包括标题栏、菜单栏、工具栏、主窗口和状态栏等。

（1）标题栏。窗口的最上面一行是标题栏，其上显示了当前浏览的网页的名称或者是 IE 所显示的超文本文件的名称。右上方是我们常用的"最小化"、"还原"和"关闭"按钮。

（2）菜单栏。菜单栏位于标题栏下方，其上有"文件"、"编辑"、"查看"、"收藏"、"工具"、"帮助"六个菜单项，它包括了 IE 的所有命令。

（3）工具栏。工具栏即"查看"菜单中的"工具栏"中的三个选项：标准按钮、地址栏和链接。从"查看"菜单中，选择"工具栏"中的"标准按钮"（在其前面有"√"），就出现了标准工具栏。标准按钮中包括了最常用的菜单项的快捷按钮。

（4）主窗口。是 IE 窗口的主要部分，用来显示网页的各种信息。

（5）状态栏。状态栏位于窗口的最下方，从左到右，一般分为三个部分。最左边的方框用来显示各种提示信息，如正在浏览的网页地址、IP 地址、链接文件的名称以及已经连接或正在连接等状态信息。左边第二个框，用来显示工作的方式，也就是当前浏览是脱机浏览还是在线浏览。最右边的框用来显示当前主页所在的工作区域。

2. 浏览 Web 的捷径

启动 IE 浏览器后，就可以开始浏览互联网上的信息了。由于每个网页都有一个网址，浏览网页最简单也是最直接的方法就是直接在地址栏中输入要浏览的网页地址。如在地址栏中输入 http://www. sohu. com，然后按回车键，就可以浏览"搜狐"网站的主页了。

现以打开"搜狐"首页为例，介绍打开网页的步骤。

（1）启动 IE 浏览器。

（2）删除地址栏中原有的网页地址。

（3）在地址栏中输入搜狐网址 www. sohu. com，并按回车键，进入如图 4－7 所示的网页。

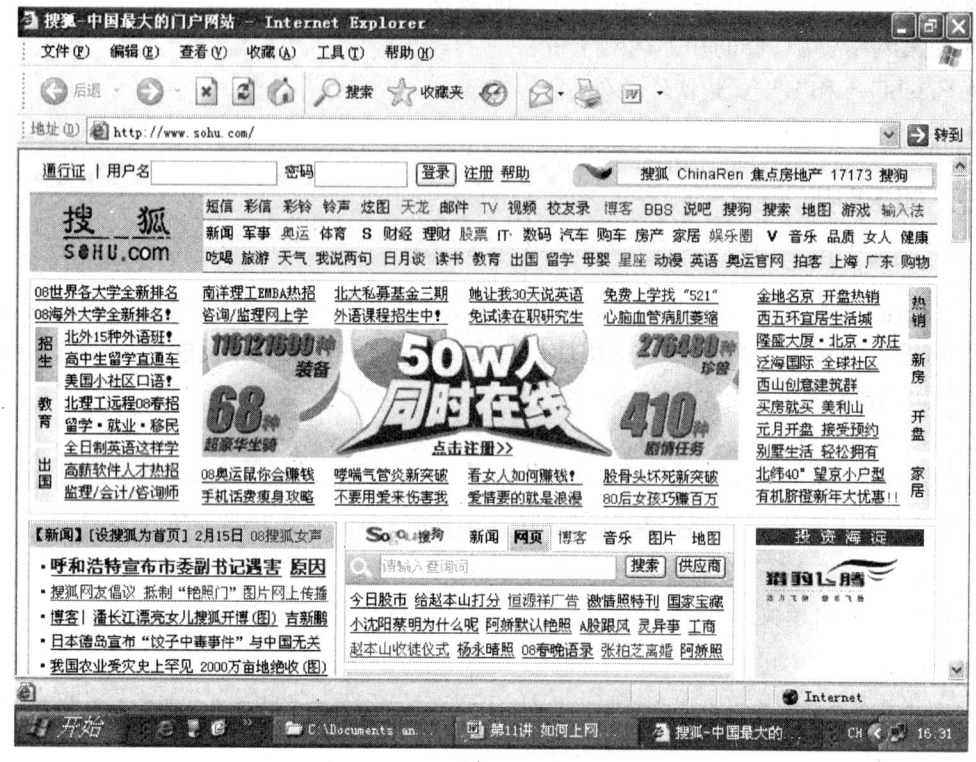

图 4 - 7　搜狐首页

互联网上的网站和网页数以亿计,想把要浏览的网页地址全部记住,没有一个人能做到。那么我们如何找到想要的网页呢？下面介绍几种常用的方法：

（1）在地址栏中输入常用的 Web 地址,此时会出现相似地址的列表供选择。如果 Web 地址有误,Internet Explorer 会自动搜索类似的地址来找出匹配的地址。

（2）单击工具栏上的"搜索"按钮可搜索网站。然后在搜索栏中,输入描述搜索内容的单词或短语。当搜索结果出现时,可以在不丢失搜索结果列表的同时,查看每个网页。

（3）也可以直接从地址栏搜索。只需输入一些普通的名称或单词,Internet Explorer 就能自动把你领到与要搜索的内容最匹配的站点,并列出其他类似的站点。

（4）进入网页之后,Internet Explorer 能帮助你完成基于 Web 的各类表单中的项目。开始输入时,会出现一个相似内容的列表供选择。

（5）单击工具栏上的"历史"按钮可浏览最近访问过的网页列表。

3. Web 中的超链接

Web 网页上有各种各样的信息,如文字、图形、图像、动画、电影、音乐等。大量的信息通过一种特定的技术有机地组合在网页中。与其他一些传统的信息资料比较,网页最大的特点是"超链接"。一般我们首先访问网站的首页,通过首页,我们可以通过超链接浏览该网站中的所有页面,非常直观和方便。

我们打开一个网页时,首先显示出来的是文字信息,因为文字信息比其他信息传输速度要快得多。打开图片、声音和视频信息要比打开文字信息慢得多。

>>>>>>

既然"超链接"这么重要,那么网页中"超链接"对象与普通的文本、图片等对象有什么区别呢?

当鼠标指向文字对象时,鼠标指针显示的是"I"形指针,当鼠标指针指向的是图形、图像一类的对象时,鼠标指针就会变成白色的箭头。当鼠标指针移到超链接对象上,则会变成手指形状,而超链接对象通常亦会有些变化,比如文字出现下划线、颜色变浅等。单击超链接对象后,就打开了超链接网址所指的网页。

许多大型门户网站的首页中有大量的超链接,最多可达几百个,网站就是通过这些超链接,将整个网站所有网页有机地组合在一起。超链接不但可以链接到网站内,它还可以链接到互联网上的任何一个网页。

有超链接,就可以很方便地在互联网上浏览、查询各种信息,也不需要记住很多网页的网址。一般只要知道某网站的首页,就可以通过超链接访问该网站内的其他网页。

(二)查找所需的网页和资料

1. 链接到指定的网页

要想链接到指定的网页,可以采用如下三种方法:

方法一:单击"主页"按钮可返回每次启动 Internet Explorer 时显示的网页。

方法二:单击"收藏夹"按钮可从收藏夹列表中选择站点。

方法三:单击"历史"按钮可从最近访问过的站点列表中选择站点。历史记录列表同时显示计算机上以前查看过的文件和文件夹。

2. 在 Internet 上查找所需信息

在 Web 中查找信息的方法有很多。例如:

(1)单击工具栏上的"搜索"按钮可访问多个搜索提供商。请在"搜索"框中键入单词或短语。

(2)在地址栏中键入"?",后跟单词或词组,按回车键,IE 将使用预置的搜索提供商开始搜索。

(3)进入网页后,单击"编辑"菜单,然后单击"查找",在弹出的对话框中输入你要查找的文本内容,然后单击"查找下一个"按钮,可以在当前网页中搜索指定的文本。

3. 保存你所喜欢的网页地址

找到了你喜欢的网页或网站,你可以将其地址保存起来,这样以后就能轻松打开。

(1)将站点添加到收藏夹列表中。每次需要打开该页时,只需单击工具栏上的"收藏夹"按钮,然后单击收藏夹列表中的快捷方式即可打开相应的网页。收藏夹的使用后面介绍。

(2)如果有一些经常访问的网页或站点希望能放在最容易获得的地方,请把它添加到链接栏中。将网页添加到链接栏的方法为:① 将网页的图标从地址栏拖到链接栏;② 将链接从网页拖到链接栏;③ 在收藏夹列表中将链接拖到链接文件夹中。

(3)如果有一个最经常访问的网页,可将其设为主页,这样每次启动 Internet Explorer 或单击工具栏上的"主页"按钮时就会显示。更改 IE 主页的方法为:① 转到希望启动 Internet Explorer 时显示的网页;② 在"工具"菜单上,单击"Internet 选项";③ 单击"常规"选项卡。④ 在"主页"下,单击"使用当前页"或在"主页地址"文本框中输入自己喜欢站点的网址,然后单击"确定"按钮即可。如图 4-8 所示。

4. 利用历史记录查找最近几天访问过的网页

IE 历史记录可以将最近访问过的网页记录下来,并保存到硬盘的指定位置,如果我们需要查看和浏览这些网页,按如下的操作步骤操作即可。

(1) 在工具栏上,单击"历史"按钮。出现历史记录栏,其中包含了最近几天或几星期内访问过的网页和站点的链接。

(2) 在历史记录栏中,单击星期或日期,再单击网站文件夹以显示各个网页,然后单击文件夹中的网页图标显示该网页。

(3) 要排序或搜索历史记录栏,单击历史记录栏顶端"查看"按钮旁边的下拉箭头和"搜索"按钮,"查看"下拉菜单中的排序方式有"按日期"、"按站点"、"按访问次数"和"按今天的访问顺序",可根据自己的需要选择使用。

隐藏历史记录栏的方法是再次单击"历史"按钮或单击历史记录栏的关闭按钮。

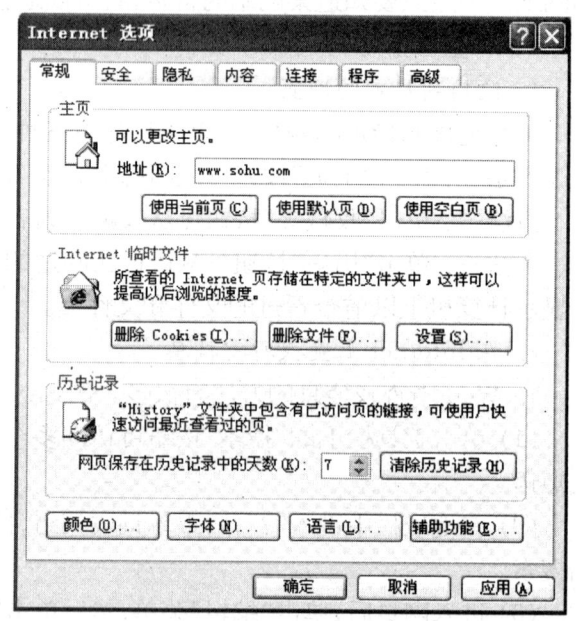

在"Internet 选项"对话框中的"常规"选项卡中可以更改在"历史记录"列表中保留网页的天数。指定的天数越多,保存该信息所需的磁盘空间就越大。如果想对浏览过的网页进行保密,不让别人查看,可在"Internet 选项"对话框的"常规"选项卡中将"网页保存在历史记录中的天数"设置为 0,并且单击"清除历史记录",如图 4-8 所示。

图 4-8 Internet 选项对话框

一般 Internet Explorer 浏览器的历史记录保存时间默认为 20 天,如果上网时间多,浏览量大,在硬盘中会存有大量的网页资料,这些临时文件还可能占用大量的硬盘空间,导致系统速度下降,这时可以根据自己的需要调整历史记录保存天数并及时清除临时文件。其方法为:选择"Internet 选项"对话框中的"常规"选项卡,然后根据提示进行操作即可。

5. 查找刚才访问过的网页

(1) 要返回访问过的最后一页,请单击工具栏上的"后退"按钮。

(2) 要查看在这次会话中访问过的最后几页,请单击"后退"或"前进"按钮旁边的下拉箭头,然后从列表中单击所需的网页。

6. 将网页保存在自己的计算机上

在计算机上保存网页的方法为:

(1) 在"文件"菜单中,单击"另存为"命令。

(2) 在"保存网页"对话框中,单击"保存在"文本框后面的下拉列表按钮,在弹出的下拉列表中选择网页要保存的位置。

(3) 在"文件名"框中,输入要保存的网页的名称。

(4) 在"保存类型"框中,选择文件类型。① 如果要保存显示该网页时所需的全部文件,包括图像、框架和样式表等,请单击"网页,全部"。该选项将按原始格式保存所有文件。② 如果想把显示该网页所需的全部信息保存在一个 MIME 编码的文件中,请单击"Web 档案,单一文件"。该选项将保存当前网页的可视信息。③ 如果只保存当前 HTML 页,请单击"网页,仅 HTML"。该选项保存网页信息,但它不保存图像、声音或其他文件。④ 如果只保存当前网页的文本,请单击"文本文件"。该选项将以纯文本格式保存网页信息。

(5) 最后单击"保存"按钮即可完成保存网页操作。

7. 保存网页中的图像

保存网页中的图像的方法为:

(1) 在要保存的图像上单击鼠标右键。

(2) 在弹出的快捷菜单中选择"图片另存为"命令。

(3) 在弹出的对话框中选择保存图像的文件夹,然后输入图像文件的文件名。

(4) 最后单击"保存"按钮即可完成保存图像操作。

8. 保存网页中的文字

保存网页中的文字的方法为:

(1) 将鼠标指针放到要保存的文字资料的起始位置,鼠标指针变为"I"形。

(2) 按住鼠标左键拖动鼠标,选择要保存的资料。选中的文字将反相显示。

(3) 在选中文字处单击鼠标右键,选择"复制"命令。

(4) 打开如 Word 之类的文字处理的软件。

(5) 执行"编辑"菜单中的"粘贴"命令或单击工具栏上的"粘贴"按钮。欲保存的文字出现在文字处理程序的窗口中。

(6) 执行"文件"菜单的"保存"命令,保存文字所在文件。

(7) 在随后出现的保存对话框中选择保存文件的文件夹,输入文件名并单击对话框中的"保存"按钮即可完成保存文字操作。

9. 刷新网页

当我们上网浏览网页时,计算机会将我们浏览过的网页中的文字和图片等信息保存在计算机硬盘的一个指定的位置中,下次再浏览该网页时会将硬盘中的网页信息显示出来,以提高速度,但是互联网上的网页随时都在更新,需要对网页进行刷新,即单击 IE 浏览器工具栏上的"刷新"按钮即可。当某一网页很长时间打不开时,也可以使用"刷新"网页功能。

(三)收藏夹的使用

IE 收藏夹能方便记住网页地址,下次访问该网站时,可以直接单击收藏夹中相应的网站链接就可以了。但是,如果经常使用收藏夹,时间久了收藏的网站就很多,查找起来很不方便。下面介绍收藏夹的使用和管理。

1. 将喜欢的网页保存到"收藏夹"

将网页地址保存到"收藏夹"的具体操作步骤如下:

(1) 打开喜欢的网页。

(2) 执行"收藏"菜单中的"添加到收藏夹"命令。弹出"添加收藏夹"对话框。

(3) 在对话框中输入或修改收藏的"名称",单击"创建到"按钮可以显示更多内容。

(4) 单击"确定"按钮即可。

收藏网页的链接就出现在"收藏"菜单中,下次要浏览该网页,只要直接单击"收藏夹"中该链接名称就可打开相应的网页。

2. 直接通过菜单中的"整理收藏夹"管理收藏夹

这种方法比较简单,具体的操作方法为:点击收藏夹菜单,选择"整理收藏夹",弹出整理收藏夹对话框。在对话框中有四个选项按钮:

(1) "创建文件夹"直接创建一个文件夹,可把同种类型的收藏网站存放在一起。

(2) "重命名"能给收藏的文件夹重新命名。

(3) "移至文件夹"。选择一个网站,然后单击"移至文件夹"按钮,在弹出的对话框中选择一个文件夹,那么,那个收藏网站就归类到这个文件夹中。

(4) "删除"可以把已经收藏的网站链接删除。

3. 按顺序排列收藏网站

我们可以把收藏的网站按照一定顺序进行排列。具体操作步骤为:

(1) 打开 IE 浏览器窗口,依次单击"工具"和"Internet 选项"命令。

(2) 在随后出现的设置窗口中,单击"高级"标签,选中"浏览"设置项中的"启用个性化收藏夹菜单"项目。

(3) 然后单击"确定"退出设置窗口。

将 IE 窗口关闭然后重新打开 IE,再重新单击"收藏夹"菜单时,最近访问的站点全部排到收藏夹前面显示了。这样有利于方便选择常用的收藏网站。

4. 删除收藏夹和收藏的网站链接

在 IE 浏览器中增加收藏夹是一件非常容易的事情,但是不久你会发现收藏的网站连接多得令人眼花缭乱,于是就有必要定时删除那些过时或自己相对不感兴趣的收藏夹和收藏的网站链接。具体步骤如下:

(1) 按照上面的操作方法,打开"整理收藏夹"对话框,然后从对话框中选定要删除的收藏夹或收藏的网站链接。

(2) 单击对话框中的"删除"按钮,就可以将指定的收藏夹或收藏的网站链接删除。

(3) 当我们重新访问"收藏"菜单时,就会发现被删除的收藏夹或收藏夹中的网站链接已不在收藏夹列表中了。

(四) 网上资料的查询

在互联网上有大量的信息,有些对我们是有用的,另外一些对我们来说可能是垃圾,

>>>>>>

在这海量的信息中要找出对自己有用的信息并非一件容易的事情。为了解决网上资料查询的问题,许多公司推出了网上资料查询工具——搜索引擎。搜索引擎主要作用是利用用户输入的关键字和其他的一些关键信息,在互联网上搜索出与关键字相对应的网上资料。但是,在选择关键字等方面也有很大的技巧,下面我们分别进行介绍。

目前国内外有许多搜索引擎可供我们选择,例如"Google"、"百度"、"搜狐"、"新浪"、"雅虎"等。这里我们主要向大家介绍两个中文的搜索引擎——"搜狐"(www. sohu. com)和"百度"(www. baidu. com)的使用方法和技巧。

1. 分类查询

分类查询我们以"搜狐"为例进行介绍,在"搜狐"中进行分类查询的操作方法为:

(1) 启动 IE,输入"www. sohu. com"并按回车键,进入"搜狐"主页。如图 4 - 7 所示。

(2) 单击所要查找的信息的分类项目,例如:"汽车"超链接。

(3) 继续单击分类项目,例如:"图库"超链接。

(4) 单击"奔驰"超链接。

(5) 在搜索结果中单击所需信息的超链接,就可以看到精美的奔驰汽车图片了。

在其他网站进行分类查询的方法与上面介绍的方法大同小异。

2. 利用关键字查询

利用分类查询可以查询到一些资料,但是网上大量资料的查询还是需要利用关键字进行查询,关键字就是指与所查内容对应的字、词或词组。例如要查找《计算机基础》教材的情况,可以使用"计算机基础"作为关键字查找到相关网页。注意,在定义关键字时最好尽可能精确,否则会出现大量的搜索结果,从中找到你所需要的资料就很难。通过关键字查询的具体操作步骤如下(以"百度"搜索引擎为例):

图 4 - 9   百度搜索首页

(1) 在地址栏中输入 www. baidu. com,然后单击回车键,如图 4 - 9 所示。

(2) 选择要查询的类型。

(3) 输入要查找信息的关键字,如"计算机基础"字样。

(4) 单击后面的"百度一下"按钮。

(5) 进入新页面并列出根据关键字搜索的相关信息的网页链接。

(6) 在搜索结果中单击所需信息的超链接。

这样就可以找到我们所需要的资料。

3. 网上新闻

随着互联网的不断普及,利用互联网来了解国内外的时事和新闻已成为越来越多网民的选择。

你想阅读新闻,一般要到一些提供新闻的网站去(如:CCTV 新闻网、新浪网新闻)。下面以 CCTV 新闻网为例说明查阅新闻的方法。操作步骤如下:

(1) 进入"百度"主页,如图 4-9 所示,在文本输入框中输入"CCTV 新闻"字样,并在上一行选择"网页"查找类型。

(2) 单击"百度一下"按钮进行查找。

(3) 在搜索结果中单击"新闻频道——CCTV. COM"超链接。进入"CCTV. COM 新闻"主页(记住网址或将其添加到收藏夹中,以后就可以直接进入该网站)。

(4) 单击要查看的新闻标题,然后根据网页的内容进行阅读即可。

在新闻网站中也可以进行分类新闻查阅,操作步骤如下:

在"CCTV. COM 新闻"主页中单击需要查阅的分类新闻超链接,如:"国际版"、"电影"、"娱乐"等分类新闻链接,进入相应的分类新闻页面,接着进行下一步查阅即可。

有些新闻网站内部还提供自己的搜索功能进行相关新闻内容的查找,操作步骤如下:

(1) 在搜索文本框内输入查询的关键字。

(2) 单击"搜索"按钮。在查找结果中找到需要的新闻标题,单击标题可打开相应新闻。

想去其他的新闻网站阅读新闻,操作方法与"CCTV 新闻"的操作方法基本类似,在此不再重复介绍。

另外,还可到一些综合性网站(如新浪、搜狐、网易等)进行新闻查阅。

4. 电子刊物

现在几乎所有的报刊和杂志都有自己的网站,这样就更加方便我们的查找和阅读了。下面介绍一下"人民日报"的查阅方法,具体的操作步骤如下:

(1) 在查询关键字框中直接输入"人民日报"字样,查找"人民日报"网站。

(2) 在搜索结果中单击"人民网"超链接。进入"人民网"网站主页,在"人民网"主页中单击"人民网上看报纸"超链接,进入报纸网站,其中列出了许多报纸。

(3) 单击"人民日报"超链接就进入"人民日报"网站。

(4) 在"人民日报"网站中提供了"往期回顾",只要选择你所需要的年份月份和日期,即可打开相应的页面并进行查阅。

在其他报刊和杂志网站中进行查询的方法与"人民网"的方法相似,在此不再重复介绍。

下面介绍在"电脑报"网站中订购杂志的操作方法,其操作步骤如下:

(1) 在"百度"搜索引擎的文本输入框中输入"电脑报电子版",然后按回车键。

(2) 在列出的搜索结果中单击"电脑报数字报刊平台"超链接。

(3) 进入"电脑报电子版"主页(http://epaper.cpcw.com/)。

在该页面,你就可以利用学到的知识查阅或订购需要的文章和杂志了。

5. 查看天气预报

通过互联网查看天气预报非常方便。下面介绍在"新浪天气"(weather. news. sina.

com. cn)网站中查看天气情况的方法,操作步骤如下:

(1) 进入"新浪天气"网页。

(2) 在网页中所示的地图上点击想要查看的城市。

(3) 相应城市的天气情况就显示出来了。

6. 火车客票信息

通过互联网查阅和订购车票也很方便,下面以"中国铁路网"(www. tielu. org)为例进行介绍。在该网站中不但可以查询火车票的票价、余额、铁路客票代售点和铁路旅行知识等信息,还可以进行网上订票,使我们乘火车出差和旅行更加方便。

客票余额的查询方法如下:

(1) 进入"中国铁路网"的网站。

(2) 选择"站站查询"、"车站查询"、"车次查询"等选项卡。

(3) 然后根据提示进行查询即可。

7. 航班信息

下面我们介绍从"飞友网"(www. feeyo. com)网站中查询航班时刻表。具体方法如下:

(1) 进入"飞友网"网页。

(2) 输入"出发地"、"目的地"和"日期"即可进行查询。

同时,也可以对特价机票进行查询。

(五) 网上资料下载

1. 使用 IE 浏览器下载

互联网上免费的下载软件很多,如网际快车、电驴、BT 下载、迅雷下载等。互联网上许多供我们下载的软件或资料都是以链接的方式放在网页上,用户可以使用浏览器直接下载,也可以使用你所喜欢的下载软件进行下载。直接使用 IE 浏览器下载,操作简单,对初学者特别适用;使用专门的下载软件下载可以提高下载速度,节约上网时间。下面我们先介绍如何使用 IE 浏览器进行下载。

如果下载的文件资料容量比较小或没有安装专门的下载软件,可以直接使用 IE 浏览器进行下载。下面以下载网际快车(FlashGet)软件为例来介绍使用 IE 浏览器进行下载的具体操作步骤。

(1) 启动"百度"搜索引擎,在文本框中输入"FlashGet 下载",按回车键后列出关于"FlashGet 下载"的许多超链接。

(2) 单击其中的一个超级链接,即可进入文件下载窗口,在该窗口中找到下载 FlashGet 软件的链接按钮,进入文件下载对话框。

(3) 单击"保存"按钮,将会弹出另存为对话框,在下拉菜单中选择文件要保存的位置。

(4) 单击"保存"按钮后文件开始下载,几秒钟后文件下载完成。

2. 快车(FlashGet)的安装

下载时大家最关注的问题是速度,下载后面临的问题是管理。优秀下载软件 FlashGet(网际快车)就是针对这两个问题而开发的。它采用多线程技术,把一个文件分割成几个部分同时下载,从而成倍地提高下载速度。同时 FlashGet 可以为下载文件创建不同的类别目录,从而实现下载文件的分类管理,且支持拖拽、更名、查找等功能,令你管理文件更加得心应手。可以说 FlashGet 是为数不多的集速度与管理于一体的优秀下载软件之一。下面将对网际快车的安装及使用方法做一介绍。快车(FlashGet)下载到用户的硬盘上以后,经过安装才能使用。具体的安装步骤如下:

(1) 首先对其进行解压,解压后,双击其安装文件,进入安装向导界面。

(2) 单击"下一步"按钮,进入"许可证协议"界面,单击"我接受"按钮。

(3) 进入"选择安装位置"界面,一般装在默认位置即可,单击"下一步"。

(4) 进入"附加任务"选择对话框,根据自己的需要选择附加的任务,然后单击"下一步"按钮。

(5) 进入"安装 Google 工具栏"界面。根据自己的需要进行选择,然后单击"下一步"按钮。

(6) 开始安装软件,安装结束后进入"精品软件推荐"页面。根据自己的需要进行选择,然后单击"下一步"按钮。

(7) 最后单击"完成"按钮即可,快车 FlashGet 软件主窗口如图 4 - 10 所示。

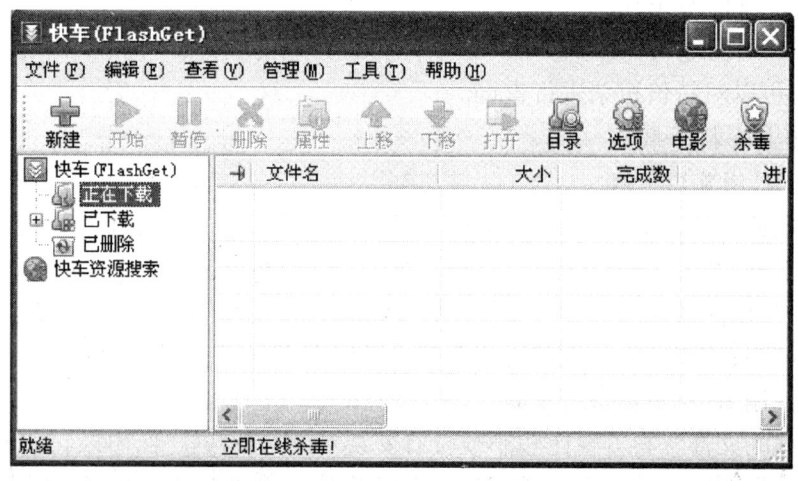

图 4 - 10　快车 FlashGet 窗口

3. 使用快车(FlashGet)下载文件

安装完毕后,你将体会到 FlashGet 无所不在的下载"关怀"。只要你需要下载文件,不管你习惯于哪种操作方式,都能快速地让 FlashGet 主动跳出来为你服务。

快捷菜单启动:每当需要下载文件的时候,用鼠标右键点击该下载链接,选择其中的"使用快车(FlashGet)下载"即可启动 FlashGet 并开始下载。

快速启动:利用大家所熟悉的 FlashGet 悬浮窗,把下载链接拖拽进去即可,操作起来相当方便。

使用快车(FlashGet)下载文件有多种方法,下面我们主要介绍通过右击快捷方式下载,这种方法不需要用户事先启动快车(FlashGet),只要在下载链接上单击鼠标右键,在弹出的快捷菜单中选择下载方式命令即可。下面以下载"RealPlayer"为例,来介绍通过快捷菜单下载文件的具体操作步骤。

(1) 启动"百度"搜索引擎,在其文本框中输入"RealPlayer 下载",按回车键后搜索到包含"RealPlayer 下载"的许多超级链接。

(2) 单击任意一个链接,进入"RealPlayer 下载"窗口。

(3) 在该窗口中找到软件的下载地址链接,在地址链接上单击鼠标右键,弹出快捷菜单,选择快捷菜单中的"使用快车(FlashGet)下载"命令,弹出"添加新的下载任务"对话框。

(4) 单击"另存到"后面的"浏览"按钮,选择下载文件的保存位置,单击"确定"按钮回到"添加新的下载任务"对话框,继续单击"确定"按钮,快车(FlashGet)开始下载指定的文件。

4. 使用快车(FlashGet)管理下载文件

除了下载资源,快车还能帮助用户方便管理下载的文件。对下载文件进行归类整理是 FlashGet 最实用的功能之一。FlashGet 已创建了"正在下载"、"已下载"和"已删除"三个类别,如图 4-10 所示。所有未完成的下载任务都存放在"正在下载"类别中,所有已完成的下载任务均放在"已下载"类别中,删除的任务均放在"已删除"类别中。

用户下载的文件可以随时被移动或者删除,其操作方法是选中已经下载的文件,然后单击鼠标右键,在弹出的快捷菜单中选择相应的命令即可。

5. BT 下载软件简介

BitComet 是基于 BitTorrent 协议的 P2P 文件分享免费软件,支持多任务下载。其下载原理和普通下载软件不同,它把每个用户的电脑都当作服务器,采用多点对多点的下载原理,同时下载的人越多,共享的人就越多,下载的速度也就越快。基于这一特点,使用 BT 下载最新的电影、软件等在速度上有很大优势。下面我们简单介绍一下 BitComet 的下载、安装和使用方法。

6. 下载和安装 BitComet

要想使用 BT 软件为我们下载资料,首先需要安装 BT 软件,BT 软件有多种,下面我们以 BitComet 软件为例介绍下载和安装过程。

下载 BT 软件的方法与下载其他软件的方法相同,启动"百度"搜索引擎,在搜索引擎的文本框中输入"BitComet 软件下载",按回车键后进入搜索结果页面,选择某链接后进入下载页面,根据提示将其下载到自己的电脑上。其安装方法如下:

(1) 双击安装文件(exe 文件),弹出"Please select a language"对话框,默认为简体中文。

(2) 单击"OK"按钮,进入安装向导页面。

(3) 单击"下一步"按钮,进入"许可协议"页面,审阅软件许可协议。

(4) 单击"我接受"按钮,进入选择安装"Google 工具栏"页面,可根据自己的需要进行选择。

(5) 单击"下一步",进入"选择组件对话框",在此也可根据自己的需要进行选择,一般选用默认方式即可。

（6）单击"下一步"进入"选择安装位置"页面。

（7）一般采用默认的安装位置。如果你想改变请单击"浏览"按钮，进入浏览文件夹界面，选择安装文件的位置后，单击"确定"按钮。

（8）单击"安装"按钮，系统将开始安装该软件。

（9）安装完成后单击"完成"按钮即可。

7. 使用 BitComet

安装完成之后，启动 BitComet 即可看到其主界面了，如图 4-11 所示。要想使用 BitComet 下载资源，首先必须要有种子。目前互联网上提供种子（torrent 文件）的站点很多，比较有名的有"冰鱼"、"飞客"等。

图 4-11　BT 软件窗口

torrent 文件下载完成后会自动打开 BitComet 进行任务下载，首先会出现任务属性对话框。包含"常规"、"高级设置"、"发布者"和"下载顺序"四个标签，默认打开的是常规标签，可以通过单击切换标签。同样，你也可以打开已经下载好的种子。

（1）保存位置。点击浏览按钮或者直接在地址栏中输入地址可以改变文件下载后存放在电脑里面的位置。

（2）任务类别。缺省为"已下载立刻开始"。意思是立刻开始下载这个任务。如果选择手动开始，则需要在以后手动开始任务下载。

（3）文件名。通过在文件名前面的打钩，可以选择要下载的文件。

注意：一般只需要改变保存位置和需要下载的文件，其余选项可以不作改变，保持默认值（这些值都是开发人员帮你选定的最优设置），直接点击"确定"就可以开始任务下载了。

8. 下载 BT 资源文件

将 BT 种子下载到自己的电脑中后，就可以根据种子来正式下载所需文件了。进行下载的具体操作步骤如下：

(1) 单击 BitComet 主界面中的"打开"按钮,弹出"打开"对话框。

(2) 选中刚才下载的种子文件,然后单击"打开"按钮,弹出"任务属性"对话框。

(3) 在该对话框中进行相应的设置后,单击"确定"按钮,该文件开始下载。拖动该窗口底部右侧的滚动条,用户可以看到该文件的上传、下载速度、种子数以及需要的时间等参数。一段时间后该文件即可下载完成。

(六) 压缩和解压缩

经过压缩的文件比原文件要小得多,从网上下载的文件通常都经过了压缩,在解压缩后才能使用。同理,当用户上传文件时,也经常要对文件进行压缩,减少上传的时间。下面将介绍压缩与解压缩的相关知识。

1. 压缩与解压缩简介

随着 Internet 技术的发展,网络数据的传输速率已经得到了很大的提高,但当通过Internet 传输较大的文件时,其传输时间还是比较长。如果可以将文件体积缩小,而又不损坏其内容,就会使其在网上传输的时间缩短。压缩软件就具有这样的功能,而且,它还能将经过压缩后的文件无损地进行还原,这就是解压缩。

2. WinRAR 压缩软件的使用

目前市场上的压缩软件很多,常用的有 WinRAR, WinZip, QuickZip 等。WinRAR 是目前最流行的压缩文件管理器之一。它是一个免费软件,下载该软件后,可以很容易地将其安装到自己的电脑上。WinRAR 允许用户创建、管理和控制压缩文件。下面就来介绍如何使用 WinRAR 压缩文件。

(1) 通过快捷菜单压缩文件的具体操作步骤为:选中需要进行压缩的文件或者是文件夹,单击鼠标右键,在弹出的快捷菜单中选择"添加到 XXX. rar"命令(其中的 XXX 是被压缩的文件名或文件夹名)。RAR 对该文件或文件夹进行压缩,并在当前位置产生一个压缩文件"XXX. RAR"。

(2) 在 WinRAR 主界面中压缩文件的具体操作步骤为:首先选中需要进行压缩的文件或者是文件夹,单击鼠标右键,在弹出的快捷菜单中选择"添加到压缩文件"命令,出现"压缩文件名和参数"对话框。在该对话框中设置好新建压缩文件的格式、压缩方式、压缩选项、设置密码等压缩参数,然后单击"确定"按钮即可。

(3) 通过快捷菜单解压文件的具体操作步骤为:选中需要解压的文件,单击鼠标右键,在弹出的快捷菜单中选择"解压到当前文件夹"或"解压到 XXX\"命令即可。

(4) 在 WinRAR 主界面中解压文件的具体操作步骤为:用鼠标双击压缩文件,压缩文件就会在 WinRAR 程序中打开,选中需要解压的文件夹,单击"解压到"按钮,进入到"解压路径和选项"对话框。设置好文件的保存路径和其他选项后单击"确定"按钮即可。

四、案例实现

(一) 案例要求

学会 IE 浏览器的使用,学会收藏夹的使用,学会利用 IE 浏览器、FlashGet 软件、BT软件查询并下载网上资料,学会压缩软件 WinRAR 的使用。

（二）案例实现

第一步：启动 IE 浏览器，在地址栏中输入"搜狐"网站地址（www. sohu. com），打开"搜狐"主页。

第二步：在"搜狐"网站中，根据自己的要求查询分类目录"天气"和"音乐"。然后查看当地的天气和自己喜欢的音乐，并将音乐下载到 D 盘以自己姓名命名的文件夹中。

第三步：关闭 IE 窗口，重新打开 IE，在 IE 地址栏中输入"www. so"，查看地址栏的下拉菜单情况，选择"搜狐"网址，进入"搜狐"首页。

第四步：启动"百度"搜索引擎，在文本框中输入自己学校的校名（如浙江贸易学校），并按回车键，从下面列出的搜索结果中选择一个链接进入自己学校网站。

第五步：利用"搜狐"的搜索功能，查找"党的十七大报告"，并将该报告的内容复制到一个 Word 文档中，将该文档保存到 D 盘以自己姓名命名的文件夹中。

第六步：利用"百度"的搜索功能，查找"超女"的照片，并将其中你最喜欢的 5 张大照片以该人的姓名作为文件名保存到 D 盘以自己姓名命名的文件夹中。

第七步：将 IE 浏览器的主页设置成你自己使用最多的网站主页。

第八步：将你正在浏览的网页字体设置成繁体中文，然后重新设置成简体中文。

第九步：利用"历史"按钮查看最近浏览过的网页。

第十步：利用"收藏"功能将你经常要用的网站添加到收藏夹中。

第十一步：将收藏夹按"学习"、"工作"、"生活"和"娱乐"进行分类管理。

第十二步：根据自己的需要对收藏夹进行整理。

第十三步：进入"人民网"，查看新闻，查找 2008 年 1 月 1 日的"人民日报"内容。

第十四步：进入"列车时刻表"查询网站，查询从"上海"到"北京"的列车车次、时间和票价。

第十五步：进入"航班信息"查询网站，查询从"杭州"到"北京"有哪些航班？机票的折扣是多少？

第十六步：从网上下载 WinRAR 软件，并安装该软件。

第十七步：将 D 盘以自己姓名命名的文件夹进行压缩，对压缩文件和原文件夹的大小进行比较。

第十八步：将以自己姓名命名的压缩文件复制到桌面上，然后对其进行解压缩。

五、提高练习与技巧

1. 在"百度"中使用"高级搜索"功能来搜索"数码相机"图片。

2. 在"Google"中使用"高级搜索"功能来查找有关"掌上电脑"的信息。

3. 利用"Google"的高级搜索功能更精确地搜索你所需要的资料。

4. 利用"百度"的"帮助"和"高级"功能更快速地搜索你所要的资料。

5. 从网上下载快车（FlashGet）软件，然后进行安装（如果是压缩文件则先进行解压）。

6. 利用快车（FlashGet）下载工具下载"Windows Media Player"最新版本软件，然后进行安装。

7. 到网上搜索免费的电影网站,利用 BT 下载一部自己喜欢的电影。

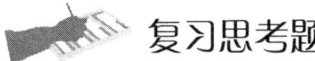复习思考题

一、简答题

1. IE 浏览器界面主要包括哪些栏目?

2. IE 工具栏上主要有哪些工具?

3. 写出你上网使用最多的五个网站的网址。

4. 写出将网上的文字资料、图像资料和整个网页下载到自己的硬盘上的方法。

5. 如何更改 IE 浏览器的主页地址?

6. 如何将自己喜欢的网页保存到"收藏夹"中?

7. "整理收藏夹"对话框中有哪四个选项按钮?

8. 写出分类查询的操作步骤。

9. "关键字"的概念。

10. 写出天气预报查询、火车时刻表查询、机票查询的典型网站和网址。

11. FlashGet 软件有什么优点?

12. BT 下载的特点是什么?

13. 为什么要进行压缩和解压?

二、"案例实现"结果整理题

将"案例实现"讲解过程中课堂笔记的内容进行整理,然后做到作业本上。

三、上机实验

(一) 将"案例实现"的整个过程在机房自己独立做一遍。

(二) 如果上机条件和上机时间允许,请将"提高练习与技巧"中的题目在机房做一遍。

(三) 根据下列要求,完成本讲内容的上机实验。

1. 删除 Internet 临时文件。

2. 将浏览过的网页的历史记录的保存天数设置为 5 天。

3. 清除历史记录。

4. 将 http://pconline.com.cn 设置成自己的主页。

5. 将 http://5566.org,http://www.163.com,http://www.sina.com.cn 三个网站收藏到收藏夹中。

6. 在"Internet 选项"对话框中单击"内容"选项卡,单击"自动完成"命令,在该对话框中,进行"清除表单"和"密码"操作。

7. 利用"Internet 选项"对话框中的"高级"选项卡。在"多媒体"项目中设置播放网页中的动画、声音和视频。

8. 单击工具栏的"停止"、"刷新"、"主页"、"后退"等按钮,观察操作结果。

9. 单击工具栏的"搜索"、"收藏"、"媒体"、"历史"等按钮,分析其功能。

10. 浏览"http://pconline.com.cn"太平洋电脑网图库,在各种栏目中选择下载自己喜欢的5张图片,保存在自己的文件夹里。

11. 在网站中找两篇自己喜欢或认为有价值的页面保存下来,存放在自己的文件夹里。

12. 在网站中找两篇自己喜欢或认为有价值的文字资料,以 Word 文档和文本文档两种方式进行保存,存放在自己的文件夹中。

13. 对一个指定的文件或文件夹(非空)进行压缩和解压缩。

第三节 收发电子邮件及在线娱乐(第十二讲)

一、案例目标

通过本讲学习,掌握电子邮件的概念、免费电子邮箱的申请、使用浏览器、Outlook Express 和 Foxmail 收发电子邮件,了解在线娱乐的主要项目和使用方法。

二、案例主要技能

- 申请免费电子邮箱
- 使用浏览器收发电子邮件
- 使用 Outlook Express 收发电子邮件
- 使用 Foxmail 收发电子邮件
- 在线娱乐的主要项目和使用方法

三、知识剖析

(一)什么是电子邮件

电子邮件(简称 E-mail,也被大家昵称为"伊妹儿")又称电子信箱,它是一种用电子手段提供信息交换的通信方式,是 Internet 应用最广的服务。通过网络的电子邮件系统,可以用非常低廉的价格(上网费)、以非常快速的方式(几秒钟)与世界上任何一个角落的网络用户联系,这些电子邮件内容可以是文字、图像、声音等各种方式。正是由于电子邮件的使用简易、投递迅速、收费低廉、易于保存、全球畅通无阻,使得电子邮件被广泛地应用,它使人们的交流方式得到了极大的改变。另外,电子邮件还可以进行一对多的邮件传递,同一邮件可以一次发送给许多人。

电子邮件非常便捷,与电话通信不同,它不会出现占线状况,收件人也不需要同时守候在线路的另一旁。因此,电子邮件不存在时间和空间的限制,给人们提供了更大的自由空间。在 Windows XP 中可以通过使用 Outlook Express 和 Foxmail 等专用工具来发送、接收电子邮件,也可以直接利用浏览器在邮件服务器网站收发电子邮件。

电子邮件比特快专递和邮寄要快得多,一般几秒钟就可到达。与邮局、特快专递和传真相比大大地节约了费用。因此,越来越多的人开始选择使用电子邮件与别人进行联系和交流,以提高实际工作效率。

和普通信件一样,在发送电子邮件时,发信人同样也需要知道收信人的地址,即电子邮箱地址。电子邮箱地址的格式为用户名@邮件服务器。用户名就是用户在主机上使用的登录名,也称为账号;@(读音为"at")用来连接前后两部分;后面部分是电子邮箱所在服务器的标识(也称为域名)。

如 jhwangruqi@126.com 就是一个电子邮箱地址,jhwangruqi 是用户名,126.com 是邮件服务器的标识。该地址表示在电子邮件服务器 126.com 上有账号为 jhwangruqi 的电子邮箱。当有邮件发到该邮箱后,邮箱的申请人就可以接收到邮件。

(二)申请一个免费邮箱

电子邮件有这么多好处,那么我们如何使用电子邮件呢?必须先申请一个电子邮箱,目前免费的电子邮箱很多,可以根据自己的要求选择一个。免费邮箱的服务和速度有时比收费邮箱差一点。目前比较著名的免费 E-mail 服务网站有"126"、"hotmail"、"网易"、"新浪"、"搜狐"等,它们的操作比较简单。这里我们就以"126"免费 E-mail 服务网站为例,为大家介绍如何申请和使用免费邮箱。

首先打开 IE 浏览器,然后按照以下步骤操作:

(1) 在地址栏中输入 www.126.com,并按下 Enter 键。

(2) 单击"注册"按钮。

(3) 出现"输入用户名"对话框,输入要申请的用户名(也就是邮件账号),如果输入的用户名已被别人先申请,必须换一个用户名。然后单击"下一步"。

(4) 进入"设置密码"对话框,输入密码,然后再次确认密码。请一定要记住自己的密码。

(5) 然后对"密码保护设置"进行填写。注意:必须至少填写两项。

(6) 然后填写你的个人资料。

(7) 然后输入"注册确认字符"。

(8) 最后单击"我接受下面的条款,并创建账号"按钮。

(9) 进入"申请免费电子邮箱申请成功"页面,表示申请成功。

(三)通过浏览器收发电子邮件

有了自己的电子邮箱以后,就可以利用该邮箱收发电子邮件了。你可以在 IE 浏览器中直接登录到相应的服务站点来收发电子邮件,也可以通过专用的软件来收发电子邮件。虽然使用专门的电子邮件收发软件 Outlook Express 和 Foxmail 等都可以收发电子邮件,但目前使用的人较少,所以我们下面先介绍如何在 IE 浏览器中收发电子邮件。

1. 登录到电子邮箱

在收发电子邮件以前,首先要登录邮箱,具体操作步骤如下:

(1) 打开 IE 浏览器,在地址栏中输入电子邮箱所在网站的网址,这里输入 www.

126. com。

(2) 在 126 电子邮件网站首页输入用户名和密码。

(3) 单击"登录"按钮,即可登录到自己的邮箱。

2. 写邮件和发送电子邮件

先根据上面介绍的方法登录到电子邮箱中,接下来按下面步骤写信和发邮件:

(1) 单击"写信"按钮。进入写信页面。

(2) 在"收件人"文本框中输入对方的邮箱地址。

(3) 在"主题"框中输入邮件的主题,即邮件的标题。

(4) 在输入邮件内容文本框中输入邮件的正文内容。

(5) 单击"发送"按钮。

过一会儿,如果出现"您的邮件发送成功"等提示,则表示邮件发送成功,单击"返回"按钮返回邮箱的主页即可。

上面介绍的方法只能将文本输入框中输入的邮件内容发送给对方,如果你想将已经编辑好的文档和照片等文件作为"附件"发送给对方,则应进行如下的操作:

(1) 在写信页面中,填写完相关内容后单击"附件"按钮。

(2) 出现"选择文件"对话框,找到你需要的文件所在的目录,选择需要的文件。

(3) 单击"打开"按钮。回到写信页面,在附件按钮下就会显示附件文件名。

(4) 单击"发送"按钮。出现了"邮件发送成功"对话框,表示邮件已成功发出。

3. 收看电子邮件

上网并登录到你的电子邮箱后,单击"收件箱"按钮,进入"收件箱"页面。单击要查看的"邮件主题",用户就可以收看和下载该邮件的内容。

如果该邮件有附件,单击"下载附件"按钮,弹出"文件下载"对话框。单击"保存"按钮,弹出"另存为"对话框,选择好文件的存放位置,单击"保存"按钮即可。双击要查阅的"附件"文件名,"附件"的内容就能显示出来。如果不想保存附件,也可直接打开。

4. 将邮箱地址加入到通讯录

每次给朋友发电子邮件都要输入朋友电子邮箱的地址,这是一件相当麻烦的事情,要解决这个问题,只要使用通讯录(地址簿)就可以了。当我们查收或发送一封新邮件时,如果该邮件地址在通讯录中没有,则在查收或发送时会出现一个提示按钮"添加到通讯录",单击该按钮,即可将该邮箱地址自动添加到通讯录中。

5. 删除邮件

电子邮箱空间的大小是很有限的,过一段时间后会有大量的邮件在邮箱中,邮箱空间会被占满。所以要经常清理邮箱,将不用的邮件删除。删除邮件的操作步骤如下:

(1) 在"收件箱"中钩选要删除的邮件前面的复选框,使其处于选中状态。

(2) 单击"删除"按钮,将邮件转移到"已删除"文件夹中,收件箱中该邮件消失了。

邮件转移到"已删除"文件夹中,并没有真正从邮件服务器中清除,如果想清除"已删除"文件夹中的邮件,单击"已删除"按钮,接下来的操作方法与前面介绍的删除邮件方法一样。经过这样的删除,将彻底删除邮件,并无法恢复。

>>>>>>

（四）使用 Outlook Express 收发电子邮件

Outlook Express 是 Windows XP 操作系统自带的电子邮件客户端软件，Windows XP 安装完成后就已经安装了 Outlook Express 软件，使用该软件收发电子邮件，网络占线时间较短，它可以先在联机状态下把邮件接收到本机的硬盘中，然后用户可在脱机状态下慢慢地查看阅读每封邮件；你也可以在脱机状态下将你要发送的电子邮件编辑好，然后再联网发送，这样可以省下部分上网时间。下面将介绍如何使用 Outlook Express 收发电子邮件。

Outlook Express 功能很强。其主要功能有：账户设置、发送和接收邮件、通讯簿、邮件规则、查找、导入和导出通讯簿、写邮件、转发邮件、回复邮件等。

Outlook Express 的选项设置主要有：常规、阅读、回执、发送、撰写、签名、维护、连接和安全等。

我们还可以自己来设置 Outlook Express 的主界面所显示的内容。单击"查看"菜单，在其下拉菜单中选择"布局"命令，弹出"窗口布局属性"对话框。通过该对话框就可以对主界面的布局特色进行设置。

1. 启动 Outlook Express

在 Windows XP 操作系统中，启动 Outlook Express 的方法很简单，选择"开始"→"程序"→"Outlook Express"命令，即可启动该软件，如图 4-12 所示。

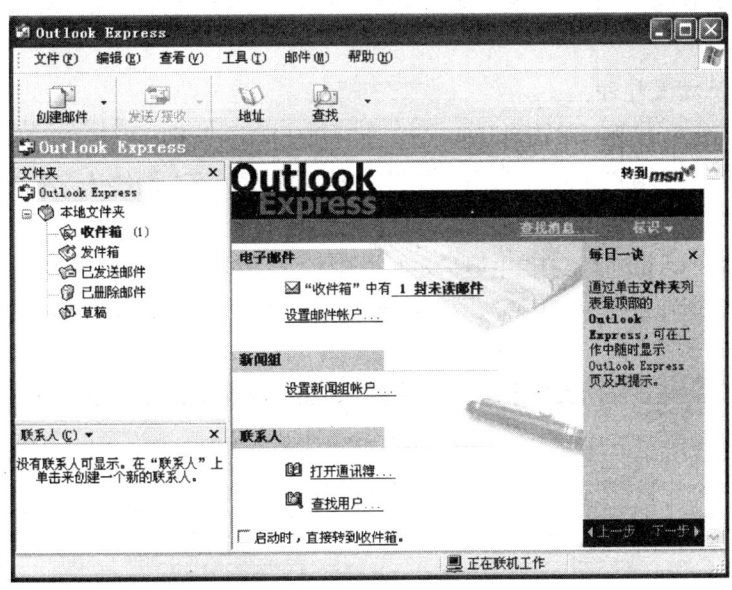

图 4-12　Outlook Express 窗口

2. 设置电子邮件账号

Outlook Express 在接收和发送电子邮件之前必须建立账户，这样才能利用它通过电子邮件服务器发送和接收电子邮件，具体操作步骤如下。

（1）启动 Outlook Express，如图 4-12 所示，选择"工具"菜单栏中的"账户"命令，将会弹出"Internet 账户"对话框。

（2）单击"添加"按钮，然后选择"邮件"命令，进入 Internet 连接向导中的"您的姓名"对话框，在"显示名"文本框中输入你所要建立的账户的名称。

（3）单击"下一步"按钮，进入"Internet 电子邮件地址"对话框，在此输入你的电子邮件地址。

（4）单击"下一步"按钮，进入"电子邮件服务器名"对话框，在其中填写接收邮件和发送邮件服务器名。在通常情况下，接收邮件服务器为 POP3 服务器，发送邮件服务器为 SMTP 服务器。注意：POP3 和 SMTP 服务器要根据电子邮件所用的服务器的具体情况进行设置，可到邮件服务器网站进行查询。例如，我们前面所介绍的 126 网易邮件服务器的接收邮件服务器（POP3）为 POP. 126. com，发送邮件服务器（SMTP）为 SMTP. 126. com。

（5）单击"下一步"按钮，进入"Internet Mail 登录"对话框，在该对话框中输入"账户名"和"密码"，此处的账户名和密码就是电子邮件的账户名和密码。如果你所用的计算机是你自己专用或家用计算机，可在此对话框中钩选"记住密码"复选框，则下次发送和接收电子邮件时就不需要输入密码。

（6）输入"账户名"和"密码"后，单击"下一步"按钮，弹出"祝贺您"对话框，提示我们账户设置完成，单击"完成"按钮即可。至此，账户建立完成，在"Internet 账户"对话框中就会增加刚才建立的新账户。

Outlook Express 可以同时管理多个账号，如果用户有多个邮箱，可以按以上的方法继续添加其他账号。

3. 写邮件和发送邮件

写邮件的操作方法为：单击如图 4 - 12 所示的 Outlook Express 主窗口中工具栏上的"创建邮件"按钮，打开的"新邮件"窗口如图 4 - 13 所示。在"收件人"文本框中输入收件人的电子邮箱地址。如果用户还需要将该邮件发给其他收件人，可以在"抄送"文本框中输入抄送人的电子邮箱地址，在"主题"文本框中输入此电子邮件的主题。在该窗口下面的文本框中输入该邮件的正文内容。完成后单击工具栏上的"发送"按钮即可。

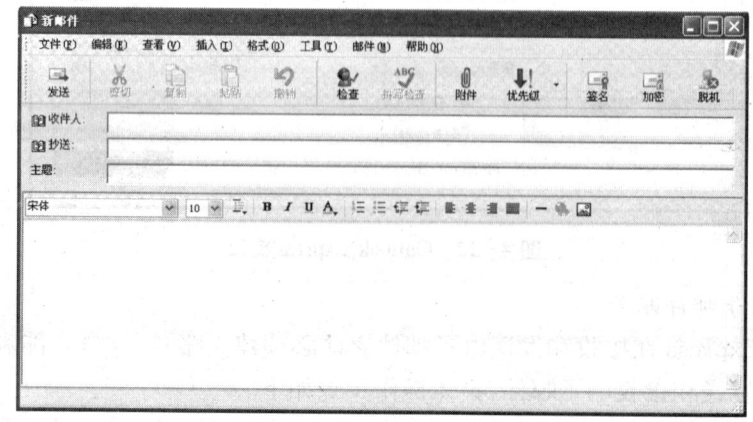

图 4 - 13　创建新邮件窗口

>>>>>>

如果我们要发送带附件(就是随电子邮件一起发送的文件)的邮件,则在进行上面的操作并在单击"发送"按钮之前,单击工具栏中的"附件"按钮,弹出"插入附件"对话框,然后选择附件文件所在的位置和文件,再单击该对话框中的"附件"按钮。如果需要在一个电子邮件中发送多个附件,则只要重复上面的操作即可。最后单击工具栏上的"发送"按钮就完成了写邮件和发送邮件的全部操作。

4. 接收和阅读邮件

单击如图 4-12 所示的 Outlook Express 主窗口工具栏中的"发送/接收"按钮即可在单独的窗口或预览窗格中阅读邮件。然后单击文件夹列表中的"收件箱"图标,若要在预览窗格中查看邮件,请在邮件列表中单击该邮件。若要在单独的窗口中查看邮件,请在邮件列表中双击该邮件。若你接收的邮件有附件,请单击预览窗格左上角的"附件"按钮,进行保存或打开。

5. "回复"和"转发"邮件

利用 Outlook Express 也可以进行"回复"和"转发"邮件。

(1)"回复"电子邮件是指给发给你电子邮件的对方一个回信。其方法为:在指定的邮件窗口中单击"答复"按钮,进入已包含收件人电子邮件地址的"写邮件"窗口,在这个窗口中输入你的"回复"内容,最后单击"发送"按钮即可进行回复发送。

(2)"转发"电子邮件是指将别人发给你的电子邮件转发给他人。其方法为:在需转发的邮件窗口中单击"转发"按钮,然后填写转发人的电子邮件地址和抄送地址,并可对转发邮件的内容进行修改,最后单击"发送"按钮即可。

上面我们介绍了 Outlook Express 的主要功能,但它还有许多其他功能,在此不做介绍,需要的同学自己可以根据帮助进行学习。

(五)使用 Foxmail 收发电子邮件

Foxmail 是一款国产的电子邮件客户端软件,支持全部的 Internet 电子邮件功能。使用该软件收发电子邮件,写邮件和查看邮件时不用登录到相应的网站,该软件将收到的和曾经发送过的邮件都保存在自己的电脑中,不用上网就可以对旧邮件进行阅读和管理,网络占线时间短、速度快。Foxmail 因其设计优秀,体贴用户,使用方便,提供全面而强大的邮件处理功能,具有很高的运行效率等特点,赢得了广大用户的喜爱。

1. Foxmail 软件的下载和安装

启动某一搜索引擎,在其文本框中输入"Foxmail 软件下载"并按回车键,在列出的搜索结果链接中选择其中的一个并单击,在打开的网页中找到软件下载的链接,单击该链接即可下载该软件。

下载了软件后,首先进行解压。解压后就可以安装了,下面简单介绍其安装步骤:

(1)双击该软件的安装程序开始安装,进入"欢迎使用 Foxmail 安装向导"界面。

(2)单击"下一步"按钮,进入"许可协议"界面。

(3)单击"我接受此协议"单选钮,再单击"下一步"按钮,进入"选择安装目的目录"界面。

（4）一般按默认位置安装，所以在此界面我们只要单击"下一步"按钮即可。进入"选择开始菜单文件夹"对话框。

（5）一般只要单击"下一步"按钮，进入"选择额外任务"对话框。

（6）对"在桌面创建快捷图标"和"在快捷任务栏创建快捷图标"进行设置，然后单击"下一步"按钮，进入"准备安装"对话框。

（7）单击"安装"按钮，计算机就开始安装 Foxmail 软件，过几秒钟软件安装完成。

2．建立用户账户

（1）Foxmail 安装完成后，立即进入"建立新的用户账户"对话框，如图4-14所示，在其中填入"电子邮件地址"、"密码"、"账户名称"和"邮件中采用的名称"等。

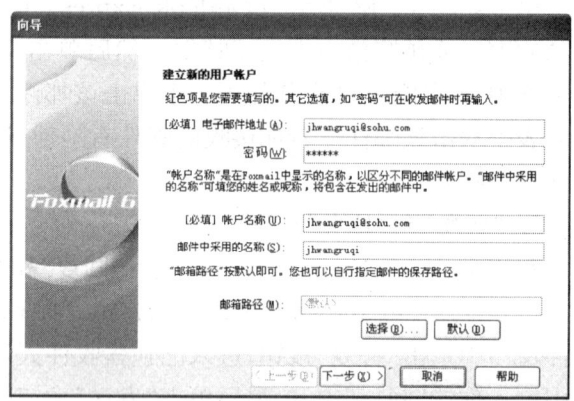

（2）单击"下一步"按钮，进入"指定邮件服务器"对话框，该对话框中内容的设置与"Outlook Express"中的设置完全一样，在此不再重复介绍。

图 4-14　建立新的用户账户对话框

（3）单击"下一步"按钮，进入"账户建立完成"对话框，单击"完成"按钮即可，表示账户建立完成，可以使用该账户收发电子邮件了。

3．接收和阅读邮件

双击桌面上的 Foxmail 快捷图标，即可启动 Foxmail 软件，在第一次启动该软件时会弹出一个如图4-15所示对话框，请你确认是否将 Foxmail 设置为系统默认的邮件程序，可以根据自己的需要进行设置。单击"是"按钮，进入 Foxmail 的主窗口，如图4-16所示。

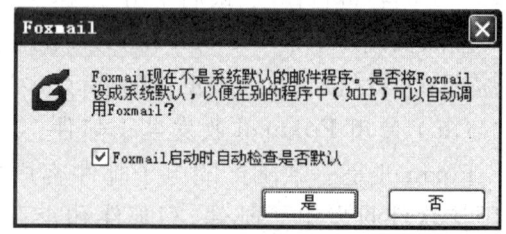

图 4-15　是否设置成系统默认邮件程序

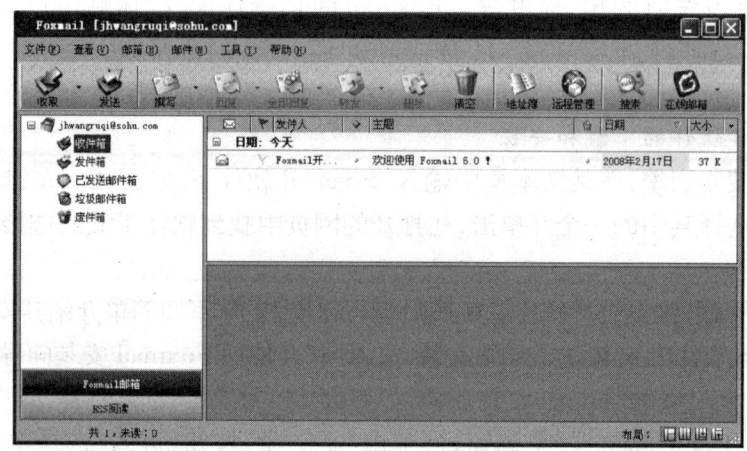

图 4-16　Foxmail 主窗口

（1）接收邮件。进入 Foxmail 主窗口后，如图 4-16 所示，就可以接收邮件了。其操作很简单，只要选中邮箱账户，然后单击工具栏上的"收取"按钮，系统就开始接收邮件，接收过程中会有信息提示。默认情况下，利用 Foxmail 接收邮件后在邮件服务器上还保留邮件备份，如果想在邮件服务器上删除已经通过 Foxmail 接收的邮件，则只要在 Foxmail 中对账户的属性进行设置即可，如图 4-17 所示。

（2）阅读邮件。用鼠标单击指定邮箱账户前面的"＋"号展开邮件账户的一个树形目录。单击"收件箱"，并在右边的邮件列表框中选择你要阅读的邮件，邮件内容就会显示在右下角的邮件预览框中。拖动邮件预览框的滚动条，可以显示看不到的内容。如果接收的邮件包含"附件"，则"附件"会在预览框的右侧显示，只要单击右键，在弹出的快捷菜单中根据自己的要求选择"打开"、"另存为"、"删除"等命令进行相应的操作即可。

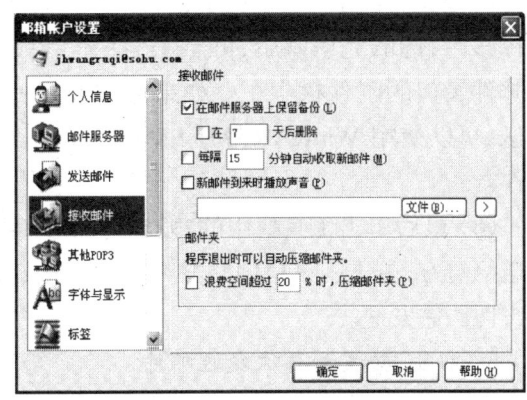

图 4-17　邮箱账户设置对话框

4. 撰写和发送邮件

利用 Foxmail 撰写和发送邮件的具体操作步骤如下：

（1）启动进入 Foxmail 主窗口，如图 4-16 所示，选择指定的邮件账户（可能有多个邮件账户），单击"撰写"按钮，打开"写邮件"窗口，如图 4-18 所示。

（2）在"收件人"后面的文本输入框中输入对方的电子邮箱地址，如果有多个收件人则可用逗号分隔。

图 4-18　写邮件窗口

（3）如果需要将电子邮件抄送给指定的人，则在"抄送"文本框中填入抄送人的邮箱地址，如果没有可以不填。

（4）在"主题"后面的文本框中填写电子邮件的标题，要求简明扼要，字数不要太多，让收件人一看就可知道你的邮件内容。

（5）Foxmail 可以在写邮件窗口下方的文本框中编写纯文本格式的邮件内容，也可以编写 HTML 格式的邮件内容，纯文本格式很简单，在此不做介绍，接下来主要介绍 HTML 格式。在写邮件窗口的"格式"菜单下，或者在邮件编辑框上方的格式工具栏的下拉框中，选择"HTML 邮件"，就可以撰写 HTML 格式的邮件了。这时格式工具栏将提供丰富的编辑功能，包括修改字体，改变字体大小、颜色，插入图片、背景、表格、音乐、表情等，并提供屏幕截图功能。

（6）邮件信纸的选择。通过"信纸管理器"，可以制作自己的 HTML 信纸。点击主窗口工具栏"撰写"、"回复"或者"转发"按钮右侧的下拉箭头,可选择你喜欢的邮件信纸。你还可以自己设置默认信纸,具体设置方法在此不做介绍。

(7) 添加附件。附件是随邮件一同寄出的文件,文件的格式不受限制,这样电子邮件就能传送包括图像、声音以及可执行程序等各种文件。写邮件时,单击工具栏上的"附件"按钮,如图 4-18 所示,可以选择需要添加的"附件"文件,"附件"文件可以同时选择多个,选取完毕以后,再点击"打开"按钮就完成了添加附件的操作,文件就显示在写邮件窗口的附件栏中了。如果你需要把一个文件夹下的所有文件和子目录作为附件发送,可以使用 WinRAR 等压缩软件把该目录压缩成一个文件,再把压缩文件添加为附件。

(8) 最后单击工具栏中的"发送"按钮即可发送邮件。有时用户需要立刻把电子邮件发送给对方,单击工具栏中的"特快专送"按钮,通过 Foxmail 提供的邮件特快专送功能即可实现快速发送。

5. 回复、转发和再次发送邮件

选中目标邮件后,可以通过"邮件"菜单或工具栏上的按钮或单击鼠标右键后的快捷菜单选择以下这些常用操作。

(1) 回复邮件(给发送者写回信)。弹出邮件编辑器窗口的"收件人"中将自动填入邮件的回复地址,默认编辑窗口中包含了原邮件内容,如果不需要,你可以将其删除。邮件写完后,像撰写新邮件时一样,选取发送的方式即可。

(2) 全部回复给所有人。当来信不仅仅发给一个人的时候,使用这个功能将不仅仅回复给发件者一个人,同时也发送给原始邮件中除你之外所有的收件人、抄送人。

(3) 转发邮件(将邮件转发给其他人)。弹出邮件编辑器窗口将包含了原邮件的内容,如果原邮件带有附件的话,也会自动附上,这时你还可以编辑和修改邮件的内容。在"收件人"中填入要转发的邮件地址再选取发送的方式即可。

(4) 再次发送(重新发送一个已发送过的邮件)。可以针对原先已经发送过的邮件(一般可以在已发送邮件箱里找到它)再进行编辑,对内容或地址作出修改后再作为一封新的邮件重新发送。

6. 管理账户

(1) 新建账户。点击"邮箱"菜单下的"新建邮箱账户",Foxmail 账户向导将帮助我们新建立一个账户,具体操作步骤可参考前面介绍的"建立用户账户"。

(2) 账户加密。选择需要设置口令的账户,然后点击"邮箱"菜单或者单击鼠标右键后弹出的快捷菜单的"设置邮箱账户访问口令"命令,会弹出口令输入对话框,在"口令"和"确认"栏输入相同的口令,按"确定"按钮即可。被加密的账户前面将会有一把锁作为标记,表示此账户已经加密。双击该账户,或者使用该账户收发邮件,将出现一个口令对话框,输入正确的口令方可继续执行。要清除加密账户的密码,可以这样操作:双击账户,输入正确的口令,然后点击"邮箱"菜单或者快捷菜单的"设置邮箱账户访问口令",在弹出的对话框中不填写任何口令,直接点击"确定"。

（3）账户更名。选择需要更名的账户,然后点击"邮箱"菜单的"更名",这时账户的名称变为可编辑状态。输入新的名称,再按回车即完成账户的更名。要注意的是,这里的改名只是改变账户显示的名称,账户的其他内容不变。例如,你建立了一个名为"张三"的账户,然后把它改名为"李四",接着又建立一个名为"张三"的账户,系统将出现"账号已经存在"的错误信息。

（4）删除账户。选择需要删除的账户,然后点击"邮箱"菜单的"删除"命令,系统会询问是否确实要删除此账户。账户被删除后,该账户中的邮件仍然保存在邮件目录中,必要时可以恢复。加密后的账户必须输入密码将其打开后,方可删除。注意,最后一个账户不可被删除。

（5）更改默认账户。如果 Foxmail 是系统默认的邮件软件,当点击一个 E-mail 地址时,会自动运行 Foxmail 并以默认的邮件账户打开 Foxmail 的写邮件窗口。这样,有些用户可能希望用另外一个账户作为默认账户,账户多了以后,有些用户可能希望对账户的顺序加以调整。在 Foxmail 中,默认账户就是排列在树状列表中的第一个账户,把一个账户调整到第一位,也就是把这个账户设为默认账户。选中"查看"菜单的"显示针对导航窗内各项的顺序调节栏",将在账号列表框下方显示账号顺序调节按钮。要把某个账号设为默认账号,只要把它移到账号列表的首位即可。

7. 地址簿

Foxmail 提供了功能非常强大的地址簿,并且与 Foxmail 的邮件功能紧密结合,正确使用地址簿,会为你与朋友联系带来很大的方便。使用地址簿,能够很方便地对用户的 E-mail 地址和个人信息进行管理。它以卡片的方式存放信息,一张卡片即对应一个联系人的信息,而同时你又可以从卡片中挑选一些相关用户组成一个组,这样可以方便你一次性地将邮件发送给组中所有成员。

点击"工具"菜单中"地址簿"项或者工具栏的"地址簿"按钮可以打开地址簿窗口,在窗口中你可以对联系人信息进行管理。具体的管理方法在此不做介绍。

8. 反垃圾邮件选项设置

Foxmail 提供了强大的反垃圾邮件功能,使用多种技术对邮件进行判别,能够准确识别垃圾邮件与非垃圾邮件。垃圾邮件会被自动分捡到垃圾邮件箱中,有效地降低垃圾邮件对用户的干扰,最大限度地减少用户因为处理垃圾邮件而浪费的时间。

在识别垃圾邮件方面,Foxmail 使用了"黑名单"、"白名单"、"规则过滤"、"学习法过滤"等技术,综合应用这些技术,Foxmail 就能够准确地识别垃圾邮件。我们在此主要介绍"黑名单"和"白名单"技术。

（1）"黑名单"记录了向你发送垃圾邮件的发件人 E-mail 地址或者名称。收邮件时,如果发件人的 E-mail 地址或名称包含在黑名单中,该邮件将被直接删除。收到一个垃圾邮件,如果希望把该邮件发件人发来的邮件都作为垃圾邮件过滤掉,首先选择此邮件,然后单击"邮件"菜单的"加到黑名单",发件人的 E-mail 地址或名称将被添加到黑名单中。单击"工具"菜单"反垃圾邮件功能设置"命令,在弹出的"反垃圾邮件设置"对话框的"黑名单"选项卡中,可以对黑名单进行编辑。

（2）"白名单"记录了不会向你发送垃圾邮件的联系人的姓名和邮件地址，包括你的朋友以及与你有正常电子邮件往来的联系人。判断邮件是否为垃圾邮件时，如果发件人的 E-mail 地址包含在白名单中，该邮件将被判断为非垃圾邮件。如果还没有生成白名单，启动时 Foxmail 会自动把地址簿中的联系人以及你曾经发出的邮件的联系人地址添加到白名单中，以后向地址簿添加联系人和发送邮件时，地址信息也会自动添加到白名单中。单击"工具"菜单"反垃圾邮件功能设置"命令，在弹出对话框的"白名单"选项卡中，可以对白名单进行编辑。单击白名单列表上的"姓名"和"E-mail"可以对白名单列表进行排序。

（六）电子邮件使用技巧简介

1. 免费大容量邮箱

免费大容量邮箱网上很多，目前有些免费邮件已经进入 G 级了，比较有名的容量超过 1G 的邮箱网址有：Mail. 126. com、Mail. 163. com、Mail. tom. com、Mial. Google. com。

2. 设置自动回复

如果你不经常上网接收电子邮件，可在邮箱里设置"自动回复"功能。一般回复的内容都一样，可以是"您发给我的邮件已到我邮箱，谢谢！"不同的邮件服务器具体设置方法有所区别。一般为：进入邮箱，单击"配置"或"设置"等按钮，然后选择"自动回复"命令，最后输入回复内容即可。

在 Outlook Express 中设置自动回复的方法为：① 新建纯文本邮件，在邮件中输入希望自动回复时显示的内容。② 将刚才新建的邮件保存为模板。③ 设置规则，新建一个规则。

3. 让普通邮件成为挂号信

现在 Outlook Express 升级以后，我们就可以把普通邮件变成挂号信了，从而可以准确高效地把信件发送到对方手中。其具体的实现步骤为：

（1）启动 Outlook Express。

（2）选择"工具"菜单项中的"选项"命令。进入选项对话框。

（3）在选项对话框中选择"回执"选项卡，进入"回执"标签界面。

（4）在该界面中钩选"所有发送的邮件都要求提供阅读回执"，然后单击"确定"按钮即可完成设置，如图 4-19 所示。

如果我们发出的邮件有回执要求，对方即可作出相应的答复。这就类似于我们寄发了挂号信，要收信人看信并签字画押后再寄回回执。只要收到回执，就说明自己的邮件已经送达并且对方已经看到了。

4. 自动添加地址

通讯簿可大大提高邮件地址输入速度和准确性。为此，Outlook Express 可将地址加入到通讯簿中。如果我们要有选择地进行添加，可打开收到的邮件，用鼠标单击"工具"→"将发件人添加到通讯簿"。如果你要对所有回复邮件地址进行添加，只需单击"工具"→"选项"命令，在"选项"对话框中单击"发送"选项卡，如图 4-20 所示，钩选"自动将我的回复对象添加到通讯簿"，然后单击"确定"按钮。此后所有通讯簿中没有的 E-mail 地址都被加入到通讯簿。

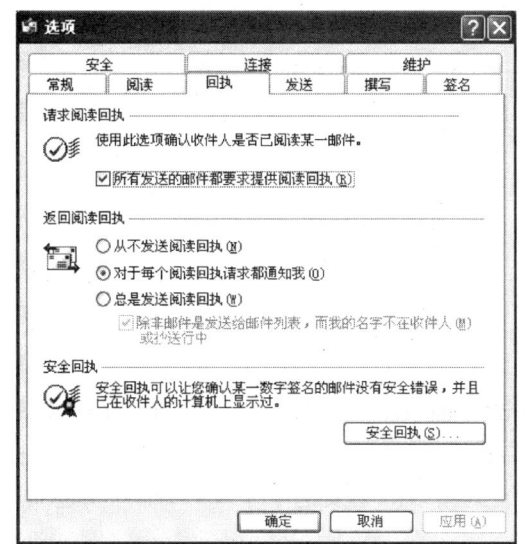
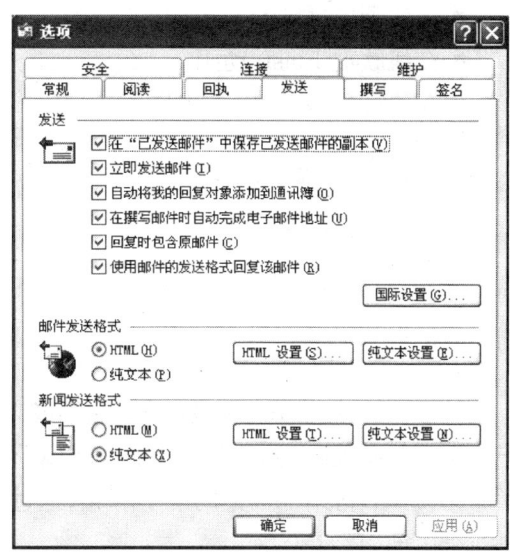

图 4-19　回执对话框　　　　　　图 4-20　发送对话框

5. 将大容量信件进行压缩

在带宽一定的情况下，传送的信息容量越小，传输的时间就会越短，反之如果发送的邮件信息量越大，发送和接收邮件的时间就越长，且每个邮箱的最大容量可能还会受到限制，因此在发送之前最好将邮件压缩。我们可以先用 WinRAR 等压缩软件对邮件的附件进行压缩，然后把压缩后的附件按照常规的方法发送出去。

6. 拆分大容量信件

如果大容量信件在用专用的压缩软件压缩之后仍然很大，这时可以将大容量信件进行拆分处理，让一个邮件分解成几部分传送出去，以防止传送时前功尽弃。在拆分时，我们既可以使用一些专用工具来将大邮件分割成小的邮件分批发送，也可以使用 Outlook Express 中的内置分割功能来实现拆分。具体操作方法是：在 Outlook Express 主窗口中，选择"工具"菜单中的"账户"选项，然后选择"属性"命令，随后程序将出现一个属性对话框，在该对话框中选择"高级"标签，并在该标签中选择"发送"下的拆分邮件，并设置好拆分的最小单位，这样就可以实现在发送大容量信件时分批将邮件发送出去的功能了。

（七）在线娱乐

随着互联网应用的不断发展，人们的生活和娱乐方式也在发生变化，网上娱乐的内容越来越多。下面我们将一些常用的在线娱乐项目列举出来，供有兴趣的同学去尝试。

- 在线读文章
- 在线看报纸
- 在线看电视
- 在线看电影
- 在线听音乐

- 在线听广播
- 在线欣赏 Flash 动画
- 在线玩游戏

四、案例实现

（一）案例要求

学会分别利用 IE 浏览器、Outlook Express 和 Foxmail 三种方式收发电子邮件,学会你所喜欢的在线娱乐项目的使用。

（二）案例实现

第一步：进入"126 网易邮箱"网站或其他免费邮箱网站申请一个自己的电子邮箱,并记住自己的邮箱账号、密码和密码保护设置数据。

第二步：利用刚申请的电子邮箱,通过 IE 浏览器给同学发送电子邮件,邮件中还要包含"附件"内容。

第三步：接收并查看同学发来的电子邮件并下载其中"附件",保存到 D 盘以自己的姓名命名的文件夹中,并对收到的电子邮件进行"转发"和"回复"。

第四步：启动 Outlook Express,设置电子邮件账号,通过 Outlook Express 给同学发送电子邮件,并接收和阅读邮件、下载附件、转发和回复邮件。

第五步：到网上下载最新的 Foxmail 软件,并进行安装。安装好后,启动 Foxmail,设置电子邮件账号,通过 Foxmail 给同学发送电子邮件,并接收和阅读邮件、下载附件、转发和回复邮件。

第六步：利用网络,在线阅读、下载阅读自己喜欢的文章。

第七步：到网上看"中国体育报"或其他自己喜欢的报纸。

第八步：下载并安装多媒体播放器 RealPlayer。

第九步：利用网络,收看在线新闻、免费的电视和电影。

第十步：利用网络,搜索并收听自己喜爱的音乐。

第十一步：利用网络,搜索并收听自己家乡(省、自治区或直辖市)的广播电台。

第十二步：下载并安装 Flash 播放器。

第十三步：到网上搜索 Flash 动画,并用刚才安装的播放器进行播放。

五、提高练习与技巧

1. 到网上搜索"免费邮箱",为自己再申请一个邮箱。
2. 通过邮件给同学发送"电子贺卡"。
3. 同时给多个同学一起发送电子邮件。
4. 将发送或接收到的邮件的地址添加到邮件"通讯录"中。
5. 根据自己的需要,在 Foxmail 中对反垃圾邮件的选项进行设置。
6. 到网上申请一个大容量的免费邮箱。
7. 对你所使用的邮箱设置自动回复功能。

>>>>>>

8. 在 Outlook Express 中进行设置,使你所发送的邮件成为挂号信。

9. 对 Outlook Express 进行设置,实现将 E-amil 地址自动加入到通讯簿中。

10. 对 Outlook Express 进行设置,自动拆分容量大小 4 MB 的邮件。

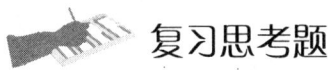 复习思考题

一、简答题

1. 电子邮箱地址的格式是什么?

2. 126 邮件的发送邮件服务器和接收邮件服务器如何设置?

3. 如何使用 IE 浏览器发送电子邮件?

4. 如何使用 Foxmail 撰写电子邮件?

5. 如何设置 Foxmail 邮件账户?

6. 如何设置 Outlook Express 邮件账户?

7. 密码保护有何作用?

8. 为什么要拆分大容量的邮件?

9. 将 E-mail 地址自动加入到通讯簿中有何作用?

10. 自动回复功能有何作用?

11. 电子邮件与普通邮件比较,有哪些优点?

二、"案例实现"结果整理题

将"案例实现"讲解过程中课堂笔记的内容进行整理,然后做到作业本上。

三、上机实验

(一)将"案例实现"的整个过程在机房自己独立做一遍。

(二)如果上机条件和上机时间允许,请将"提高练习与技巧"中的题目在机房做一遍。

(三)根据下列要求,完成本讲内容的上机实验。

1. 上网申请一个免费电子邮箱账号。

2. 给自己的同学、朋友、家人等发一封电子邮件,接收并阅读同学发来的电子邮件,并进行回复和转发。

3. 启动 Outlook Express,设置账户,收发电子邮件。

4. 进入 Foxmail,设置账户,收发电子邮件。

5. 删除你的收件箱中想删除的邮件。

6. 在线阅读自己喜欢的文章。

7. 在线看自己喜欢的报纸。

8. 在线观看自己喜欢的电影。

9. 在线欣赏自己喜欢的 Flash 动画。

10. 在线收听自己喜欢的广播。

第四节 网上聊天——腾讯 QQ(第十三讲)

一、案例目标

通过本讲学习,掌握网上聊天工具——腾讯 QQ 软件的下载和安装,申请免费 QQ 号码,添加好友和好友分组,进行文字、语音和视频聊天,用 QQ 传送文件和收发电子邮件,QQ 群的使用,QQ 的使用技巧以及 QQ 宠物等。

二、案例主要技能

- 下载安装 QQ 软件
- 申请免费 QQ 号码
- 添加好友、对好友进行分组
- 利用 QQ 进行文字、语音和视频聊天
- 利用 QQ 传送文件、收发电子邮件
- QQ 群的使用
- 养宠物
- QQ 使用技巧

三、知识剖析

（一）网上聊天室简介

在工作、学习和生活之余的休息时间利用网络聊天工具与朋友、同学、网友进行网络聊天是一种放松自己、调剂心情的休闲方式,同时也能相互传递友谊、加强沟通、排除心中的烦恼,还能通过网络聊天工具发通知、传文件。如果能将网络聊天工具很好地利用起来,不仅能丰富我们的业余生活,同时还能协助我们工作、帮助我们学习。目前网络聊天工具很多,例如网易、新浪、搜狐等门户网站都有自己的聊天室。你可以在聊天室中与你的同学、朋友和网友敞开心扉、尽情沟通、加强联系。

聊天室是互联网上网友相互交流的重要场所。目前各大门户网站和许多其他网站都开设聊天室供网友聊天。如果一个聊天室做得好,会增加该网站的访问量,提高网站的知名度。随着互联网技术的不断发展,聊天室的功能也越来越强大,从刚开始只有文字聊天发展到现在的多功能聊天(包括文字聊天、语音聊天和视频聊天等)、文件传输和电子邮件功能等。

我们可以根据自己的喜好选择并登录到适合自己的聊天室,以过客或注册的身份进行聊天。如果以注册的身份在聊天室中聊天,先要在网站中进行注册,然后再登录到聊天

室;如果以过客的身份聊天,在聊天时临时给自己取一个昵称,接下来就可以聊天了。下面简单介绍如何在"新浪"聊天室中进行聊天。

(1) 打开 IE 浏览器,在地址栏中输入网址"www. sina. com. cn",按回车键进入新浪首页。

(2) 在该首页的分类项目中单击"聊天"超链接,进入新浪聊天室页面。

(3) 在该页面的"文字聊天室"、"视频聊天室"等分类中选择你想进入的某一聊天室。

(4) 例如我们进入"四十岁黄金"聊天室,如果你想享受全部聊天功能,则需要申请免费 UC 号码,申请方法在这里不做介绍。如果你是普通游客,则不需要申请号码即可进入聊天室。不过,要想进入聊天室还需安装一个插件,只要按照它的提示进行操作即可完成安装。

(5) 安装好插件后,进入聊天室即可进行聊天了。聊天的具体过程在此不做介绍。

接下来我们主要介绍利用腾讯 QQ 软件进行聊天。腾讯 QQ 是深圳市腾讯计算机系统有限公司开发的一款基于 Internet 的即时通信软件。腾讯 QQ 支持在线聊天、视频电话、点对点断点续传文件、共享文件、网络硬盘、自定义面板、QQ 邮箱等多种功能。并可与移动通讯终端等多种通讯方式相连。你可以利用 QQ 方便、实用、高效地与朋友联系和沟通了,而这一切都是免费的。目前,QQ 在全国拥有最多聊天用户。

(二) 下载 QQ 软件

要用 QQ 进行聊天,首先需要安装 QQ 聊天软件。你可以免费下载该软件,其操作步骤为:

(1) 在百度搜索中输入"QQ 软件下载"并打回车键,搜索结果中将列出许多超链接。

(2) 单击其中的一个超链接,进入该链接页面。

(3) 在该页面中找到该软件超链接下载按钮,单击该按钮,然后根据提示操作即可下载该软件,并将其保存到指定的位置。

(三) 安装 QQ 软件

安装 QQ 软件的操作步骤为:

(1) 双击 QQ 安装程序进入"软件许可协议"页面。

(2) 单击"我同意"按钮进入"选定使用环境"对话框,对使用环境进行选择。如图4-21所示。

(3) 单击"下一步"按钮,进入"选择安装位置和组件"对话框,安装位置一般用缺省位置即可,可选组件可根据自己的需要进行选择。

(4) 单击"安装"按钮,软件开始安装,然后出现一个安装完成对话框,单击"完成"按钮即可完成 QQ 软件安装。

(四) 申请注册 QQ 号码

要使用 QQ 进行聊天,还必须申请注册一个自己的 QQ 账号,其具体操作步骤为:

(1) 在登录界面中点击"申请号码",如图4-22所示,弹出腾讯软件中心"申请免费账号首页"窗口。

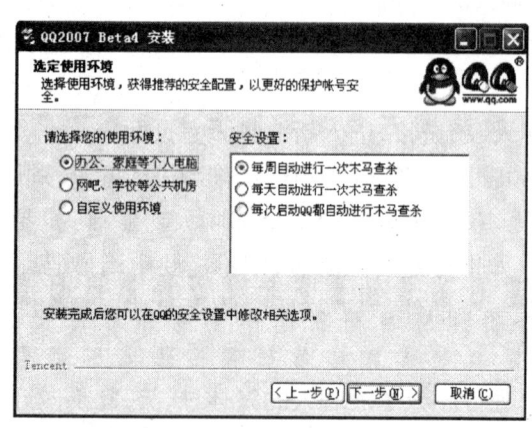

图 4-21　QQ 安装对话框

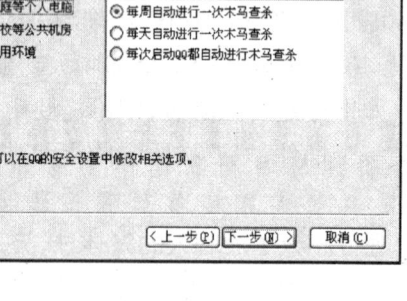

图 4-22　QQ 用户登录对话框

（2）单击"网页免费申请"按钮进入下一个页面,在此页面单击"QQ 号码"链接。

（3）进入"填写基本信息"页面,在此页面填写账号的基本信息:昵称、年龄、性别、密码、重新输入密码、国家、省份、城市、设置 3 个机密问题、输入验证码等。

（4）单击"下一步"按钮,就会出现"验证密码保护信息"页面,输入 3 个问题的答案。

（5）单击"下一步"按钮,进入"获取 QQ 号码"页面,在该页面提示"恭喜您,申请成功了",并显示你申请的 QQ 号码,请你务必记住你的 QQ 号码、密码和 3 个问题的答案。

到不同的网站申请 QQ 号码的步骤可能会有一定的区别,只要你根据页面提示操作即可。

（五）设置号码保护

目前盗取 QQ 号码的病毒和恶意软件很多,操作简单,功能很强。如果用户对 QQ 号码不加以保护,QQ 号码就很容易被别有用心的人盗取。那么如何进行防范,如果自己的 QQ 被盗后,采取什么办法取回呢? 答案是:设置 QQ 号码保护。其操作步骤如下:

（1）申请 QQ 号码后,双击桌面上的"腾讯 QQ"快捷图标,进入 QQ 登录页面。

（2）单击该页面下面的"设置"按钮,窗口显示出"其他选项"和"网络设置"内容。如图 4-22 所示。

（3）单击该页面中的"申请密码保护"按钮,进入"第二代密码保护"页面,单击"立即设置"按钮,进入下一页面。

（4）按照提示输入用户的 QQ 账号、QQ 密码和验证码后单击"登录"按钮进入申请密码保护页面。

（5）在该页面中有四种密码保护方式:"机密问题"、"安全手机"、"安全电子邮件地址"和"个人信息"。按照提示填写好相关的资料后,单击"下一步"按钮。出现"恭喜您,个人信息设置成功"页面,单击"确定"按钮即可。注意:请务必记住自己设置的密码保护资料,为以后忘了密码或被别人盗取密码后取回自己的账号和密码做好充分的准备。

（六）登录 QQ

申请 QQ 号码并设置了号码保护后，就可以使用 QQ 进行聊天了，其操作步骤如下：

（1）双击桌面上的"腾讯 QQ"图标，打开 QQ 登录对话框。分别输入 QQ 号码和 QQ 密码，单击"登录"按钮，弹出"请选择上网环境"对话框。

（2）在该对话框中，用户可以根据自己的实际情况选择登录模式，然后单击"确定"按钮，即可登录 QQ。如图 4-23 所示。

（七）我的好友

如果用户的 QQ 号码是第一次登录，"我的好友"列表中只有自己，要想与别人聊天，必须添加一些好友，添加好友通常使用查找的方法。查找分为三大类："基本查找"、"高级查找"和"群用户查找"；而"基本查找"又分为三种方式："看谁在线上"、"精确查找"和"QQ 交友中心搜索"，如图 4-24 所示。下面我们主要介绍"看谁在线上"和"精确查找"两种方法。

图 4-23 QQ 主面板

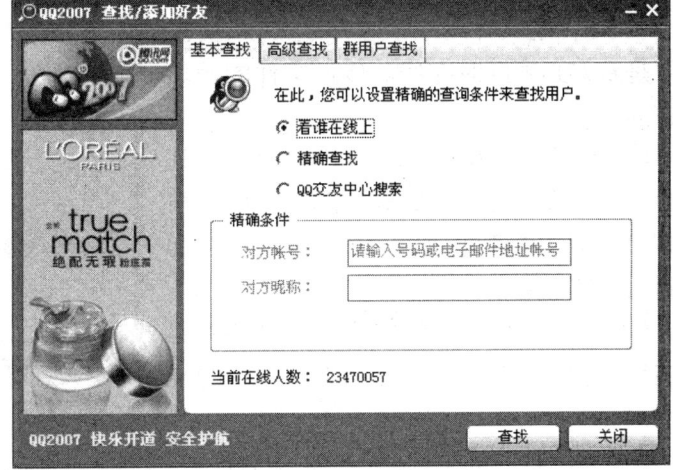

图 4-24 查找/添加好友对话框

1．"看谁在线上"查找

"看谁在线上"查找的操作步骤为：

（1）单击 QQ 登录面板底部的"查找"按钮，进入"查找"对话框。

（2）选中"看谁在线上"单选钮，并单击下面"查找"按钮，弹出"以下是 QQ 为您查找到的用户"对话框。

（3）该对话框中显示了现在 QQ 在线的用户名单，对其进行双击即可查看该用户的资料。

（4）查看完对方的资料后，如果想将他加为好友，就单击"加为好友"按钮，向对方提出添加请求，并回答相应的问题，当对方同意你将其加为好友时，系统会自动弹出一个消息框。

（5）单击"确定"按钮后，其头像就会出现在"我的好友"中。

2．精确查找

当用户已经知道要加入的好友的 QQ 号码时，就可以使用"精确查找"功能来将其快速地加入到好友列表中。其操作步骤如下：

（1）单击 QQ 面板底部的"查找"按钮后弹出"查找"对话框。选中"基本查找"选项卡，在该选项卡中选中"精确查找"单选钮,然后在"对方账号"后输入对方账号,即 QQ 号码。

(2)单击"查找"按钮后即可显示出查找到的结果。直接单击"加为好友"按钮并填写相应的资料后,得到对方同意即可将其加为好友。

（八）开始聊天

添加完好友后,如果你的好友在线,你就可以与他聊天了。具体操作步骤如下:

(1)双击好友头像,打开"聊天"对话框。在该对话框下面的文本框中输入你要聊天的内容。

(2)单击"发送"按钮(或组合键 Ctrl＋Enter)后,用户可以看到输入的文字显示在"聊天"对话框上面的显示框中。这时,对方就可以看到了。对方进行回复后在"聊天"显示框中你可以看到。如图 4－25 所示。

（九）传送文件

使用 QQ 不但可以聊天,还可以传送文件,用 QQ 传送文件比电子邮件还方便,前提条件是双方必须同时在线。传送文件的操作步骤为:

(1)登录腾讯 QQ 后,双击"我的好友"列表中需要接收文件的指定好友图标,打开"与 XXX 聊天中"对话框,如图 4－25 所示,并切换到"聊天"选项卡。

(2)在计算机上找到要传送的文件并将其拖到"聊天"对话框上面显示聊天内容的文本框中。

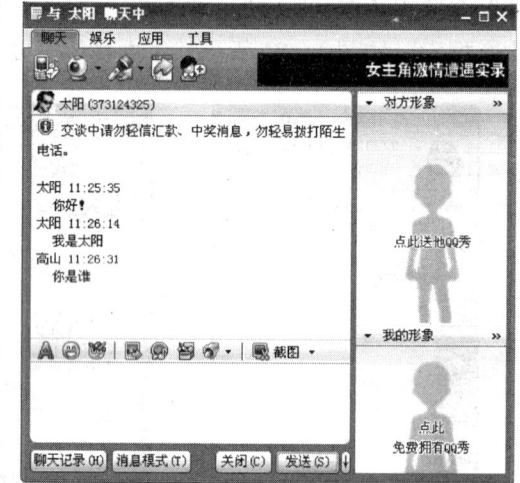

图 4－25　聊天窗口

(3)在接收方的文本框中马上会有提示:"接收,另存为还是谢绝该文件。"如果选择接收,则将该文件保存到 QQ 指定的文件夹中;如果选择另存为,则需要你自己指定保存的位置;如果选择谢绝,则不接收该文件。传送完成后系统会显示提示信息告知传送完成。

（十）用手机玩 QQ＊

所谓手机玩 QQ 就是不在线时可以通过手机与 QQ 好友聊天,是腾讯的一项增值服务。要实现该功能,需要将用户的手机号和 QQ 号进行绑定。这样一来,不在线的时候也能体会到和好友交谈的快乐了。

1. 手机号与 QQ 号绑定

手机号与 QQ 号绑定的方法通常有两种,一种是直接通过发送手机短信进行绑定,另一种是在 QQ 中利用网络进行绑定。在此我们只介绍后面一种,具体操作步骤为:

(1)登录 QQ 进入主面板,如图 4－23 所示。

(2)单击"菜单"中的"手机玩 QQ"选项,然后选择"绑定手机"命令,进入"手机绑定向导"对话框,如图 4－26 所示。

(3)在"手机绑定向导"对话框中输入手机号码,然后单击"立即绑定"按钮,弹出下一个对话框,在该对话框中输入验证码并单击"下一步"。

>>>>>>

(4) 弹出下一个对话框,根据提示用你的手机发送页面上显示的确认码到指定的号码即可完成绑定操作。

将手机与 QQ 绑定后,在你的头像图标旁边增加一个"手机"图标,表示你的QQ 与你的手机已经绑定。这样就可以开通移动 QQ、短信超人、QQ 千里眼、发送手机短消息等功能了。

2. 使用 QQ 发短信

当你的 QQ 号码与你的手机绑定后,当你不在线时,你的朋友就可以通过 QQ 给你发送短信了,你也可以通过 QQ 给已经将手机与 QQ 号码绑定而不在线的朋友

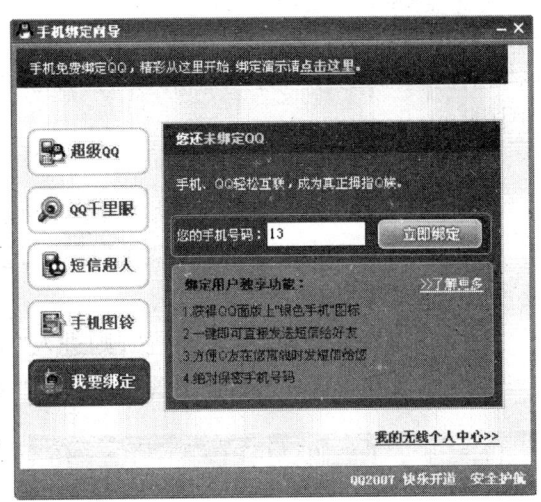

图 4 - 26　手机绑定向导

发手机短信了。当然如果双方都在线就没有必要用手机了。具体操作步骤如下:

(1) 登录 QQ 进入主面板。

(2) 单击 QQ 主面板下面的"发送手机消息"按钮,进入"准备发送消息中"对话框。

(3) 在"收件人"后面的文本框中输入对方的手机号码,在下面的文本框中输入你要发送短信的内容,最后单击对话框下面的"发送"按钮就完成了一次手机短信发送的任务。对方好友的手机就能收到你所发送的短信。如果对方回复,其短信内容就会显示在"准备发送消息中"对话框中间的显示文本框中。

(十一) QQ 基本设置

我们在使用 QQ 时,可以对 QQ 的登录方式、好友显示、好友分组、QQ 操作界面等进行设置,方便我们操作和管理。

1. 自动登录与隐身登录

进入"QQ 用户登录"对话框,如图 4 - 22 所示,其中有"自动登录"和"隐身登录"复选框,如果你钩选"自动登录"复选框进行登录而启动 QQ,当你下次启动 QQ 时,登录系统就会跳过登录界面直接进入 QQ 主面板。对自己的专用计算机可以使用自动登录。如果你钩选"隐身登录"启动 QQ,你登录 QQ 后处于隐身状态,你的聊友就不会知道你已经在线。

2. 只显示在线用户

当你的好友很多,而大部分都不在线,影响你对当前在线用户的选择时,你可以将当前离线的好友隐藏起来。其方法是:在好友列表的任意空白位置单击鼠标右键,弹出快捷菜单,选择"只显示在线用户"命令即可。

3. 好友分组

随着 QQ 使用时间的推移,你的 QQ 好友会越来越多。当好友很多较难进行管理时,你可将你的好友进行分组,例如可将好友分成"同学"、"同事"、"亲人"、"战友"、"我的好友"、"我的女友"、"我的男友"等。其方法为:在好友列表的任意空白位置单击鼠标右键,

弹出快捷菜单,选择其中的"添加组"命令。这时在好友列表上面就会出现一个文本框,在该框中输入组名,即可完成添加组操作,然后将好友列表中需分组的头像图标拖到指定的组中即可。

4. 其他设置

除了上面介绍的几种基本设置外,QQ 设置还有许多基本功能,其操作方法为:

(1) 单击 QQ 主面板上的"菜单"按钮,选择"设置"选项,弹出包含"个人设置"和"系统设置"的下一级菜单。

(2) 如果我们选择"个人设置",则进入"个人设置"对话框。如图 4-27 所示。

(3) 如果我们选择"系统设置",则进入"系统设置"对话框。如图 4-28 所示。

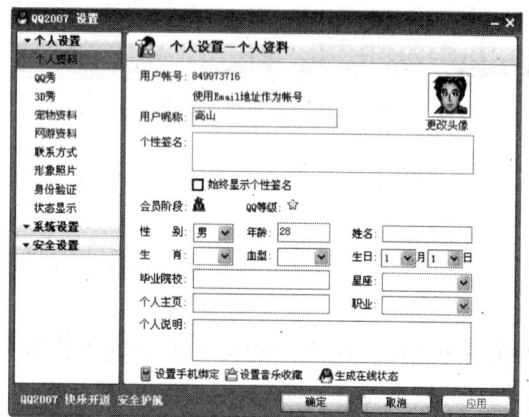

图 4-27　个人设置对话框　　　　　　　图 4-28　系统设置对话框

由于 QQ 设置的内容很多,限于篇幅,我们在此不做详细介绍,请同学们自学这部分内容。

(十二) 使用 QQ 进行视频、语音聊天

在进行视频和语音聊天前,必须先准备摄像头和耳麦,并且将摄像头连接到计算机上,然后安装该摄像头的驱动程序软件,具体的安装方法在此不做介绍,按说明书操作即可。

用鼠标右键单击好友头像,在弹出的快捷菜单中选择"影音交谈",然后选择"超级视频"或"超级语音"进行视频或语音聊天,也可以在聊天窗口工具栏中点击"视频聊天"或"语音聊天"工具请求视频或语音聊天。对方收到请求并接受你的请求后就可以进行视频交流或语音交谈了。

使用视频聊天窗口中的功能按钮可选择显示画中画、放大视频窗口和关闭视频。点击栏目标题"视频聊天"即可收起视频聊天栏目。你还可以单击栏目菜单按钮,在弹出的菜单中选择更多的操作。

更详细的设置和操作自己可以根据界面提示要求做即可,在此不做详细介绍。

(十三) 用 QQ 发电子邮件

对 QQ 好友发送电子邮件,只要在 QQ 的好友列表中对指定的"好友"头像单击右键,

再选择"发送电子邮件"命令即可打开 QQ 邮箱窗口,然后根据要求填写邮件的"主题"、"正文"、"附件"、"照片"等,最后单击"发送"按钮即可。

（十四）找回丢失的 QQ 密码

利用我们上面介绍的"设置密码保护"资料,在忘记了密码的情况下可以找回密码。具体操作步骤如下:

(1) 在如图 4－22 所示的 QQ 的登录界面单击"忘了密码?"超链接,进入"QQ 账号服务中心"窗口。

(2) 在此填写你的 QQ 号码、密码类型、验证码,单击"确定"按钮,进入"请选择重设方式"窗口。

(3) 在此窗口中选择"通过安全电子邮件地址重新设置密码",进入"请先回答以下机密问题"窗口,在此窗口中输入"答案 1"和"答案 2"(注意:此处的问题和答案是我们在"设置密码保护"时设置好的);在"请选择密码取回方式"中选择"将邮件发送到默认的 E-mail 信箱"。单击"发送邮件"按钮,弹出"重设密码的电子邮件已发送"窗口。

(4) 单击"确定"按钮。

(5) 登录到你在申请 QQ 号码时输入的你自己的电子邮箱,在此邮箱中你会收到一封主题为"重设密码"的电子邮件,在此邮件中单击"重设密码"超链接,打开该电子邮件。

(6) 单击"请点这里完成重设操作"超链接,重新进入"QQ 账号服务中心",在"请先确认你的 QQ 账号"下面的文本框中输入你的 QQ 账号,在"设置 QQ 密码"下面的文本框中输入"新密码"和"确认新密码",然后单击"确定"按钮。

这样就找回了丢失的密码,并以刚才重新设置的 QQ 新密码作为你 QQ 账号的密码,请一定要记牢!

（十五）QQ 群的设置和使用

1. QQ 群的概念

QQ 群是为 QQ 好友中拥有共性的小群体建立的一个即时通讯平台。比如可创建"我的中职同学"、"我的朋友"、"我的亲人"、"电子商务 0810 班"等群,每个群内的成员都有着密切的关系,可以如同一个大家庭中的兄弟姐妹一样相互沟通。有了 QQ 群,一下子改变了我们的网络生活方式。你不再一个人孤独地呆在 QQ 上;而是在一个拥有密切关系的群内,共同体验网络带来的便捷。

2. QQ 群的主要功能

(1) 群留言板。专属于你的群留言板,属于群内的话题统统在这里召集,你在这里可以发通知,给群内所有好友留言。

(2) 群相册。你可以随时发送喜欢的图片到群内与大家分享。

(3) 群聊天。在此可以进行群聊,讨论大家共同关心的话题。

(4) 群硬盘。你可以在群硬盘中存放大家可以共享的文件和图片等,群硬盘给你提供自由发挥的空间。

(5) 群邮件。当好友离线时,我们要对群内的所有好友发信息,则可利用群邮件功能。

可到高级群里来注册群邮件,你的邮件信息群内每个人都能收到,方便快捷。

3. QQ群的创建和使用

图 4 - 29　QQ群界面

(1) QQ登录后,在 QQ 主面板上有一个"QQ群"按钮,点击该按钮,出现如图 4 - 29 所示的界面。

(2) 单击"我要创建一个群"链接,就可以开始创建群。

(3) 单击"下一步"进入选择群的分类对话框,你可根据自己的需要选择分类。

(4) 单击"下一步"进入填写群的资料对话框,根据要求填写完,然后进行群成员的选择,固定群可以由他人请求加入或由创建者修改群内成员列表。

(5) 单击"下一步"完成群的创建,系统将给出提示并给创建的群分配一个 ID,以便别的用户可以通过这个 ID 查找并加入到你创建的群中,最后单击"完成"退出即可。请同学们务必记住你所创建群的 ID 号。

完成群创建之后,QQ 主面板的"QQ群"里面将显示群的名字,双击群的名字就可以给群内成员发送信息了。

群内的任何成员均可以发起讨论。当你在工作繁忙而不想接收到群发来的消息时,你可以在群名称上单击右键,进入"修改群组资料"的"消息设定"页面中进行设置,系统提供五种方案供你选择:① 接收并提示消息;② 自动弹出消息;③ 消息来时只显示消息数目;④ 接收但不提示消息(只保存在聊天记录中);⑤ 阻止一切该群的消息。

4. 查找并添加到群

在如图 4 - 29 的 QQ 群界面中单击"我要加入一个群"链接,进入如图 4 - 24 所示的"查找/添加好友"界面,选择"群用户查找"选项卡,下面的操作与前面介绍的"查找添加好友"中的"基本查找"一样,在此不做详细介绍。加入到 QQ 群后,就可以使用 QQ 群的各项功能了。其他 QQ 群功能的使用在此不做介绍。需要使用的同学登录到 QQ 群中去试用几次就能学会。

(十六) QQ 宠物 *

QQ 宠物是一款桌面虚拟宠物游戏,它形象憨厚可爱,表现丰富,你领养的宠物将会在桌面上陪伴你,与你共同成长,快乐分享,分担忧伤,更可以"炫"给你的好友看。QQ 宠物目前分为 QQ 企鹅、QQ 猪猪两种。下面我们就来介绍一下 QQ 宠物企鹅。

1. 领养宠物

在 QQ 主窗口下方,点击"QQ 宠物"按钮,就可以启动 QQ 宠物。如果你是第一次启动"QQ 宠物",则需要领养一个宠物,你只要根据界面提示的操作方法领养即可。当然,你想要领养 QQ 宠物也可以找培育过宠物蛋的 QQ 好友,请求他(她)赠送你一只宠物蛋。

>>>>>>

2. 提升宠物等级

每个宠物对应有宠物等级和宠物成长值,成长值是决定等级的惟一因素。成长值是随在线时间每增加 1 小时最多成长 2 点(心情值保持在 900 以上);打工的时候每增加 1 小时成长 1.2 点(心情值保持在 500～599);学习的时候每增加 1 小时成长 1.8 点(心情值保持在 800～899)。鱼和熊掌不可兼得,如果你在网上的虚拟货币较多,你想要宠物长得快,就不要打工了,如图 4-30 所示。

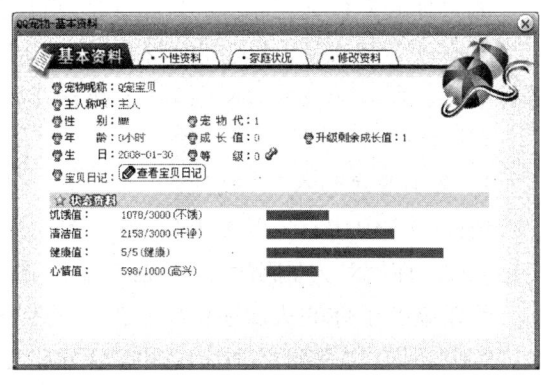

图 4-30 QQ 宠物"基本资料"窗口

3. 更快提升宠物等级

由于宠物的成长速度由宠物的心情值决定,所以,你要好好呵护你的 Q 宠宝贝,让 Q 宠宝贝有个好的心情,成长就会很快。

4. 获取宠物元宝

宠物元宝是宠物喂养过程中的代金券,养宠物过程中,根据你的喂养情况,你有机会获赠宠物元宝。宠物可以到宠物社区的打工场去打工,来获取一定数量的元宝,不同的工作将会得到不同的报酬。

5. 用 Q 币购买宠物元宝

当你购买宠物物品的时候,系统会优先消耗你的宠物元宝,当你的宠物元宝不足支付时,可以用 Q 币支付,每个 Q 币可替代 100 个宠物元宝。

6. 玩宠物"炫"

宠物"炫"是你的 Q 宠宝贝和你的好友交互的一种方式,你可以带领你的 Q 宠宝贝,到宠物学校学习各种宠物"炫",在你和好友聊天的时候,可以点击聊天对话框的表情图标,选择"宠物炫",你学到的所有宠物"炫"就会罗列出来,可以发送相应的宠物"炫"给好友。

7. 给宠物喂食

每个宠物有对应的饥饿值,宠物在线会消耗饥饿值,当饥饿值变为黄色的时候就要喂食了。你可以到宠物社区的食品店,为你的宠物购买食品,通过喂食来增加饥饿值。记住不要让你的宠物吃得太饱哦,会撑坏的! 一般每在线 6 个小时需要喂食一次。

8. 给宠物洗澡

每个宠物有对应的卫生值,宠物在线会消耗卫生值,当清洁值变为黄色的时候就要洗澡了。你可以到宠物社区的日用品店,为你的宠物购买日用品,通过洗澡来增加卫生值。一般每在线 3 个小时需要洗澡一次。

9. 给宠物喂药

当你的宠物在饥饿、不卫生的状态或者心情值低于 500 时,较容易患上各种疾病。你可以到宠物社区的医院开处方,并根据处方购买药品,通过喂食药品后,宠物会恢复健康。

10. 复活宠物

如果你的宠物死亡了,不用着急,你可以选择复活宠物或者埋葬宠物。复活宠物后,宠物原有的等级成长值都会保留;埋葬宠物后,宠物所有相关资料包括等级、宠物元宝等都将清空。埋葬宠物后,你还可以重新领养新的宠物。

(十七) QQ 使用技巧简介

1. 与不喜欢的人"永别"

目前 QQ 用户有 1 亿多人,在这么多用户中,肯定会有一些别有用心的人干扰你正常使用 QQ。你把对方删除掉也不见得能得到清净,他们还是可以在"陌生人"里经常骚扰你。问题就在于你的头像还保留在对方的列表里。所以以后遇到这样的情况要毫不犹豫地把"坏鸟"拖入"黑名单"中。这样,双方都会彻底地从对方好友列表中消失,你也就不会再有麻烦了。如果对方已经在"陌生人"里了也还有补救措施,很简单,同样把这个人拖入"黑名单"中就行了。

2. 防止 QQ 密码被盗

QQ 号码被盗的报道搞得 QQ 用户人人自危。有一种通过监视来获得密码的工具更是防不胜防,它一般在本地机器中隐藏运行,会自动记录那些号码位数不超过 9 位的登录密码,甚至还可以自动把这些密码以邮件的形式发送到他所指定的邮箱中。基于这个原理,可以采取对应的防黑措施。具体办法是:在登录的时候,在号码前加入一串"0"(比如 12 个),而这并不影响正常的登录。这样一来,监视盗号工具就会对这种长号码不理不睬,当然就不必担心 QQ 密码被盗了。

3. QQ 网络硬盘的使用

网络硬盘是腾讯公司推出的在线存储服务。服务面向所有 QQ 用户,提供文件的存储、访问、共享、备份等功能。只要在 Windows 资源管理器窗口,右击选定的文件或者文件夹,在弹出的快捷菜单里,选择"上传到 QQ 网络硬盘",就可以实现文件或者文件夹的上传功能。也可以在 QQ 主面板上单击"网络硬盘"图标打开网络硬盘对话框,右击"我的文档"选择"上传",然后再选择"上传文件",最后找到你要上传的文件然后选择该文件,再单击"打开"按钮即可上传文件。

4. 复制和粘贴发言

如果你想采用某位好友的发言文本,你可以用鼠标拖动的办法在窗口中选中该文本,然后用 Ctrl+C 和 Ctrl+V 的方法将选中的文本粘贴到如图 4-25 所示的输入文本框中,这样可能提高聊天的速度。

5. 让 QQ 自动隐身

如果上线后一直是现身状态,突然看见某个不想见的人上线了,想马上变成隐身状态,除直接单击 QQ 图标,选择"隐身"外,还可事先在该好友头像上右击,在弹出的菜单中选择"查看好友资料",在打开的"查看好友资料"窗口中单击"备注/设置"选项卡,然后再钩选"如果该好友上线,则自动切换到隐身状态",再单击"修改"按钮即可实现自动隐身。

6. 备份聊天记录

在 QQ 的安装目录里有一个以数字命名的子目录,在其中保存聊天记录等重要信息。

在重装或升级 QQ 前可将该子目录备份,之后将备份的内容复制到重新安装的相应目录里面即可实现聊天记录的备份。

7. QQ 消息管理器

和好友的聊天记录都可以通过消息管理器进行查看,在这里你可以复制和删除消息、导入或导出聊天记录、利用信息和地址簿,还可以查询聊天记录等。由于 QQ 对时间过长的对话记录会删除,所以及时使用 QQ 消息管理器备份宝贵资料还是很有必要的。单击 QQ 主面板下面的"菜单"按钮,在弹出的菜单中选中"好友与资料",在接下来弹出的下级菜单中选择"消息管理器"命令,弹出的消息管理器窗口可以将所有网友以列表的方式呈现在你面前,所有对话记录都显示非常清晰,可以选择导出与某一个网友的对话记录,也可以删除与某位好友的某部分对话记录或者全部对话记录。

四、案例实现

(一)案例要求

学会 QQ 软件的下载、安装,申请免费 QQ 号码,使用 QQ 进行文字、语音和视频聊天,利用 QQ 进行文件传送、收发电子邮件,手机玩 QQ,QQ 群的使用,QQ 使用技巧等。

(二)案例实现

第一步:下载并安装 QQ 软件。

第二步:申请免费 QQ 号码,同时必须记住自己申请到的 QQ 号码和密码。

第三步:设置 QQ 号码保护,以便在 QQ 密码丢失后找回密码。

第四步:登录 QQ,并设置自动登录和隐身登录。

第五步:将自己本班的同学和自己的朋友添加到 QQ 好友中,并对 QQ 好友进行分组。

第六步:将不在线 QQ 好友隐藏。

第七步:利用 QQ 将指定的图片或文件传送你的同学,并接收同学发来的图片或文件。

第八步:利用 QQ 电子邮件功能将你的贺卡发送给你的同学或朋友。

第九步:利用 QQ 与同学进行文字聊天。

第十步:将你自己的文件上传到你的 QQ 网络硬盘上。

第十一步:设置 QQ 自动隐身。

第十二步:备份你与某一位好友聊天的记录。

第十三步:将你不喜欢的某一个好友拖到"黑名单"中删除。

五、提高练习与技巧

1. 将你的 QQ 号与你的手机号进行绑定,然后使用 QQ 发短信。

2. 在计算机上安装摄像头和耳麦,并安装摄像头软件。

3. 进行语音和视频聊天。

4. 如果你的 QQ 密码被盗,利用密码保护资料找回丢失的 QQ 密码。如你的 QQ 号码没有被盗,你也可以当成忘记密码试着做该题。

5. 建立你所在班级的 QQ 群,然后在 QQ 群中聊天、发通知等。

6. 有条件的同学可以将自己的 QQ 号码和自己的手机进行绑定,并开通 QQ 短信。

7. 根据你自己的喜好对你的 QQ 进行"个人设置"和"系统设置"。

8. 有条件、有兴趣的同学可以试着养 QQ 宠物。

9. 利用 QQ 消息管理器对你自己的 QQ 聊天消息进行管理。

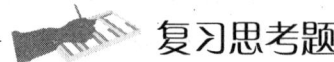 复习思考题

一、简答题

1. 除 QQ 外,你知道还有哪些聊天室或聊天工具? 请举例说明。

2. 申请 QQ 号码过程中需要填写基本信息,这些基本信息主要包括哪些内容?

3. 为什么要记牢你的 QQ 号码和密码?

4. 密码保护有何作用? 如何设置密码保护?

5. "查找/添加好友"中的"基本查找"主要包括哪三种查找?

6. 如何利用 QQ 传送文件?

7. 手机号与 QQ 号绑定有何作用?

8. 如何实现"自动登录"和"隐身登录"?

9. 如何对好友进行分组?

10. 如何利用 QQ 收发电子邮件?

11. QQ 群的主要功能有哪些?

12. 备份聊天记录有何作用?

13. 如何设置 QQ 自动隐身?

14. 如何将你的文件传到 QQ 网络硬盘上?

15. 在 QQ 中如何与你不喜欢的人"永别"?

二、"案例实现"结果整理题

将"案例实现"讲解过程中课堂笔记的内容进行整理,然后做到作业本上。

三、上机实验

1. 将"案例实现"的整个过程在机房自己独立做一遍。

2. 如果上机条件和上机时间允许,请将"提高练习与技巧"中的题目在机房做一遍。

>>>>>> ·····

第五节 网上聊天——MSN 的 使用（第十四讲）

一、案例目标

通过本讲学习，了解 MSN 的概念，学会利用 MSN 实现文字聊天、语音对话、视频聊天、收发电子邮件、共享文件、发送语音和传情动漫等网络交流功能。

二、案例主要技能

- 下载并安装 Windows Live Messenger 软件
- 获取 Windows Live Messenger 账户
- Windows Live Messenger 登录
- 添加联系人并开始聊天
- 发送文件或图片
- 进行语音聊天和视频对话
- 与联系人(好友)共享文件
- 语音剪辑和传情动漫的发送和处理
- 利用 Windows Live Messenger 收发电子邮件
- 联系人和组的管理

三、知识剖析

（一）Windows Live Messenger 简介

Windows Live Messenger 是微软公司开发的一种基于 Internet 的即时消息软件，是 MSN 的升级版本，由于其功能强大、使用简单方便，一直来都拥有大量的用户群。使用 Windows Live Messenger，你可以通过文本、语音、移动电话甚至视频对话实时地与你的朋友、家人或同事联机聊天。你可以通过传情动漫和动态显示图片表现你自己，或即时地共享照片、文件。你还可以通过移动设备与你的联系人聊天。Windows XP 用户还可以使用其动态背景和发送语音剪辑等功能。

Windows Live Messenger 是一款免费软件，用户可以到网上下载到它的最新版本。

（二）下载 Windows Live Messenger 软件并安装

Windows Live Messenger 的下载方法与其他软件的下载方法完全一样。打开 IE 浏览器，启动百度或其他搜索引擎，在地址栏文本框中输入"Windows Live Messenger 软件下载"，然后按回车键。在弹出的搜索结果中就会列出许多关于下载该软件的网站链接，打开其中的任意一个链接，进入该链接页面，在页面中找到下载链接即可进行下载。

将 Windows Live Messenger 下载到计算机中后,就要对该软件进行安装。安装 Windows Live Messenger 软件的操作方法为:双击保存在计算机中刚下载下来的安装文件,进入安装向导界面。接下来根据安装向导对话框的提示操作即可安装该软件。安装好 Windows Live Messenger 软件后,只要双击桌面上的"Windows Live Messenger"快捷图标,就可启动 Windows Live Messenger,其登录界面如图 4-31 所示。

（三）申请注册账户

要想使用 MSN 软件进行即时通信,必须申请注册该软件的账户,Windows Live Messenger 软件利用 hotmail. com 和 live. cn 等电子邮件服务器中的电子邮件地址作为它的账户。申请账户的操作步骤为:

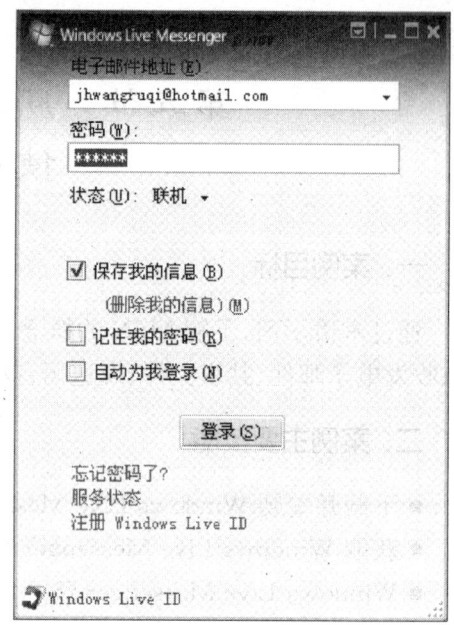

图 4-31 MSN 登录界面

（1）单击 Windows Live Messenger 登录界面中的"注册 Windows Live ID"链接,进入"获取 Windows Live ID"对话框。

（2）由于获取新的账户需要用户有一个电子邮件地址,如果你已有 MSN Hotmail 账户、MSN Messenger 账户或 Microsoft Passport 账户,则你已经拥有 Windows Live ID,因此就不需要重新申请,现在只需登录(使用你的当前账户信息)就可开始你的 MSN 之旅。如果你还没有它所指定的邮件账户,那就单击"立即注册"按钮,进入"注册 Windows Live"界面。

（3）在该界面中按要求输入相应的用户信息:"创建 Windows Live ID"、"选择您的密码"、"输入重新设置密码信息"、"您的信息"、"请键入您在此图片中看到的字符",然后单击"我接受"按钮,接着出现"恭喜您拥有了自己的 Windows Live ID"页面,说明你申请成功。你可以用此账号收发电子邮件(用户名@ live. cn),并且也可以登录到"Windows Live Messenger"中进行网络聊天了。注意:请一定记住电子邮箱的账号和密码。

（四）登录 Windows Live Messenger 并添加联系人

有了自己的 Windows Live Messenger 账户后,就可以进行登录了。在 Windows Live Messenger 登录界面中输入账户信息,即电子邮件地址和密码,如图 4-31 所示,然后单击"登录"按钮,系统开始登录,登录成功后进入 MSN 主面板,如图 4-32 所示。

第一次登录到 Windows Live Messenger 时,还没有任何联系人(就是 QQ 中的好友),并在主面板上提示"您的联系人列表中没有联系人,请单击上面的'添加'按钮创建自己的联系人列表"。下面我们介绍添加联系人的操作方法。

（1）单击"添加联系人"按钮 ,进入添加联系人对话框,根据要求输入"常规"选项卡中的"即时消息地址"、"个人邀请"、"移动设备"、"昵称"、"组"等信息,然后填写"联系人"、"个人"、"工作"和"注释"等选项卡中的内容,如图4-33所示。

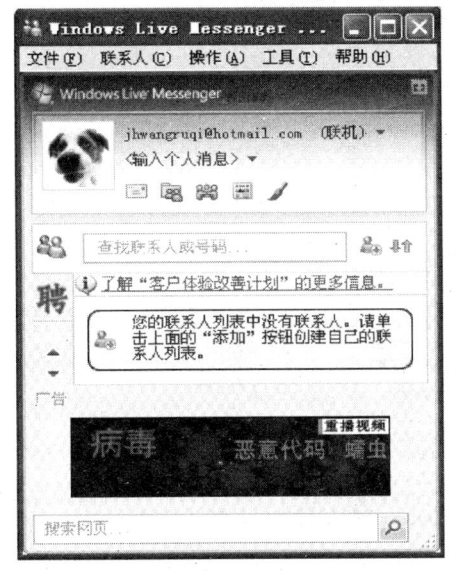

图4-32 MSN主面板

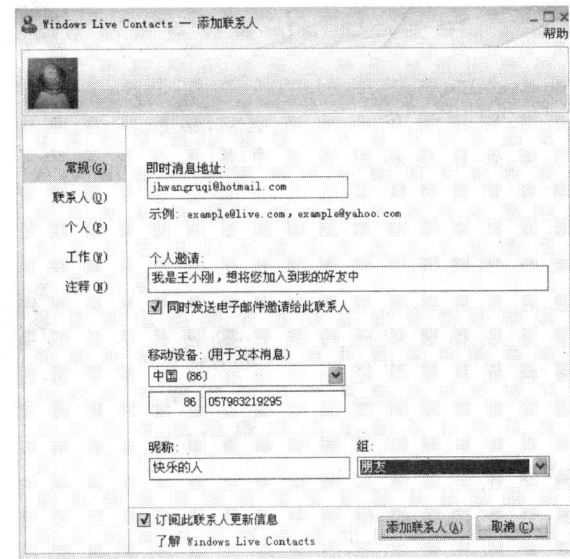

图4-33 添加联系人对话框

(2)单击"添加联系人"按钮,这样你的好友就加入到你的联系人列表中,接下来就可以与该联系人聊天了。

（五）进行聊天

有了"联系人"后,如果你的"联系人"在线,你就可以与"联系人"聊天了。进行普通文字聊天的操作方法为:

从Windows Live Messenger主面板的"家人"、"同事"、"朋友"或"其他联系人"中选择你想聊天的人,右击选中的联系人,在快捷菜单中选择"发送即时消息"或直接双击你想聊天的"联系人"的图标,就会弹出如图4-34所示的文字聊天对话框,接下来就可以在此对话框内与好友进行聊天了。只要在下面的文本输入框中输入你想说的话,然后单击回车键或单击"发送"按钮即可将你要说的聊天内容发送给你的好友。聊天过程中的其他一些操作与QQ聊天大同小异,在此不做详细介绍。

当对方看到你的消息后就可进行回复,回复的内容也会显示在"对话"窗口上侧的窗口中,如图4-34所示。

（六）发送其他内容

你还可以利用Windows Live Messenger给你的"联系人"发送其他内容,如电子邮件、传情动漫、文件、照片等。下面介绍使用Windows Live Messenger发送文件或照片的操作方法,收发电子邮件功能后面单独介绍。其具体操作方法为:

(1)右击你要发送文件的联系人,弹出快捷菜单,选择其中的"发送其他内容"后会出现包含"电子邮件"、"发送传情动漫"、"发送一个文件"三项内容的下一级菜单,如图4-35所示。我们选择"发送一个文件"命令,进入一个"发送文件给XXX"的对话框,其中的"XXX"是你的"联系人"的账号。

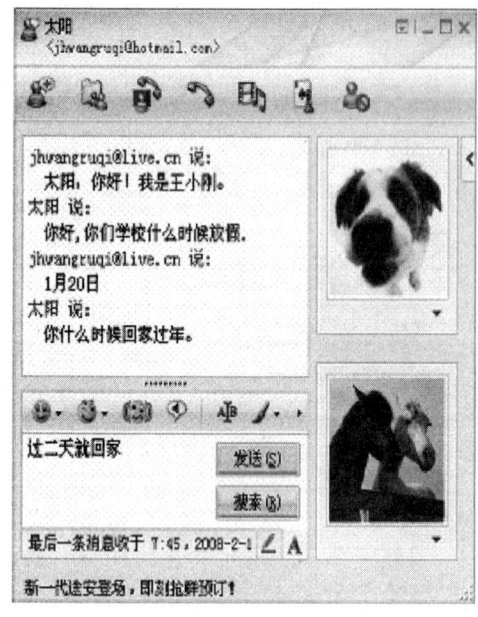

图 4-34　文字聊天对话框

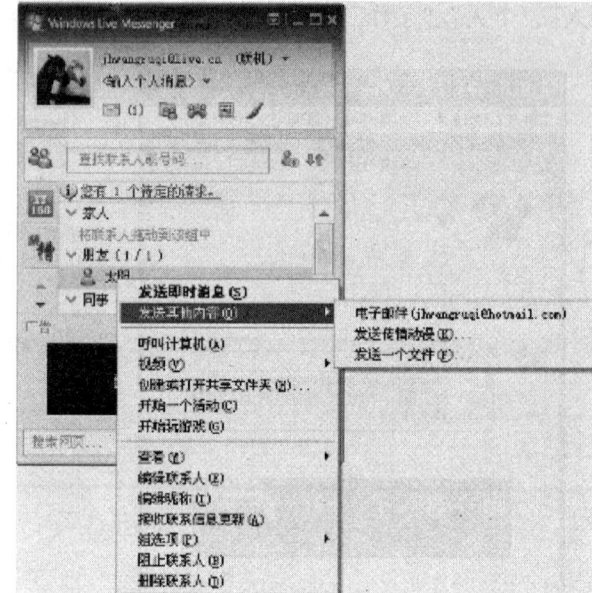

图 4-35　发送一个文件

（2）在选择文件对话框中选择某一个你要发送的文件，单击"打开"按钮。接着发送文件信息传到你的"联系人"那里，你的"联系人"可以选择"接受"、"另存为"和"拒绝"。如果你的联系人单击"接受"，则你所发送的文件就开始传送，过一段时间会在聊天对话框中显示"传输××××××.×××完成"表示发送完成。

（3）在你的"联系人"聊天对话框中将显示"您成功地从×××处接收了C:\Documents and Settings\Administrator\My Documents\我接收到的文件\××××××.×××"，在这里指出了该文件被接收后在你的电脑中所存放的位置和文件名。单击该链接，可打开该文件。

（七）进行语音聊天和视频通话

在 Windows Live Messenger 中，你还可以和联系人进行语音、视频聊天。进行语音和视频聊天需要用户的计算机安装有网络摄像机（也称摄像头，网络摄像机连接到你的计算机，获取可以通过 Internet 传输的视频或静止图像）、麦克风和扬声器（或耳麦）。

1. 语音聊天

（1）单击"对话"窗口工具栏中的"呼叫联系人"按钮 🕿 或在主面板中右击指定的"联系人"，在弹出的菜单中选择"呼叫计算机"，如图 4-35 所示，进入呼叫过程。

注意：如果你的计算机和对方的计算机上已经设置了耳麦和网络摄像机，那么就可以通过网络进行"交谈"了。如果没有设置，系统会自动打开一个向导对话框，提示你设置耳麦和网络摄像机，你只要根据提示进行操作设置即可。

（2）你的扬声器中发出呼叫声，过 5～10 秒钟你的"联系人"的扬声器中会听到电话铃响的声音。在你的聊天对话框中出现"正在向×××发出通话邀请…"提示，在你的"联系人"聊天对话框中将显示"×××对您发出邀请。接受　拒绝"。

（3）如果你的联系人"接受"你的邀请，则就可以进行语音聊天了。

此时会打开即时通讯窗口,在即时消息发送窗口中会多出一个扬声器和话筒的调节滑块,可以帮助你对扬声器和话筒进行调节。

其他一些操作与 QQ 语音聊天类似,在此不做详细介绍。

2. 进行视频通话

(1) 右击你想进行视频通话的"联系人",然后指向"视频",如图 4 - 35 所示。立即出现下一级菜单。

(2) 在下一级菜单中选择"开始视频通话"命令。

(3) 进入视频聊天对话框,接下来你只要根据提示进行操作即可,方法与语音聊天类似。

当然,你的视频聊天请求需要得到对方的"接受"后才能真正与对方进行视频通话。你也可以通过选择"联系人",然后单击对话窗口中的"开始或停止视频通话"按钮 ⬛ 来开始或停止视频通话,或在你的"联系人"头像上,单击网络摄像机,然后选择"开始视频通话"。即可进入视频聊天窗口进行视频通话。

3. 向你的联系人显示网络摄像机画面

(1) 右击你正在进行视频通话的"联系人",然后指向"视频",如图 4 - 35 所示。立即出现下一级菜单。

(2) 选择"显示您的网络摄像机画面"命令。

(3) 即可向你的联系人显示网络摄像机画面。

4. 查看联系人的网络摄像机画面

(1) 右击你正在进行视频通话的"联系人",然后指向"视频",如图 4 - 35 所示。立即出现下一级菜单。

(2) 选择"查看联系人的网络摄像机画面"命令。

(3) 即可查看你的"联系人"的网络摄像机画面。

(八) 与联系人共享文件

通过共享文件夹功能,可以与你的联系人共享文件。共享文件夹功能允许你与多个联系人共享同一个文件并自动更新内容。其操作步骤如下:

(1) 右击你想共享文件的"联系人",然后选择"创建或打开共享文件夹…"命令,如图 4 - 35 所示。进入共享文件夹对话框。

(2) 选中"当我将文件拖到联系人列表中的联系人名称上时,使用共享文件夹"复选框。

(3) 选中"当我将文件拖到联系人名称上时,如果该联系人没有共享文件夹,将会自动创建一个"复选框,让 Messenger 自动执行此功能,然后单击"确定"。

(4) 设置共享文件夹后,你可以将文件从文件夹拖至 Messenger 主窗口中的联系人或将文件从文件夹拖至对话窗口的消息区域上。

(5) 在 Messenger 主窗口中选择"共享文件夹"按钮 ⬛ 以添加文件、暂停共享或查看已共享文件的"活动日志"。

如果你想停止与联系人共享文件,则只需按如下方法操作:① 右击已经共享文件的"联系人";② 选择"创建或打开共享文件夹…"命令;③ 选择你要删除的联系人,然后单击"删除";④ 最后单击"确定"按钮。

（九）发送、保存或播放语音剪辑

如果你的计算机安装了耳麦,你可以向你的"联系人"发送语音剪辑。语音剪辑将出现在"联系人"的对话窗口中并自动播放。

1. 发送语音剪辑

（1）单击并按住语音对话窗口下方的"语音剪辑"按钮 或按住键盘上的"F2"。

（2）说出你要录制语音剪辑的话。

（3）放开按钮。

若要保存语音剪辑,可以将其从对话窗口拖到桌面上或指定的文件夹中。可以将语音剪辑从一个对话窗口拖到另一个对话窗口以将其发送给其他"联系人"。

注意:语音剪辑不得超过 15 秒钟。如果超出此限制,则仅发送前 15 秒钟的内容。若要在录音过程中取消语音剪辑,请在按"语音剪辑"按钮的同时按键盘上的 Esc 键。

2. 播放语音剪辑

只要在对话窗口(用于发送和接收即时消息的窗口)的语音剪辑下,单击"播放/停止"即可播放语音剪辑。按"Esc"键在播放过程中停止播放语音剪辑。

你可以阻止在收到语音剪辑后自动播放。在"工具"菜单上,单击"选项",然后单击左侧窗格中的"消息"。清除"收到语音剪辑后自动播放"复选框。

3. 保存语音剪辑

在对话窗口的语音剪辑下,单击"另存为",然后选择保存语音剪辑的位置,最后单击"保存"按钮即可。

（十）收发电子邮件

Windows Live Messenger 与你的电子邮件程序配合使用,可以收发电子邮件。

1. 撰写电子邮件

使用 Windows Live Messenger 撰写电子邮件的具体操作步骤为:

方法一:右击你想发送电子邮件的"联系人",弹出快捷菜单,选择其中的"发送其他内容",接下来将出现下一级菜单,然后选择"电子邮件"命令即可,如图 4-35 所示。

方法二:在主窗口中选择"操作",依次单击"发送其他内容"和"发送电子邮件",在"选择一个联系人"窗口中选择你要向其发送电子邮件的联系人,然后单击"确定"。

当你在 Messenger 中使用电子邮件时,你的电子邮件窗口将打开,以便你阅读、撰写或发送邮件。如果你使用的是 MSN Explorer,系统将打开 MSN Explorer。如果你已安装 Windows Live Mail 且尚未将 MSN Explorer 设为默认的电子邮件程序,系统将打开 Windows Live Mail。

2. 查看收件箱

单击 Windows Live Messenger 主窗口中的"收件箱"图标,可以打开收件箱并查看邮件。

3. 登录时查看新电子邮件

如果在你登录到 Windows Live Messenger 时还有没阅读的新电子邮件,系统将弹出一个通知消息窗口。单击弹出窗口可以打开收件箱并阅读邮件。

4. 联机时接收电子邮件

当使用 Windows Live Messenger 时,如果某联系人向你发送了一封新电子邮件,就会显示一个通知窗口。单击此窗口将打开电子邮件供你阅读。

（十一）修改、删除和搜索联系人

1. 修改联系人

（1）右击"联系人"列表中的你想修改的"联系人"，然后单击"编辑联系人"。

（2）进入编辑"联系人"窗口对"联系人"信息进行编辑，然后单击"保存"按钮即可。

2. 删除联系人

（1）右击"联系人"头像，然后单击"删除联系人"。

（2）此时将打开一个对话框，可以执行以下一些操作：若要同时阻止此联系人，请选择"同时阻止此人"复选框；若要从 Hotmail 中删除此联系人，请选择"同时从 Hotmail 联系人中删除"复选框。

（3）单击"删除联系人"按钮即可。

3. 搜索联系人

你可以在"联系人"列表中搜索某个联系人。若要搜索联系人：

（1）单击位于 Windows Live Messenger 主窗口顶部的"查找联系人或号码"输入框。

（2）一旦键入内容，搜索系统将自动开始搜索并显示搜索结果。右击"联系人"，然后选择一个你想要的操作命令。

（3）单击"单击此处清除文本"按钮 ↩ 以清空搜索字段并开始新的搜索。

（十二）创建、编辑或删除组

你可以创建并编辑组，以方便查找"联系人"。"联系人"可以是多个组的成员。

1. 创建新组

（1）在"联系人"菜单上，单击"创建组"按钮。

（2）在"输入组名称"对话框中，在"组名称"下输入新组的名称。

（3）选择你要添加到该组的"联系人"。你也可以通过在"新建组"对话框底部的框中键入电子邮件地址来添加"联系人"。

（4）单击"保存"按钮。

2. 编辑组

（1）在"联系人"菜单上，单击"编辑组"按钮。

（2）在"选择一个组"对话框中，选择你要编辑的组，然后单击"确定"按钮。

（3）进入"编辑组"对话框，在该对话框中，通过选择其名称旁边的复选框来编辑该组的成员；通过在"编辑组"对话框底部的框中键入联系人的电子邮件地址来添加"联系人"；若要重命名组，则在组列表的顶部选择组的名称，然后键入新名称；若要从组中删除某个"联系人"，则只需清除"编辑组"对话框中其名称旁边的复选框。

（4）单击"保存"按钮。

3. 删除组

（1）在"联系人"菜单上，单击"删除组"按钮。

（2）选择你要删除的组，然后单击"确定"按钮。

（十三）添加或编辑联系人的移动设备 *

添加或编辑联系人的移动设备，以便通过 Windows Live Messenger 发送文本消息短信给你的联系人。为某"联系人"添加或编辑移动设备的操作步骤如下。

（1）在你的联系人列表上，选择你要为其添加或编辑移动设备的"联系人"。

（2）右击并选择"编辑联系人"。

（3）选择移动设备所在国家或地区，输入完整的电话号码或单击"更改号码"以修改现有号码。

（4）单击"保存"按钮。

如果选择为某位"联系人"添加或编辑移动设备，你必须先为该"联系人"所在国家或地区输入有效的号码，然后才能单击"保存"按钮。

如果你要为其添加移动设备的"联系人"所在的市场并不支持短信服务，那么你将不能向该"联系人"发送文本消息短信。

（十四）使用传情动漫表达个性自我 *

使用 Windows Live Messenger，你可以发送传情动漫（向"联系人"发送的动态问候）来表达你的心情。Messenger 包含一系列的传情动漫供你使用。你也可以创建自己的传情动漫或者购买更多的传情动漫。

发送传情动漫的操作步骤为：

（1）在如图 4－34 所示的聊天对话窗中，单击"选择一个传情动漫"按钮 ☺ 。

（2）选择你要使用的传情动漫，然后单击"发送"按钮即可。

或者：

（1）在"工具"菜单上，单击"传情动漫"按钮。

（2）单击某个传情动漫，然后单击"发送"按钮。

若要创建传情动漫、为传情动漫添加文本，或获取更多传情动漫，则要进行如下操作：

（1）在"工具"菜单上，单击"传情动漫"按钮。

（2）单击"获取更多传情动漫"，然后单击"确定"按钮。

你将被重定向到可以获取更多传情动漫的站点。在此站点上，你还可以向传情动漫添加自己的文本或照片。

（十五）MSN 使用技巧简介

1. 自动转为离开状态

MSN 也提供自动转为离开状态的功能，单击"工具/选项"，在"个人信息"选项卡中有"如果我在 N 分钟内保持非活动状态，请显示我为'离开'"，在"分钟"前的空格处填写数字。这样，在规定的几分钟内鼠标和键盘没活动，MSN 就会自动显示为"离开"。

2. 让消息分段

在 MSN 的消息窗口中，如果按下回车键，则当前消息即会被发送出去。尽管这样比较方便，但却无法在输入的消息中给消息分段，不过，只要按下 Ctrl＋Enter 键或者按下 Alt＋Enter 即可让文字分段，这样可以更加灵活地控制文字段落。

3. 聊天信息也能拖

大家也可以从其他程序中选中文字，并拖放到聊天窗口中，这样就可以把选中的文字直接放到聊天窗口中，也就可以把选中的文字发送出去了。

4．阻止无聊的人

经常有人会突然冒出来和你聊天,而他并不在你的联系人列表中,如果你不喜欢他,那么可以直接在弹出的聊天窗口中单击"阻止"按钮,这样他就不能再烦你了。当然,也可以直接用鼠标右键单击某个"联系人",然后选择"阻止",这样也可以将他封掉,让他无法与你聊天。

5．把 MSN"联系人"介绍给他人

如果想把 MSN 上的朋友介绍给他人可以这样做：先选择 MSN 主面板上的"文件/保存联系人名单"命令,把所有的联系人保存为一个扩展名为 CTT 的文件。接着把这个文件传递给你的朋友,你的朋友可以选择 MSN 主面板上的"文件/从已保存的文件中导入联系人"命令,并确认操作。之后向导会向列表中的联系人发出添加请求,所有通过请求的朋友都会出现在你的"联系人"的名单中。这时,这些联系人可以看到你的朋友的联机状态,并可以与你的朋友对话。

6．修改"我接收到的文件"所在位置

在与联系人进行文件传递前,建议最好修改一下 MSN 接收文件的文件夹,因为它默认会保存在系统分区。在 Windows2000/XP 操作系统中则保存在"C：\Documents and Settings\用户名\My Documents\我接收到的文件"中。

单击"工具/选项/首选参数",单击"文件传输"项下"将从其他用户处接收的文件放到此文件中"旁边的"浏览"按钮,然后为其定位一个新的文件夹。

7．传送文件更快捷

还可以从"资源管理器"中直接将文件拖放到聊天窗口,甚至是联系人列表中的联系人项上,这样也能够快速发送文件,并且一次能拖放多个文件。对于 WinRAR 文件可以在它们的窗口中将压缩包中的文件拖放到聊天窗口中,这样也能实现文件发送。不过,在传递工作没有完成之前,WinRAR 窗口不能关闭。

四、案例实现

（一）案例要求

学会 Windows Live Messenger 主要功能的使用,会利用它进行文字、语音和视频聊天,会利用它进行文件传输和收发电子邮件等。

（二）案例实现

第一步：到网上下载 Windows Live Messenger 软件,并安装该软件。

第二步：获取你的 Windows Live Messenger 账户。

第三步：利用刚申请的账户登录到 Windows Live Messenger 上。

第四步：将自己班里的同学和你的朋友添加到联系人(好友)中,并对你的联系人进行分组。

第五步：找一个或几个联系人开始聊天。

第六步：将自己的一篇文章或一张照片发送给你的联系人,同时请接收你的同学发送给你的文件或照片。

第七步：用 Windows Live Messenger 撰写一封电子邮件,并将其发送给你的好友,同时接收联系人发送给你的电子邮件。

第八步：连接好耳麦，找一个同学进行语音聊天。

第九步：在 D 盘建立一个文件夹，在该文件夹中存放一些同学们感兴趣的文件和图片等，然后将该文件夹与你的同学共享。

第十步：给你的同学(联系人)发送一段语音剪辑，然后接收同学发来的语音剪辑，并将其进行播放，最后将其保存在 D 盘以自己姓名命名的文件夹中。

五、提高练习与技巧

1. 在登录时设置"记住我的密码"和"自动为我登录"功能，然后将其取消。

2. 将同学发送过来的文件另存到 D 盘以自己姓名命名的文件夹中。

3. 有条件的学校和同学可以练习视频通话(前提条件是电脑上安装了摄像头)。

4. 进行修改、删除和搜索联系人(好友)练习。

5. 对你的联系人的移动设备进行添加和编辑。

6. 给你的联系人发送传情动漫，接收你的联系人发送给你的传情动漫。

7. 在你的 MSN 中设置自动转为离开状态。

8. 在文字聊天中发送分段信息。

9. 拖动其他程序中的文本到聊天窗口中。

10. 利用 MSN 中的设置功能阻止聊天过程中无聊的人。

11. 把你的 MSN"联系人"介绍给你的同学和朋友。

12. 将"我接收的文件"位置修改成 D 盘以自己姓名命名的文件夹。

12. 利用更快捷的方法传送你的文件给你的联系人。

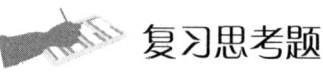

复习思考题

一、简答题

1. 简述 Windows Live Messenger 的作用。

2. 目前，最新的 Windows Live Messenger 软件的版本是什么？

3. 登录 Windows Live Messenger 时必须输入哪两项内容？

4. "记住密码"的含义是什么？"自动为我登录"有何作用？

5. 图标 的作用是什么？

6. MSN 主面板上联系人有哪几个默认的分组？

7. 在什么情况下不能给你的联系人传送文件？

8. 写出进行语音聊天的操作步骤。

9. 图标 是什么按钮？

10. 如何取消与联系人共享文件夹？

11. 写出发送语音剪辑的操作步骤。

>>>>>>

二、"案例实现"结果整理题

将"案例实现"讲解过程中课堂笔记的内容进行整理,然后做到作业本上。

三、上机实验

1. 将"案例实现"的整个过程在机房自己独立做一遍。

2. 如果上机条件和上机时间允许,请将"提高练习与技巧"中的题目在机房做一遍。

第六节 博客和论坛的使用(第十五讲)

一、案例目标

通过本讲学习,了解博客(Blog)的概念,掌握博客的注册方法、撰写新日志、在博客中隐藏自己的日志和设置日志评论权限、博客自定义页面的设置、博客用户管理中心使用;掌握论坛(BBS)的概念、论坛与博客的区别、论坛的分类、论坛的使用,了解知名的论坛站点。

二、案例主要技能

- 博客的注册方法
- 撰写新的博客日志
- 博客设置
- 博客用户管理
- 论坛(BBS)简单使用方法

三、知识剖析

(一)博客(Blog)的概念

1. 什么是博客(Blog)

Blog 是继 Email、BBS、ICQ 之后出现的第四种网络交流方式。Blog 的全名应该是 Weblog,中文意思是"网络日志",后来缩写为 Blog,而博客(Blogger)就是写 Blog 的人。实际上个人博客网站就是网民们通过互联网发表各种思想的虚拟场所。盛行的"博客"网站内容通常五花八门,从新闻内幕到个人思想、诗歌、散文甚至科幻小说,应有尽有。

博客内容大致可以分成两类:一种是个人创作;另一种是将个人认为有趣和有价值的内容推荐给读者。博客因其张贴内容的差异、现实身份的不同而有各种称谓,如政治博客、记者博客、新闻博客等。

建立博客,有助于他人在互联网上更好地认识你,也有助于你更好地和别人交流。博客世界是一个开放和共享的世界。

2. 搜狐博客

各站点的博客功能和使用方法大同小异,接下来我们主要介绍搜狐博客的使用方法。目前绝大部分博客是免费的,搜狐博客也是免费的,其网络相册目前支持 100 M 上传和存储空间,一般的用户基本够用。小提示:如果你想了解搜狐博客的更多信息,请访问博客管理员日志。

（二）注册搜狐博客

登录 http://blog.sohu.com,如果你已经拥有搜狐邮箱(包含@sohu.com, @sogou.com, @vip.sohu.com, @sms.sohu.com, @sol.sohu.com, @chinaren.com 等),你可以在搜狐博客主页输入你的用户名和密码,然后单击"立即激活博客"按钮,进入如图 4 - 36所示的激活博客对话框。在此对话框中输入"您的博客标题"和"您的个性域名",然后单击"激活博客"按钮即可注册搜狐博客,如图 4 - 36 所示。

图 4 - 36 激活博客对话框

如果你没有搜狐邮箱,请你使用"注册新用户"按钮,填写相应的注册资料,完成搜狐博客的申请和注册。各部分内容如图 4 - 37 所示。

图 4 - 37 搜狐博客注册新用户对话框

>>>>>>

注意：搜狐博客提供个性化域名服务，如 http://computer. blog. sohu. com。浏览者可以直接在浏览器地址栏内键入该域名直接访问你的博客空间。

（三）Blog 撰写新日志

在登录之后，单击用户博客页面上"撰写新日志"链接，如图 4 - 38 所示；或者单击页面上方的"管理我的博客"进入用户管理中心，如图 4 - 39 所示。在左侧的导航栏中单击"撰写新日志"链接即可进入日志编辑页面，如图 4 - 40 所示。

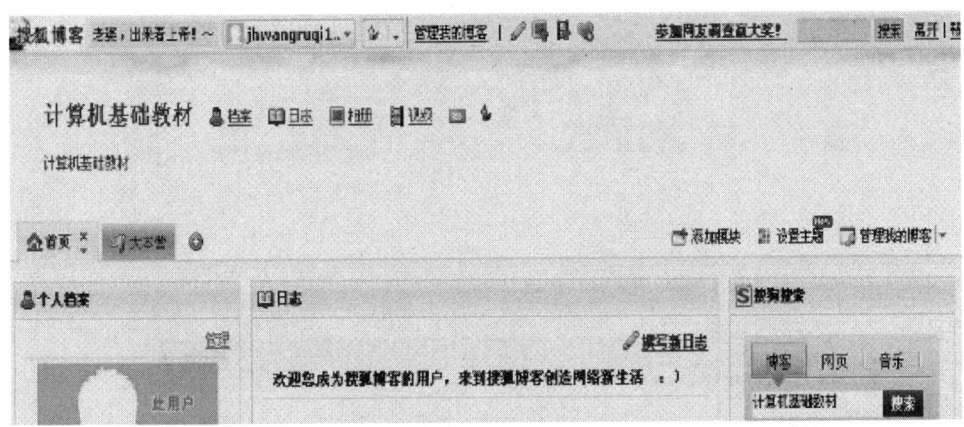

图 4 - 38　博客主页面

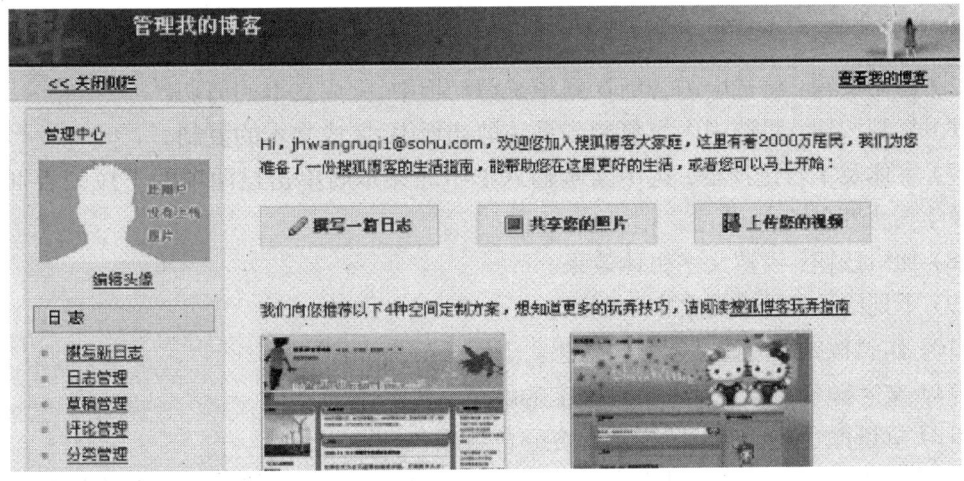

图 4 - 39　管理我的博客页面

日志编辑页面中各部分功能介绍如下：

（1）日志标题：输入你所撰写日志的标题。

（2）标签：你可以填写几个关键字作为日志的标签（最多 5 个），方便日志被搜索。如果不填写，系统将在你发布日志时，根据你的日志内容自动生成标签。

（3）日志分类：给当前文章选择分类，或者单击"新增分类"新建文章分类。

（4）粘贴按钮：将剪切板中复制的内容粘贴到文本输入框内，完成内容的复制。

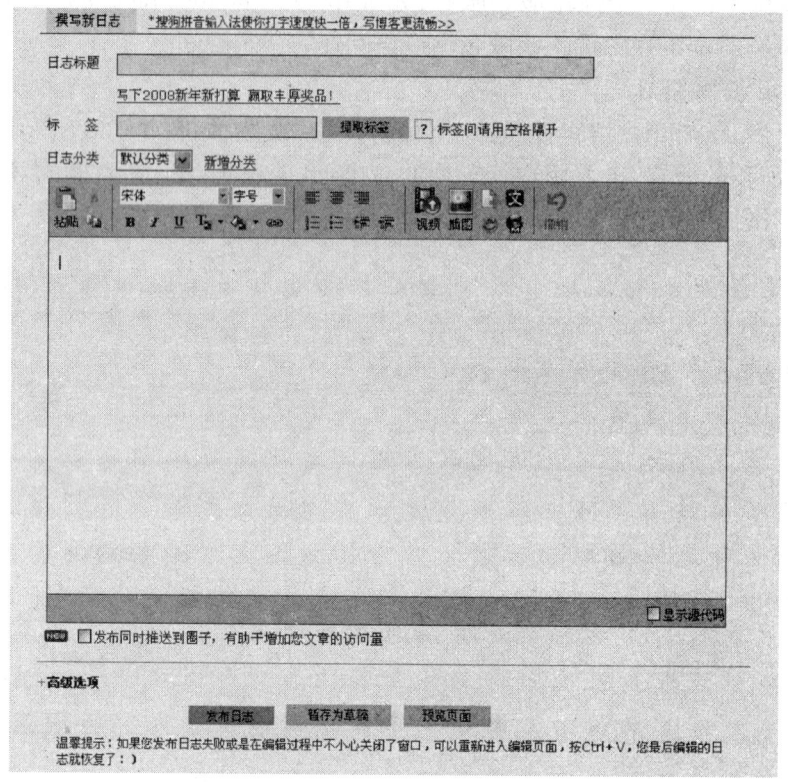

图 4 - 40　撰写新日志页面

（5）剪切按钮：将选中内容剪切到系统剪切板中，完成文本的剪切。

（6）复制按钮：将选中内容复制到系统剪切板中，完成文本的复制。

（7）字体及字号选择框：选中文本输入框中的文本后单击这两项的下拉列表框进行字体及字号大小的选择设置。

（8）加粗按钮：设置文字粗体效果。

（9）下划线按钮：设置文字下划线。

（10）倾斜按钮：设置文字倾斜效果。

（11）文字颜色按钮：设置指定文字的颜色。

（12）背景颜色按钮：设置指定内容的背景颜色。

（13）插入链接按钮：在日志中选中一段文字或某一图片，并单击该按钮将所选内容设置成超文本链接。"目标窗口"默认链接效果是弹出一个新的窗口，可以进行选择。如果在日志中直接键入"http://网址"，系统会自动转化为超文本链接。

（14）左对齐按钮：设置段落排版为左对齐。

（15）居中按钮：设置段落排版为居中。

（16）右对齐按钮：设置段落排版为右对齐。

（17）数字列表：设置以数字编号为开头的列表。

（18）符号列表：设置以圆点为开头的列表。

（19）减小缩进：减小一段文字的左缩进量。

（20）增大缩进：增大一段文字的左缩进量。

（21）传图助手按钮：批量上传图片，第一次使用系统会提示你安装 ActiveX 控件，如图 4-41 所示，单击"安装"按钮就可以了。安装完成后，单击"传图助手"按钮即可弹出传图助手窗口，此窗口显示批量传图、本地照片、网络图片及相册图片、相册专辑五项不同功能。

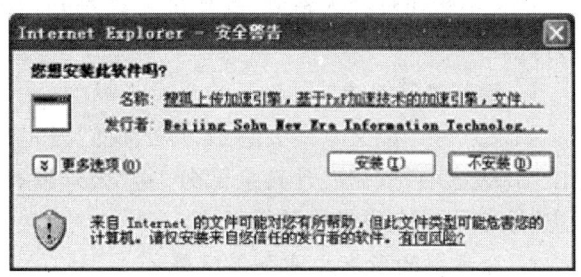

图 4-41 安装软件安全警告

● 批量传图：在左列中选择本地电脑目录，中间列显示当前所选目录内的图片，右列显示当前已选图片，选择完成后，单击"开始上传"按钮即可批量上传图片。上传完成后，图片自动按顺序居中显示在文本输入框内。

● 插入本地图片：单击"本地图片"按钮，弹出插入图片窗口，单击"浏览"按钮，选择你的电脑中要上传的图片，可以选择是否将上传的图片保存到相册里，然后设置图片在日志中的位置，最后单击"确定"按钮即可。

● 网络图片：如果图片是在互联网的其他网页上，请选择"网络图片"并输入图片的网址，一次最多插入 5 张网络图片，可以多次插入，设定图片在日志中的位置后单击"确定"按钮，图片就能出现在日志中了。

● 相册图片：如果你想把你相册中的图片直接插入到日志中，可以选择"相册图片"，左列显示的是你相册中的不同专辑，单击某一专辑中的缩略图，在中间的位置显示该专辑下的所有图片，如果图片较多，可以通过单击下面的上下页翻页，然后单击图片缩略图进行选择，被选择的图片显示在右侧列内，在右侧列单击图片缩略图可以取消该图片的选择。

● 相册专辑：在新版的日志编辑器传图助手里你可以更方便地将你的相册（图片公园）里的整个专辑以图标模式、缩略图模式插入到日志当中，更好地打造你的图片博客。日志中插入相关专辑的图标或者缩略图后，单击单个图标或缩略图会打开你的相册里的相应图像。你可以选择在日志中显示多少张图片的图标或者缩略图。

（22）插入音频和视频：单击日志编辑窗口中的视频按钮，如同插入图片一样，弹出一个新窗口。在网上将搜索到的音频文件（mid、mp3、wma 等格式）和视频文件（avi、wmv、asf）的网络地址（一般可以通过在网页中播放器上单击鼠标右键查看属性获得）复制到弹出窗口的"网址"内，可以展开"高级选项"选择是否打开网页即自动播放或者手动播放，对于播放器的宽度和高度也可以设置，同时也可像图片一样选择播放器的对齐方式。

（23）插入表情符号：在日志中插入各种可爱表情图片，单击要插入的表情即可插入。

（24）文品测试按钮：如果想看看你的博客文章跟哪位名人的风格最接近，只要你的博客文章字数超过 300 字的话，将鼠标光标移至文章末尾，然后单击文品测试按钮，在弹出的新窗口会显示你的文品测试结果，单击确定按钮后，文品测试结果将自动插入到本篇文章的后面。

（25）插入搜狗地图：使用方法在此不做介绍，有兴趣的同学可以自己到 Blog 中去试。

（四）Blog 隐藏自己的日志和设置日志评论权限

很多时候，我们想在博客里写一篇自己与自己的对话，或者有些心里的小秘密，但担心忘记又不想让其他人看到，就想能不能把自己的日志隐藏起来呢？隐藏日志有如下两种方式。

1. 隐藏单篇日志

如果只有一篇文章需要隐藏，那么我们写完博客内容，然后在编辑文章的文本框下面单击"高级选项"按钮展开其余部分，将"公开发布"复选框内的钩选取消，然后单击"发布日志"按钮即可完成隐藏单篇日志。

2. 分类内的所有文章全部隐藏

上面讲的是隐藏特定的某一篇文章，如果有许多的日志准备隐藏的话，可以采用隐藏分类的方法。下面我们看一下如何建立隐藏分类。

在"管理我的博客"界面左侧的项目列表中，有一个"分类管理"的超链接，如图 4 - 39 所示。单击"分类管理"，进入"分类管理"对话框，在此对话框中可以显示、添加、修改、删除分类项目。我们无论选择"添加新分类"还是"修改"已有分类，进入编辑分类页面，如图 4 - 42 所示，只要单击该页面中的"隐藏"单选钮，然后单击"保存"按钮，即可新建一个新的隐藏分类或把已有分类设置为隐藏。

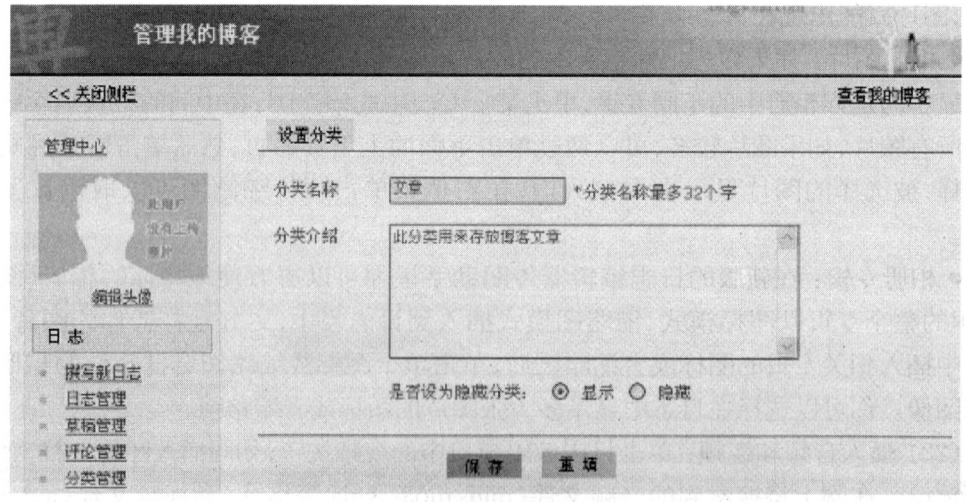

图 4 - 42　设置分类对话框

经过以上设置，在撰写新文章时，只要在"日志分类"选项中选择此隐藏分类的名称即可，这个分类下的所有文章将全部自动隐藏。

3. 设置日志评论权限

用户可以根据自己喜好在撰写日志窗口的"高级选项"内设置单篇日志的评论权限为"允许所有人"、"禁止所有人"及"只有登录用户"中选择即可。另外可以设置整个博客中所有文章的评论权限，详情在此不做介绍。

（五）Blog 自定义页面

1. 自定义页面的概念

搜狐博客"玩・弄版"给用户提供内容个性化、结构个性化、样式个性化等多方面功能，新升级的"自定义页面"让个人博客的页面控制更加个性化、多样化，用户可以自行定制页面的导航部分，并定制每个导航分类下的每个页面内容、结构、样式。从原来的仅个人博客首页个性化，扩展为博客多个页面个性化。

与以前相比，主要改变在于由以前的统一导航栏(包含"首页"、"日志"、"相册"、"音乐"、"档案"、"个性化"、"管理我的博客")改为可由用户随意定制内容的标签区和不能修改的功能导航区，如图 4-43 所示，中间靠左边部分为标签区、靠右边部分为功能导航区。

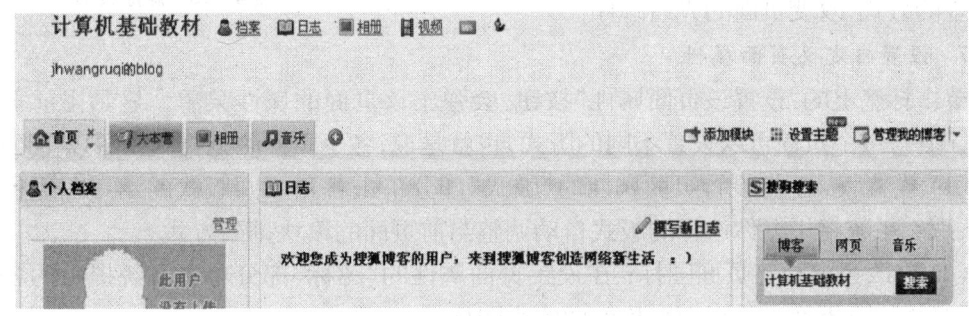

图 4-43　标签区和功能导航区

2. 标签区各部分功能

标签区可定义一个或多个标签，每个标签对应一个个性化页面，如图 4-44 所示。从而实现了个人博客的多页面设置，单击那个标签就会显示相应的博客个性化页面。在用户登录状态下单击每个标签，即可显示该标签的图标、页面名称、删除按钮、设置页面属性按钮等。

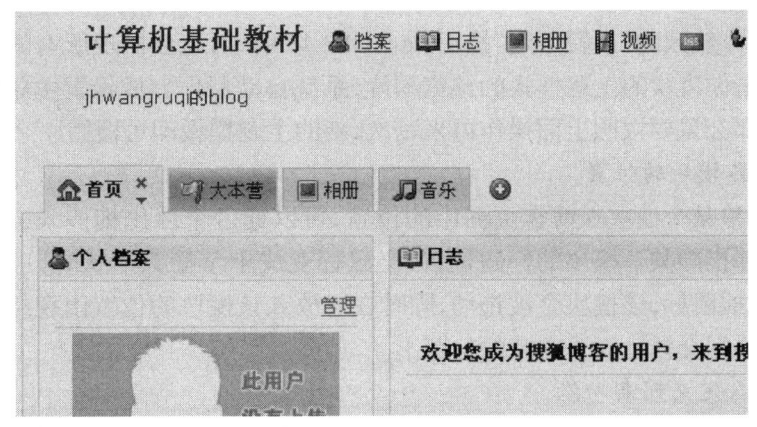

图 4-44　标签区功能

3. 添加博客自定义页面

单击"添加页面"按钮 ⊕，可以新增一个新标签页面。新的标签页面出现在现有所有页面的最右侧，初始以编辑标题状态显示。

4. 删除博客自定义页面

单击"删除该页面"按钮,会弹出提示警告,确认后,将删除此页面,如图4－45所示。

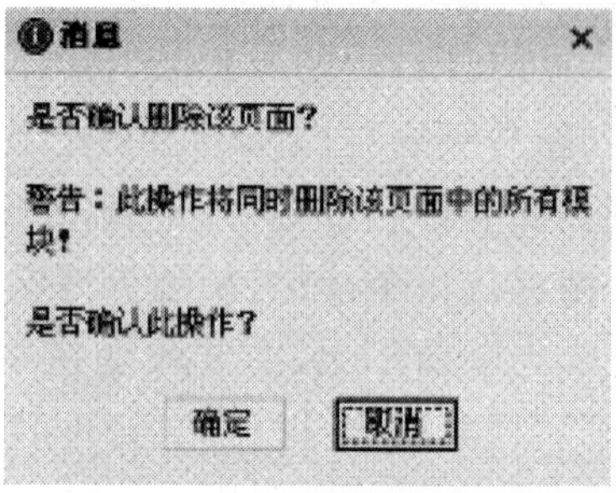

5. 修改博客自定义页面名称

在单击自定义页面名称时,页面名称会变为可修改状态,输入新的页面名称。按回车键或在其他地方单击鼠标即可自动保存。

6. 修改自定义页面顺序

鼠标左键按住其中一个页面标签然后通过左右拖拽标签的方式,改变页面的先后顺序。

图4－45　删除页面提示

7. 设置自定义页面属性

单击标签上的"设置该页面属性"按钮,会弹出该页面的属性菜单。显示当前页面的版式、图标,每个页面可以设置不同的版式,也就是说,各个页面的列样式是可以不同的。

(1) 设置版式:在设置页面属性的"版式"部分单击各种不同版式的示意图进行版式选择,那么系统将根据你选择的版式自动调整当前页面的模块排列方式。

(2) 修改当前标签页面图标:在设置页面属性的"图标"部分单击系统提供的各种图标,即可添加或更换当前页面名称前面的小图标。

8. 添加模块

单击功能导航区的"添加模块"按钮,如图4－43所示,可以向当前设置的各页面中添加模块。注意某些模块是系统模块,只能惟一,如果在某页面已经添加,则其他页面不可再次添加。另外一些模块,如"自定义列表"、"自写文本"等则可添加多次。单击各模块名称即可在当前操作页面添加该模块。

9. 设置主题

单击功能导航区的"设置主题"按钮,如图4－43所示,就会出现所有的主题预览图片列表,鼠标单击你喜欢的主题样式的预览图片,系统自动帮你完成设置主题操作。如果你想更换主题,那么只要按照上面操作再来一次,新的主题模板即可覆盖原来的模板。

10. 调整各模块的位置

如果想调整某个模块在博客页面中的位置,可以通过个性化拖拽来实现。登录自己的博客后,鼠标指向某一模块的标题位置,当鼠标变成十字箭头形状时,可以按住鼠标左键不放然后拖拽鼠标,该模块会被拖动,同时在想放入该模块的位置出现红色虚线框时松开鼠标,该模块则会自动显示在新的位置上。

11. 使用自定义列表功能

在个性化的模块中,我们可以添加"自定义列表"模块,自定义列表可以是自己喜欢的书籍、电影、音乐或者其他收藏。现在以添加一个"我爱看的书籍"列表为例来看如何设置自定义列表。首先单击"添加模块",展开"其他",然后选择"自定义列表",最后单击"添加到我的页面中"按钮,在页面中可以显示出该模块的未经设置的样子。填入你要设置该列表的标题,然后可以根据内容选择不同的背景图标,然后单击"保存"可以完成自定义列表

>>>>>>

的设置,然后在"添加"部分,输入列表中的内容,如电影的名称、描述和该电影详细介绍链接地址等,然后单击"保存"完成一个项目的添加,同时还可以添加多个项目。

12. 使用自写文本功能

在"添加模块"列表中,还可以添加"自写文本"模块,可以用来写一些个人博客公告或者其他文字。单击"添加模块"→"自写文本",然后单击"设置"按钮。输入自写文本模块的标题后,可以选择该模块的背景颜色,然后输入自写文本的内容,再单击"保存"按钮即可。

13. 添加搜狐新闻

单击"添加模块"→"搜狐新闻"→"设置",可以看到搜狐新闻模块的设置界面。可以修改该模块的标题,同时可以选择多个搜狐的分类新闻,设置新闻显示的条数,最后单击"保存"按钮即可。

14. 添加时钟

单击"添加模板"→"钟表"→"设置",即可看到时钟的设置界面,可以选择时钟的样式、颜色,下方是效果的预览图,然后单击"保存"按钮即可完成添加时钟。

15. 加入每日星座运势

单击"添加模板"→"每日星座运势"→"设置",在"您的星座"后面的下拉列表中选择你的星座,然后单击"保存"即可在页面中显示出你的当日星座运势。

(六)Blog 用户管理中心功能简介

1. 用户管理中心介绍

在登录博客之后,单击如图4-38所示页面上方的"管理我的博客"或者右侧的功能导航区的"管理我的博客"进入用户管理中心,如图4-39所示。

2. 用户管理中心的日志部分

(1)撰写新日志:此功能的使用前面已介绍。

(2)日志管理:可以选择按分类管理不同分类的日志,单击文章标题查看该篇日志,单击"修改"按钮修改此篇日志,单击"删除"按钮删除该篇日志。通过翻页我们可以管理所有日志。

(3)草稿管理:管理草稿,其功能与"日志管理"基本相同,在此不做介绍。

(4)评论管理:管理本博客内所有评论,可以单击"全选"按钮选择当前本页显示所有评论,也可以单击每条评论前面的钩选按钮选择一条或多条评论,使用"删除选中"按钮删除多条被选中的评论,单击删除评论按钮删除单条评论。

(5)分类管理:管理博客中日志分类,可以对所有分类进行修改及删除操作(删除分类该分类中文章不会丢失)。也可以单击"添加分类"按钮新增文章分类,同时也可设置新建分类的文章是否隐藏,便于隐藏某一类日志。

用户管理中心的"相册部分"和"音乐部分"在此不做介绍。

3. 修改个人档案

在"档案"部分,单击"修改个人档案",进入个人档案编辑界面,如图4-46所示,在该界面中你可以对个人档案中的"基本信息"、"联系方式"、"交友信息"、"性格爱好"、"学校

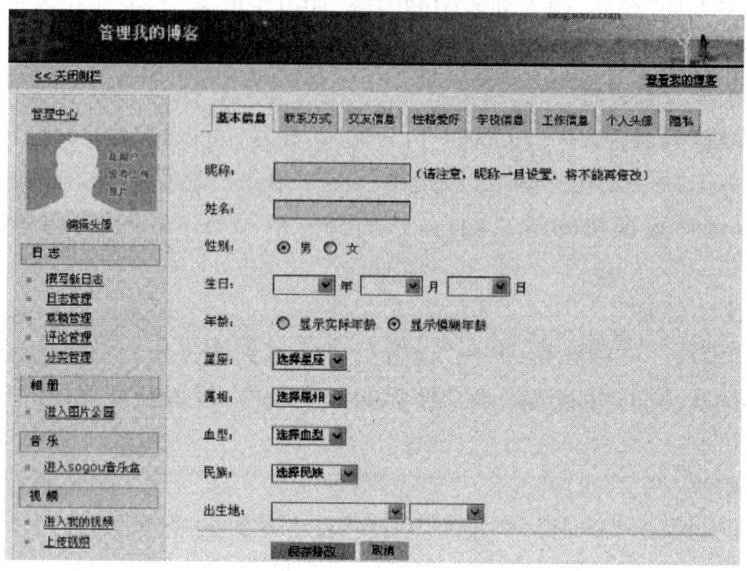

图 4 - 46　修改个人档案

信息"、"工作信息"、"个人头像"和"隐私"等进行设置和修改,修改完成后只要单击下方的"保存修改"按钮即可完成个人档案的编辑和修改操作。

4. 修改密码

如果你是搜狐用户或 chinaren 用户(邮箱后缀是@sohu. com 或@chinaren. com),请登录系统以后,在档案部分的"修改密码"模块中修改密码。如果你是 vip. sohu. com 用户、sogou. com 用户或其他用户,请直接在你的邮箱管理页面中修改密码。

5. 修改博客基本信息

在每个人的博客首页,你都可以看到博客名称及博客描述两项内容,在进入用户管理中心后,单击左侧博客设置部分的"修改基本信息",进入修改基本信息页面,即可对这两部分的信息进行修改。另外,在修改基本信息页面内,还可对日志显示模式进行设置,具体有:

(1)日志显示模式:"摘要"是指在博客首页只显示每篇日志的摘要,如果你在发布日志的时候没有输入摘要,那么将会显示一部分日志内容;"全文"是指整篇日志的内容都会显示出来;"标题"是指只显示标题。

(2)每页显示日志篇数:指博客每页显示最新发布的多少篇日志,多余的按照分页来显示。

(3)默认评论权限:其中有三个选项,"允许所有人"指任何人都可以参与评论,"禁止所有人"指关闭评论功能,"只有登录用户"指必须为 sohu 博客登录用户才可以发布评论。注意:发布日志的时候,在高级选项中,可以对单篇日志设置评论权限,请灵活使用。

(4)留言设置:三个选项的含义与"默认评论权限"相同。

(5)个性介绍:在此可以输入自己的"姓名"、"职业"、"年龄"和"个性介绍"等内容进行设置。

>>>>>>

6. 个性化我的首页

个性化我的首页是个性化博客设置的引导通道,在此可以使用几种空间定制方案,同时可以在此查阅"搜狐博客玩弄指南"及"最新更新的活跃博友"等。

7. 设置手机博客

单击"设置手机博客"即可进入关于手机博客的设置介绍页面,通过页面中的介绍,你自己就可以动手设置手机博客了。

8. 降级到普通版

单击博客设置部分中的"降级到普通版"就可以将你的博客降级到普通版,但是要注意:① 现有的各自定义模块将不能再使用,其数据将不可恢复;② 现有的主题和版式将不能使用;③ 日志、评论、访问量、好友、日志分类等数据不会受到影响;④ 降级后如果你喜欢,可以再升级到 plus! 版。

(七)论坛(BBS)应用简介

1. BBS 的概念

BBS 是英文 Bulletin Board System 的缩写,翻译成中文为"电子布告栏系统"或"电子公告牌系统"。BBS 是一种电子信息服务系统。它向用户提供了一块公共电子白板,每个用户都可以在上面发布信息或提出看法,早期的 BBS 由教育机构或研究机构管理,现在多数网站上都建立了自己的 BBS 系统,供网民通过网络来结交更多的朋友,表达更多的想法。只要你拥有一台计算机并连上宽带,就能够进入这个"超时代"的领域,进而去享用它无比的威力。

使用者可以阅读他人关于某个主题的最新看法,也可以将自己的想法毫无保留地贴到公告栏中,同样地,别人对你的观点也会快速回应。如果需要私下交流,也可以将想说的话直接发到某个人的电子信箱中。如果想与正在使用的某个人聊天,可以启动聊天程序加入闲谈者的行列。虽然谈话的双方素不相识,却可以亲近地交谈。

在 BBS 里,人们之间的交流打破了空间、时间的限制。在与别人进行交往时,无须考虑自身的年龄、学历、知识、财富、外貌、健康和真实社会身份状况等,而这些条件往往是人们在其他交流形式中无法回避的。这样,参与 BBS 的人可以处于一个平等的位置与其他人进行任何问题的探讨,这对于现有的所有其他交流方式来说是不可能的。BBS 站往往是由一些有志于此道的爱好者建立,对所有人都免费开放。而且,由于 BBS 的参与人众多,因此各方面的话题都不乏热心者。可以说,在 BBS 上可以找到任何你感兴趣的话题。

2. Blog 与 BBS 的区别

(1) 从适用的范围来看:BBS 是由很多人聚在一起的聊天,是一个自由交流的公众场所;而群组型 Blog 则是一批为了共同目标聚在一起研究和探讨问题的场所,个人 Blog 则是个人的网络日记本,随着知识与思想的积淀,Blog 就变成了自己快捷易用的知识管理系统。

(2) 从网络文化的角度来看:BBS 是一个开放的、自由的空间,面向的是一个较松散的群组,是服务于公众的,它是为了解决人们缺乏自由发表言论的机会而创设的;而 Blog 则是一个私有性较强的平台,面向的是个人和较小的、具有共同目标的群组,是服务于个人和小团体的。

（3）从文章的组织形式来看：BBS采用帖子固顶和根据发帖的时间顺序来组织帖子,并采用主题方式对帖子进行分类,但这种分类用户是不能随意更改的,只有版主以上级别才具有这个权限。虽然具有主题分类的方式,但实际上这种分类对于用户来说是随意的,用户有时并不按这种分类来发帖。而 Blog 则以日历、归档、按主题分类的方式来组织文章,并且Blog 的使用者可以自行对文章进行分类,或者将属于私人的信息隐藏起来不对外公布。

（4）从交流方式上来看：BBS 允许用户回复,但必须注册(通过设置也可以不需要注册),用户在某个 BBS 参加讨论后,过一段时间,就很难再找回曾经发过的帖子;而 Blog 不用注册就可以回复,同时无论是在自己的 Blog 上写过的东西还是参与其他 Blog 的讨论,通过一种技术可以让使用者把评论写到自己 Blog 网站上,把发言保留在自己的 Blog 中,同时通过原始文章可以找到网络上所有关于该文章的讨论,这些发言用户可以方便地查找和任意地处置。

（5）从内容显现上来看：BBS 的开放性和自由性使得用户在发表帖子时有时可以不假思索,随意性强,必然会造成垃圾信息较多;而 Blog 的内容是经过使用者的思考和精心筛选组织起来的,用户是在别人精选的基础上对网络资源进行再次筛选,这就保证了资源的有效性与可靠性。

（6）从信息的检索和共享上来看：BBS 组织帖子是杂乱的,因为用户在发帖子时随意性很大,造成了在帖子很多时,检索的结果往往是给用户呈现一大堆无用的或是重复的信息;而 Blog 可以同时在多个 Blog 内检索信息,并可以实现信息的共享。

3. BBS 的分类

目前国内各类网站上的 BBS 已经十分普及,网上的 BBS 可以说是不计其数,归纳起来 BBS 大致可以分为五类:

（1）校园 BBS：自从校园 BBS CERNET 建立以来,校园 BBS 很快地发展起来,目前很多大学都有自己的 BBS,几乎遍及全国。像清华大学、北京大学等都建立了自己的 BBS系统,清华大学的水木清华很受学生和网民们的喜爱。大多数 BBS 是由各校的网络中心建立的,也有私人性质的 BBS。

（2）商业 BBS：这里的 BBS 主要是进行有关的商业宣传、产品推荐等,目前手机的商业 BBS 站、电脑的商业 BBS 站、房地产的商业 BBS 站等比比皆是。

（3）专业 BBS：这里所说的专业 BBS 是指机关部门和公司的 BBS,它主要用于建立地域性的文件传输和信息发布系统。

（4）情感 BBS：主要用于交流情感,是许多娱乐网站的首选。

（5）个人 BBS：有些个人主页的制作者在自己的个人主页上建立了 BBS,用于收集别人的想法,更有利于与好友进行沟通。

4. 开始 BBS

（1）注册：大部分 BBS 是免费的;有些 BBS 注册成为会员时要你输入手机号,一般是付费的。注册过程中将必填内容填好,而选填内容可以不填。除非是付费 BBS,论坛规则你可以不看。具体的注册方法与前面介绍的许多方法大同小异,我们在此不做介绍。

（2）登录：输入用户名、密码即可。

（3）浏览和发言：通常一个论坛分许多子版块,每一版有一个大的主题,然后进入一个子版,你会发现许多"帖子"类似于论题。单击进入就可以看到别人的发言了,然后你也可以在 BBS 中发言。

5. 国内知名 BBS 列表

下面介绍目前国内一些知名的 BBS 站点,如表 4－1 所示,同学们可根据自己的喜好去相应的 BBS 站点去查看别人的发言,你也可以参与其中讨论,发表你的高见。

表 4－1　国内知名 BBS 站点列表

站 点 名 称	网 址	站 点 名 称	网 址
搜狐社区	club. sohu. com	泡泡俱乐部	pop. pcpop. com
百度贴吧	post. baidu. com	新华网论坛	forum. xinhuanet. com
天涯虚拟社区	www. tianya. cn	奇虎	www. qihoo. com
新浪论坛	bbs. sina. com. cn	中华网-社区	club. china. com
QQ 论坛	bbs. qq. com	凤凰网论坛	bbs. phoenixtv. com
网易论坛	bbs. 163. com	中国学生网社区	city. 6to23. com
华声论坛	bbs. hnol. net	四川麻辣社区	bbs. newssc. org
21CN 社区	free. 21cn. com	千龙互动	bbshoo. qianlong. com
CCTV -论坛	bbs. cctv. com	人民网强国社区	bbs. people. com. cn
红网论坛	bbs. rednet. cn	博客网论坛	bbs. bokee. com
古城热线论坛	forum. xaonline. com	杭州网论坛	bbs. hangzhou. com. cn
上海热线论坛	bbs. online. sh. cn	深圳论坛	bbs. sznews. com
南方社区	bbs. southcn. com	铁血军事论坛	www. tiexue. net
影视帝国论坛	bbs. cnxp. com	股吧	www. guba. com. cn
东方财富网论坛	bbs. eastmoney. com	中关村在线论坛	bbs. zol. com
电脑报读者论坛	bbs. cpcw. com	贪婪大陆动漫社区	bbs. greedland. net
爱卡汽车俱乐部	club. xcar. com. cn	时尚论坛	bbs. trendsmag. com

对于 BBS 的使用方法,还有许多内容,限于篇幅,在此不一一进行介绍,有许多使用方法与前面介绍的内容类似,有兴趣的同学可通过上网自学掌握 BBS 的使用方法和技巧。

四、案例实现

（一）案例要求

学会搜狐博客的注册方法,学会撰写博客新日志、自定义页面和用户管理中心的使用,学会论坛的简单使用方法。

（二）案例实现

第一步：进入搜狐博客站点,注册一个博客用户,并登录到博客中。

第二步：利用刚才注册的用户，登录到博客中，撰写博客日志。其主要内容有：日志标题、标签、输入文章、对文章的格式进行排版，并将一些你自己的图片传到你自己的博客中，同时传送一些互联网上的相片到你的博客中，对你的所有相片进行管理。

第三步：将你喜爱的音频文件和视频文件的网络地址复制到你的博客中，供你随时点击使用。

第四步：在你的网络日志中插入一些你喜欢的可爱的表情符号。

第五步：在你的博客中将一篇文章或一类文章进行隐藏，不让别人看见。

第六步：进入你的博客，将某一篇文章的评论权限设置为"允许所有人"。将另一篇文章的评论权限设置为"禁止所有人"。

第七步：添加三个标签，并给这三个标签根据喜好设置一个个性化页面，并修改自定义页面的名称和顺序，设置某个自定义页面的属性。

第八步：删除博客某个自定义页面。

第九步：在你添加的自定义页面中添加模块，并设置主题，然后调整各模块的位置，使用自定义列表功能。

第十步：在你添加的自定义页面中添加搜狐新闻、时钟和每日星座运势。

第十一步：进入博客用户管理中心，根据自己的需要对自己的博客进行管理：日志管理、草稿管理、评论管理、分类管理、修改个人档案、修改密码、修改博客的基本信息、个性化自己的博客、降级到普通版。

第十二步：注册一个自己喜欢的 BBS 站点账户。

第十三步：登录到上面注册的 BBS 站点，查看论坛信息，并在论坛中发表自己的见解。

五、提高练习与技巧

1. 在你自己的博客中插入搜狗地图。

2. 在你自己的博客中设置所有文章的评论权限。

3. 进入用户管理中心，并对自己博客中的相册和音乐进行管理。

4. 利用博客中的相应功能找回你丢失的密码。注意：如果密码没丢失，可以当作忘记密码来做此题。

5. 分别在"搜狐社区"和"新浪论坛"中注册并登录，学习这两个站点 BBS 的使用。

6. 分别在"影视帝国论坛"和"东方财富网论坛"中注册并登录，学习这两个站点 BBS 的使用。

7. 如果条件允许，进入博客管理中心，设置手机博客。

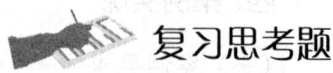 复习思考题

一、简答题

1. 什么是博客？

2. "搜狐"博客日志编辑页面中有哪些主要功能？

3. 传图助手按钮中传图助手主要有哪五项不同的功能?

4. 设置单篇日志评论权限有哪三种?

5. 功能导航区包含哪三个部分?

6. 博客管理中心主要可对哪些项目进行管理?

7. BBS 的概念。

8. Blog 与 BBS 的区别。

9. BBS 的分类。

10. 请列举出你认为国内较知名的 10 个 BBS 站点和网址。

二、"案例实现"结果整理题

将"案例实现"讲解过程中课堂笔记的内容进行整理,然后做到作业本上。

三、上机实验

1. 将"案例实现"的整个过程在机房自己独立做一遍。

2. 如果上机条件和上机时间允许,请将"提高练习与技巧"中的题目在机房做一遍。

第七节 计算机病毒及防范(第十六讲)

一、案例目标

通过本讲学习,了解计算机病毒的概念、特点、分类、危害和传播途径,了解目前流行的计算机病毒,基本掌握计算机网络安全设置,基本掌握瑞星杀毒软件的使用、瑞星个人防火墙的使用、瑞星卡上网安全助手的使用。

二、案例主要技能

● 计算机网络安全的基本设置

● 瑞星杀毒软件的使用

● 瑞星个人防火墙的使用

● 瑞星卡卡上网安全助手的使用

三、知识剖析

(一)计算机病毒的概念

1. 什么是计算机病毒

自从 1986 年发现了第一个计算机病毒后,计算机病毒越来越多,影响面越来越广。所谓计算机病毒就是指能够影响计算机正常运行而人为编制的一些小程序。病毒原来是生物学领域的术语,是指能够在生物体内繁殖,并通过传染从一个生物体进入到另一个生物体。而计算机病毒的活动过程和表现特征与生物学中的病毒极为相似,是人为编制的,能够自我复制和传播。就计算机病毒而言,通常是指受感染的存储器上的文件、电子邮件等。

2. 计算机病毒的特点

计算机病毒有如下特点:

(1) 传染性:病毒程序具有自我复制的能力,它能把自身的一个"复制品"加到其他的程序中或替换掉其他程序的一部分内容。光盘、U 盘、网络和电子邮件是病毒程序传播的主要途径。

(2) 隐蔽性:病毒程序都比较小,它的存在和活动都十分隐蔽,不易被人发现。

(3) 破坏性:在一定的条件下,计算机病毒就会发作,发作时就会对计算机的程序和数据甚至是硬件进行破坏。

(4) 寄生性:计算机病毒一般不能单独存在,它是依附在其他程序上的。

(5) 非法性:病毒程序的操作是非法授权操作的。计算机病毒是人们在正常操作时,乘机而入并不在人们的既定目标之内的。

此外,随着 Internet 的发展,计算机病毒还呈现出以下新特性:

(1) 种类和数量不断增加。近年来,随着互联网的发展,出现了许多新生的基于互联网传播的计算机病毒,据最新统计,现在每天有超过 40 种新的计算机病毒出现。

(2) 传播途径更多,传播速度更快。随着计算机和网络等新技术的发展,计算机病毒可以通过移动硬盘、光盘、U 盘、网络和电子邮件等多种方式传播,通过网络传播速度很快。

(3) 电子邮件和 U 盘成为主要传播媒介。电子邮件已经成为目前计算机病毒传播的主要媒介,其比例占所有计算机病毒传播媒介的 50% 以上。有些电子邮件只要被打开,计算机病毒就会立刻感染用户的系统。U 盘也是传播计算机病毒的一种新途径,如果一个 U 盘感染病毒,则用过此 U 盘的计算机可能就会感染病毒。

(4) 造成的破坏越来越严重。据统计,"CIH"病毒和"I Love You"病毒在全球造成的损失超过几十亿美元。

3. 计算机病毒的分类

一般来说,计算机病毒有多种分类方式,下面分别进行介绍。

(1) 按病毒的破坏性分类:干扰性病毒(良性病毒)和破坏性病毒(恶性病毒)。

(2) 按病毒的传染途径分类:系统引导型病毒、文件外壳型病毒、混合型病毒、目录型病毒、宏病毒、电子邮件病毒、脚本病毒、网络蠕虫程序和特洛伊木马程序等。

(3) 按照破坏方式的不同,可以将其分为以下几种类型:暗藏型病毒、杀手型病毒、霸道型病毒、超载型病毒、间谍型病毒、强制型病毒、欺骗型病毒、干扰型病毒。

各种病毒的含义我们在此不做介绍,有兴趣的同学可自己到网上查阅。

4. 计算机病毒的危害

计算机病毒不但会感染、传播,其主要目的是干扰和破坏计算机的正常使用。其主要危害有以下几个方面:

(1) 攻击硬盘主引导扇区、FAT 表和文件,使磁盘上的信息丢失。

(2) 删除软盘、硬盘或网络上的可执行文件或数据文件,使文件丢失。

(3) 占用磁盘空间,使磁盘可用空间减少。

(4) 修改或破坏文件中的数据,使内容发生变化。

(5) 抢占系统资源,使内存减少。

(6) 占用 CPU 运行时间,使运行效率降低。

(7) 对整个磁盘或扇区进行格式化,使磁盘的数据丢失。

(8) 破坏计算机主板上的 BIOS 内容,使计算机无法工作。

(9) 破坏屏幕正常显示,干扰用户的操作。

(10) 破坏键盘输入程序,使用户的正常输入出现错误。

5. 计算机病毒的传播途径

计算机病毒的传播主要通过文件拷贝、文件传送、文件执行等方式进行,文件拷贝与文件传送需要传输媒介,文件执行则是病毒感染的必然途径。因此,病毒传播与文件传播媒体的变化有着直接关系。目前,计算机病毒的主要传播介质有:硬盘、光盘、U 盘、网络等。

(二) 流行病毒介绍

下面介绍几种流行病毒的特点,以帮助用户更好地预防和发现此类病毒的入侵,保护自己的计算机。

1. ANI 病毒

病毒名称:Exploit. ANIfile;病毒中文名:ANI 病毒;病毒类型:蠕虫。

"ANI 病毒"变种 b 是一个利用微软 Windows 系统 ANI 文件处理漏洞进行传播的网络蠕虫。"ANI 病毒"变种 b 运行后,自我复制到系统目录下;修改注册表,实现开机自启动;感染正常的可执行文件和本地网页文件,下载大量木马程序;植入利用 ANI 文件处理漏洞的恶意代码;自我复制到各逻辑盘根目录下,并创建 autorun. inf 自动播放配置文件,双击盘符即可激活病毒,造成再次感染;"ANI 病毒"变种 b 还可以利用自带的 SMTP 引擎通过电子邮件进行传播。

2. U 盘寄生虫

病毒名称:Checker/Autorun;病毒中文名:U 盘寄生虫;病毒类型:蠕虫。

Checker/Autorun"U 盘寄生虫"是一个利用 U 盘等移动设备进行传播的蠕虫。"U 盘寄生虫"是针对 autorun. inf 这样的自动播放文件的蠕虫病毒。autorun. inf 文件一般存在于 U 盘、MP3、移动硬盘和硬盘各个分区的根目录下,当用户双击 U 盘等设备的时候,该文件就会利用 Windows 系统的自动播放功能优先运行 autorun. inf 文件,而该文件就会立即执行所要加载的病毒程序,从而破坏用户计算机,使用户计算机遭受损失。

3. 熊猫烧香

病毒名称:Worm/Viking;病毒中文名:熊猫烧香;病毒类型:蠕虫。

以 Worm/Viking. qo. Html"威金"变种 qo(熊猫烧香脚本病毒)为例,该病毒是由"熊猫烧香"蠕虫病毒感染之后的带毒网页,该网页会被"熊猫烧香"蠕虫病毒注入一个框架,这样,当用户打开该网页之后,如果 IE 浏览器没有打上补丁,IE 就会自动下载并且执行恶意网址中的病毒体,此时用户电脑就会成为一个新的病毒传播源,进而感染局域网中的其他用户计算机。

4. "ARP"类病毒

病毒名称:"ARP"类病毒;病毒中文名:"ARP"类病毒;病毒类型:木马。

通过伪造 IP 地址和 MAC 地址实现 ARP 欺骗,能够在网络中产生大量的 ARP 通信量使网络阻塞或者进行 ARP 重定向和嗅探攻击。用伪造源 MAC 地址发送 ARP 响应包,对 ARP 高速缓存机制进行攻击。当局域网内某台主机运行 ARP 欺骗的木马程序时,会欺骗局域网内所有主机和路由器,让所有上网的流量必须经过病毒主机。其他用户原来直接通过路由器上网现在转由通过病毒主机上网,切换的时候用户会断线一次。它的原理是建立假网关,让被它欺骗的计算机向假网关发数据,而不是通过正常的路由器途径上网,在上网用户看来,就是上不了网了。病毒主机通过对截获的数据进行分析,达到窃取数据(如用户账号)的目的。

5. 代理木马

病毒名称:Trojan/Agent;病毒中文名:代理木马;病毒类型:广告程序。

以"代理木马"变种 crd 为例,Trojan/Agent. crd 是一个盗取用户机密信息的木马程序。"代理木马"变种 crd 运行后,自我复制到系统目录下,文件名随机生成。修改注册表,实现开机自启。从指定站点下载其他木马,侦听黑客指令,盗取用户机密信息。

6. 网游大盗

病毒名称:Trojan/PSW. GamePass;病毒中文名:网游大盗;病毒类型:木马。

以 Trojan/PSW. GamePass. hvs 为例,"网游大盗"变种 hvs 是一个木马程序,专门盗取网络游戏玩家的账号、密码、装备等。

7. 鞋匠

病毒名称:Adware/Clicker;病毒中文名:鞋匠;病毒类型:广告程序。

以 Adware/Clicker. je 为例,"鞋匠"变种 je 是一个广告程序,可弹出大量广告信息,并在被感染的计算机上下载其他病毒。"鞋匠"变种 je 运行后,在 Windows 目录下创建病毒文件。修改注册表,实现开机自启。自我注册为服务,服务的名称随机生成。侦听黑客指令,连接指定站点,弹出大量广告条幅,用户一旦点击带毒广告,立即在用户计算机上安装其他病毒。

8. 广告泡泡

病毒名称:Adware/Boran;病毒中文名:广告泡泡;病毒类型:广告程序。

以 Adware/Boran. e 为例,"广告泡泡"变种 e 是一个广告程序,采用 RootKit 等底层技术编写,一旦安装,很难卸载彻底。该程序会在某个指定的文件夹下释放出病毒文件。在后台定时弹出广告窗口,占用系统资源,干扰用户操作。

9. 埃德罗

病毒名称:TrojanDownloader;病毒中文名:埃德罗;病毒类型:广告程序。

Adware/Adload. ad"埃德罗"变种 ad 是一个广告程序,在被感染计算机上强制安装广告。

>>>>>> ----------

10. IstBar 脚本

病毒名称：TrojanDownloader. JS. IstBar；病毒中文名：IstBar 脚本；病毒类型：木马下载器。

TrojanDownloader. JS. IstBar. t"IstBar 脚本"变种 t 是一个用 JavaScript 语言编写的木马下载器。"IstBar 脚本"变种 t 运行后，在用户的计算机中强行安装 IstBar 工具条，造成用户系统变慢，自动弹出广告，强行锁定用户的 IE 首页等。

（三）网络安全设置

在日常上网中，经常需要通过 Internet 进行网页浏览、上传或下载文件、收发电子邮件、网上购物等活动。但 Internet 上随时都潜藏着危险，如黑客的破坏、病毒的攻击等，这些都是网络不安全的重要因素。因此，用户在上网前，应该设置一些安全保护措施来使自己的计算机免遭破坏。

1. 保护自己的身份

用户在上网时，为了防止他人冒充自己，可以使用 IE 中的安全证书。安全证书是担保个人身份或站点安全性的声明，用户可以对需要传递的重要数据进行加密，当这些数据被别人窃取后，由于没有密钥，就无法将文件打开，从而保证了数据的安全。安全证书由一些独立的证书发行机构发布，用户可以从证书发行机构获得自己的安全证书。如果要查看安全证书，可按下面的操作步骤进行操作。

（1）启动 IE，选择"工具"→"Internet 选项"命令，将弹出"Internet 选项"对话框，如图 4-47 所示。

（2）单击"内容"，打开"内容"选项卡。

（3）单击"证书"按钮，弹出"证书"对话框。用户可以按照自己的要求查看相应的证书发行机构，或者导入或者导出证书。

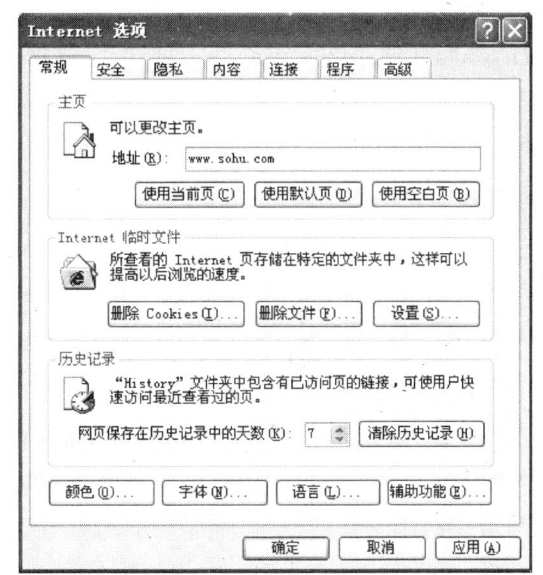

图 4-47　Internet 选项对话框

2. 设置分级审查

Internet 的开放性使它在提供各种有用信息的同时也让许多恶意或不良的信息侵入计算机，这就需要采取一些办法阻止这些信息侵入。可以使用 IE 浏览器"Internet 选项"中的分级审查功能来解决这些问题。在默认状态下，分级审查设置比较开放，用户可以根据自己的需要来调整这些设置。具体步骤如下：

（1）启动 IE 浏览器，选择"工具"→"Internet 选项"命令，弹出"Internet 选项"对话框。如图 4-47 所示。

（2）单击"内容"，打开"内容"选项卡。

（3）单击"分组审查"选区中的"启用"按钮，将弹出"内容审查程序"对话框，共分为四个级别,根据你的需要进行设置即可。

(4) 设置完"分级审查"后,为防止其他使用该系统的用户更改设置,最好再创建一个监督人密码,你只要在"常规"选项卡根据提示创建监督人密码即可。

(四) 瑞星杀毒软件 2008 版

目前,比较流行的杀毒软件有很多,例如:瑞星杀毒软件、金山毒霸杀毒软件、江民杀毒软件、卡巴斯基杀毒软件、Norton 杀毒软件等。北京瑞星科技股份有限公司是中国最早从事计算机病毒防治与研究的专业软件公司之一,研制生产涉及计算机反病毒和信息安全相关的系列产品,目前已自主研发成功基于多种操作系统的瑞星杀毒软件、瑞星个人防火墙及瑞星卡卡上网安全助手等产品。

1. 安装瑞星杀毒软件

安装瑞星杀毒软件的操作步骤为:

(1) 安装前请关闭所有其他正在运行的应用程序。

(2) 将瑞星杀毒软件光盘放入光驱,系统会自动启动安装界面,选择"安装瑞星杀毒软件"。如果没有自动显示安装界面,用户可以浏览光盘,运行光盘根目录下的 Autorun.exe 程序,然后在显示的安装界面中选择"安装瑞星杀毒软件"。

(3) 在显示的语言选择框中,用户可以选择"中文简体"、"中文繁體"、"English"和"日本語"四种语言中的一种进行安装,单击"确定"开始安装。

(4) 如果用户安装了其他的安全软件,再安装瑞星杀毒软件会产生问题,此时,会显示提示界面,建议用户卸载其他的安全软件,但用户也可强制安装瑞星杀毒软件,单击"下一步"继续。

(5) 进入欢迎安装界面,单击"下一步"继续。

(6) 阅读"最终用户许可协议",选择"我接受",按"下一步"继续,如果用户选择"我不接受",则退出安装程序。

(7) 在"验证产品序列号和用户 ID"窗口中,正确输入产品序列号和 12 位用户 ID(产品序列号和用户 ID 见用户身份卡),单击"下一步"继续,此时,如果用户输入错误,产品序列号填写栏中会被清空,直至用户填写正确,才能进行下一步操作。

(8) 在"定制安装"窗口中,选择需要安装的组件。用户可以在下拉菜单中选择"全部安装"或"最小安装",(全部安装表示将安装瑞星杀毒软件的全部组件和工具程序;最小安装表示仅选择安装瑞星杀毒软件必需的组件,不包含各种工具等);也可以在列表中钩选需要安装的组件。单击"下一步"继续安装,也可以直接按"完成"按钮,按照默认方式进行安装。

(9) 在"选择目标文件夹"窗口中,用户可以指定瑞星杀毒软件的安装目录,一般采用默认的安装目录,单击"下一步"继续安装。

(10) 在"选择开始菜单文件夹"窗口中输入软件名称,一般选用默认的即可,单击"下一步"继续安装。

(11) 在"安装信息"窗口中,显示了安装路径和组件列表,在界面的底部,用户可以钩选"安装前先执行内存病毒扫描",确保在一个无毒的环境中安装瑞星杀毒软件。确认后单击"下一步"开始复制安装瑞星杀毒软件。

>>>>>>

(12) 如果用户在上一步选择了"安装之前执行内存病毒扫描",在"瑞星内存病毒扫描"窗口中程序将进行系统内存扫描。根据用户系统内存情况,此过程可能要花费几十秒时间,请等待。如果扫描中发现病毒,会直接处理病毒。如果用户需要跳过此功能,请选择"跳过"继续安装。

(13) 在"结束"窗口中,用户可以选择"运行设置向导"、"运行瑞星杀毒软件主程序"、"运行监控中心"和"运行注册向导"四项来启动相应程序,最后单击"完成"结束安装。

(14) 安装完成后,重新启动计算机。

2. 开始杀毒

在桌面上双击"瑞星杀毒软件"就可启动该软件,该软件为用户提供可以自主选择的杀毒方式,用户在对象栏中可以选择查杀目标和快捷方式,在设置栏中可以方便地对病毒的处理方式和隔离区空间大小等进行设置,如图 4-48 所示。

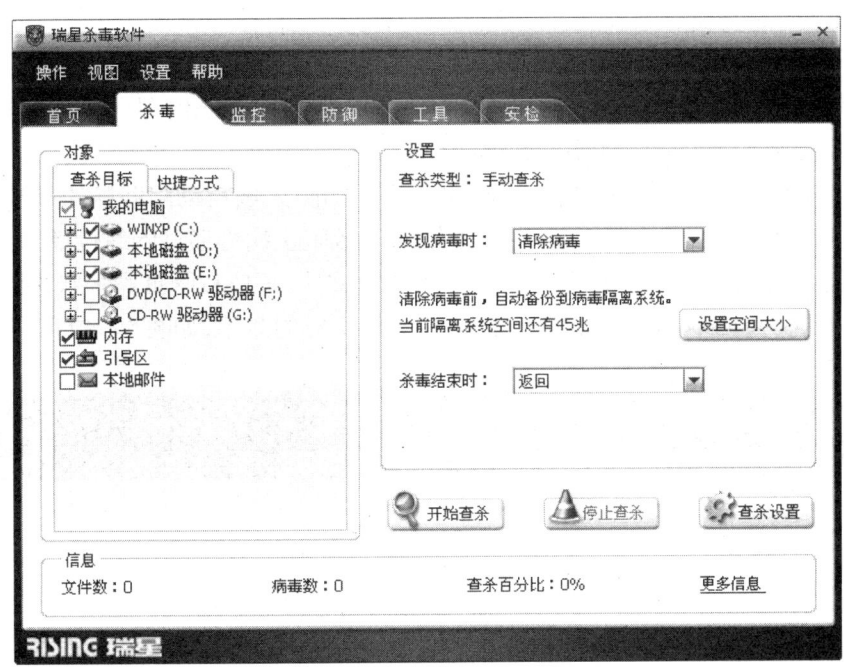

图 4-48 瑞星杀毒软件的杀毒窗口

左侧的对象栏为用户提供了方便快捷的查杀病毒方式,用户可以选择查杀目标或快捷方式,单击设置栏中的"开始查杀"按钮,即开始查杀所选目标。发现病毒时程序会采取用户选择的方法处理病毒,扫描过程中用户可随时单击"暂停查杀"按钮暂停扫描过程,单击"继续查杀"可继续查杀病毒,也可以单击"停止查杀"按钮结束当前操作。

3. 手动查杀设置

手动查杀为用户提供了手动查杀病毒的设置界面,用户可以根据自己的实际需求,对手动查杀时的病毒处理方式和查杀文件类型进行不同的设置,也可以使用滑块调整查杀级别。在"杀毒"选项卡中单击"查杀设置"按钮即可进入"详细设置"对话框,在"自定义级别"中,用户同样可以对安全级别进行设置。单击"默认级别"将恢复瑞星杀毒软件的出厂设置,单击"应用"或"确定"按钮保存用户的全部设置,以后程序在扫描时即根据此级别的相应参数进行病毒扫描。

4. 定时查杀病毒

定时扫描功能是在一定时刻,瑞星杀毒软件自动启动,对预先设置的扫描目标进行病毒扫描,此功能为用户提供了即使在无人值守的情况下,保证计算机防御病毒的安全。操作方法为:

在瑞星杀毒软件主程序界面中,选择"设置"/"详细设置"/"定制任务"/"定时查杀",在"定时查杀"页面进行设置。定时杀毒为用户提供了自动化的、个性化的杀毒方式。对上班族而言,可利用午餐休息时间对系统进行自动查毒杀毒,在"定时查杀"页面将"查杀频率"设为"每天一次",将"时间"设为 12:00,再按"确定"保存设置。以后每天 12:00 时,瑞星杀毒软件即可自动查杀病毒了。另外一种方法就是启动"使用屏保查杀"功能,充分利用计算机的空闲时间。

5. 瑞星杀毒软件的监控功能

瑞星监控的监控状态提供了对文件、邮件和网页监控状态的显示。同时在"监控状态"页面中,用户可以随时开启或关闭相应的监控。

杀毒软件监控到病毒和黑客攻击程序时,将通知防火墙自动阻断病毒传染路径和攻击源,杜绝反复感染、网络交叉感染和持续攻击,有效阻止病毒通过网络传播。

(1) 监控状态:瑞星监控的监控状态提供了对文件、邮件和网页监控状态的显示。同时在"监控状态"页面中,用户可以随时开启或关闭相应的监控,如图 4 - 49 所示。

图 4 - 49 瑞星杀毒软件的监控窗口

（2）文件监控：文件监控用于实时地监控系统中的文件操作，在操作系统对文件操作之前对文件查毒，从而阻止病毒运行，保护系统安全。用户可以设置文件白名单和目录白名单，避免对于确定安全的文件或者目录频繁访问，具体设置见"文件监控"设置。

文件监控在工作中发现病毒时，会对用户进行提示：用户可以选择"清除病毒"、"删除染毒文件"或"不处理"。如果超过一定时间用户没有作出选择，那么文件监控将会对此病毒采取当前选择的处理方式。

超时文件提示：当文件监控在查杀大容量压缩文件时，会占用较多的系统资源，造成系统效率降低。瑞星杀毒软件 2008 版的文件监控，在遇到此类情况时能够提示用户进行操作。用户可以在提示的对话框中选择跳过对该文件的查杀，避免文件监控长时间占用系统资源，减少对系统的影响。

我们可以对文件监控状态进行设置，在此不做介绍。

（3）邮件监控：用户在接收或发送邮件时，邮件监控可以对接收和发送的邮件进行病毒扫描，防止病毒通过邮件传播，感染计算机。

邮件监控功能支持所有符合 SMTP 和 POP3 协议的邮件客户端，如 Foxmail 和 Outlook 等。

POP3 协议：规定如何将个人计算机连接到 Internet 的邮件服务器，以及在下载电子邮件时允许用户从服务器上把邮件存储到本地计算机，同时删除保存在邮件服务器上的邮件。

SMTP 协议：SMTP 协议属于 TCP/IP 协议族，它帮助计算机在发送或中转邮件时找到下一个目的地。通过 SMTP 协议所指定的服务器，就可以把邮件发送到对方服务器，整个过程只要几分钟。

当用户选择发送和接收邮件的时候，邮件监控会自动进行扫描工作。此时，如果用户在"设置"/"监控设置"/"邮件监控"的高级设置选项页面中，取消钩选"隐藏邮件收发进度提示窗口"将显示发送或接收邮件的进度。

发送和接收的邮件中，当有程序触发邮件监控的时候，会提示用户发现病毒。为用户提供处理病毒的操作方式分别为"清除病毒"、"删除染毒文件"和"不处理"，或者设定时间到达后按当前选择的处理方式。

我们也可以对邮件监控状态进行设置，在此不做介绍。

（4）网页监控：网页监控是通过监控网页脚本来检测恶意网页内容的，在脚本执行之前会先检查网页脚本是否存在问题，若检查到可疑网页脚本，网页监控会提示用户进行处理。

当你设置发现网页病毒的提示方式为"询问我"时，网页监控检测到有已知网页病毒会提示用户，用户点击"确定"按钮则直接跳过网页中的病毒。

当网页监控发现是未知病毒时，则提示对话框中为用户提供两种方式"直接跳过网页中的脚本"和"直接运行网页中的脚本"处理该未知病毒。

我们也可以对网页监控状态进行设置，在此不做介绍。

6. 瑞星杀毒软件的定时升级

使用定时智能升级能保持及时升级到最新版本，从而可以查杀各种新病毒。设置定时升级的操作方法有：

方法一：在瑞星杀毒软件主程序界面中,选择"设置"/"详细设置"/"定时升级"。

方法二：在瑞星杀毒软件主程序界面中,选择"查杀设置"/"定时升级"。

升级频率：你可以根据需要选择"不升级"、"每周期一次"、"每周一次"、"每天一次"、"即时升级"。

即时升级：检测服务器有最新版本,即进行升级,在此期间不提示用户。

升级时刻：设置定时升级的时间,系统时钟会在到达设定的时间时自动升级。

只升级病毒库：选中此项,即在升级的时候,只升级病毒库,而不升级其他部分以减少下载量。

静默升级：选中此项,在即时升级中将不再提示用户升级过程。

瑞星杀毒软件也可以通过单击首页上的"软件升级"按钮进行升级。

（五）瑞星个人防火墙 2008 版

个人防火墙是为解决网络上黑客攻击问题而研制的个人信息安全产品,具有完备的规则设置,能有效地监控任何网络连接,保护网络不受黑客的攻击。

1. 2008 版瑞星个人防火墙具有以下主要新特性

（1）防火墙多账户管理：防火墙提供"管理员"和"普通用户"两种账户。防火墙提供切换账户功能可以在两种账户之间进行切换。管理员可以执行防火墙的所有功能,普通用户不能修改任何设置、规则、不能启动/停止防火墙、不能退出防火墙。且普通用户切换到管理员用户需要输入管理员用户的密码。

（2）未知木马扫描技术：通过启发式查毒技术,当有程序进行网络活动的时候,对该进程调用未知木马扫描程序进行扫描,如果该进程为可疑的木马病毒,则提示用户。此技术提高了对可疑程序自动识别的能力。

（3）IE 功能调用拦截：由于 IE 提供了公开的 Com 组件调用接口,有可能被恶意程序所调用。此功能是对需要调用 IE 接口的程序进行检查。如果检查为恶意程序,报警给用户。

（4）反钓鱼、防木马病毒网站：提供强大的、可以升级的黑名单规则库。库中是非法的、高风险、高危害的网站地址列表,符合该库的访问会被禁止。

（5）模块检查：防火墙能够控制是否允许某个模块访问网络。当应用程序访问网络的时候,对参与访问的模块进行检查,根据模块的访问规则决定是否允许该访问。以往的防火墙只是对应用程序进行检查,而没有对所关联的 dll 做检查。进行模块检查,为了防止木马模块注入正常进程中,访问网络。

2. 安装瑞星防火墙

（1）启动计算机并进入 Windows XP 系统,关闭其他应用程序。

（2）将瑞星杀毒软件光盘放入光驱,系统会自动启动安装界面,选择"安装瑞星个人防火墙"。

（3）安装程序显示语言选择框,选择用户需要安装的语言版本,单击"确定"继续。

（4）进入欢迎安装界面,再选择"下一步"继续。

（5）阅读"最终用户许可协议",选择"我接受",单击"下一步"继续安装。

（6）在"验证产品序列号和用户 ID"窗口中,正确输入产品序列号和 12 位用户 ID(正版软件的序列号和用户 ID 在产品说明书上有),单击"下一步"继续。

(7) 在"定制安装"窗口中，选择需要安装的组件。用户可以在下拉菜单中选择全部安装或最小安装；也可以在列表中钩选需要安装的组件。单击"下一步"继续安装，也可以直接单击"完成"按钮，按照默认方式进行安装。

(8) 在"选择目标文件夹"窗口中，用户可以指定瑞星个人防火墙的安装目录，一般采用默认的安装目录，单击"下一步"继续安装。

(9) 在"选择开始菜单文件夹"窗口中输入软件名称，一般采用默认即可，单击"下一步"继续安装。

(10) 在"安装信息"窗口中，显示了安装路径和程序组名称的信息，用户可以钩选安装之前执行内存病毒扫描，确保在一个无毒的环境中安装瑞星个人防火墙。确认后单击"下一步"开始安装瑞星个人防火墙。

(11) 如果用户在上一步选择了"安装之前执行内存病毒扫描"，在"瑞星内存病毒扫描"窗口中程序将进行系统内存扫描。根据用户系统内存情况，此过程可能要占据几十秒时间。如果用户确认系统内没有病毒，请选择"跳过"，继续安装。

(12) 在"结束"窗口中，用户可以选择"启动瑞星个人防火墙"和"运行注册向导"启动相应程序，最后选择"完成"结束安装。

3. 启动瑞星防火墙

用鼠标双击桌面上的"瑞星个人防火墙"快捷图标即可启动。也可以通过"开始"/"程序"/"瑞星个人防火墙"，选择"瑞星个人防火墙"启动，如图 4 - 50 所示。

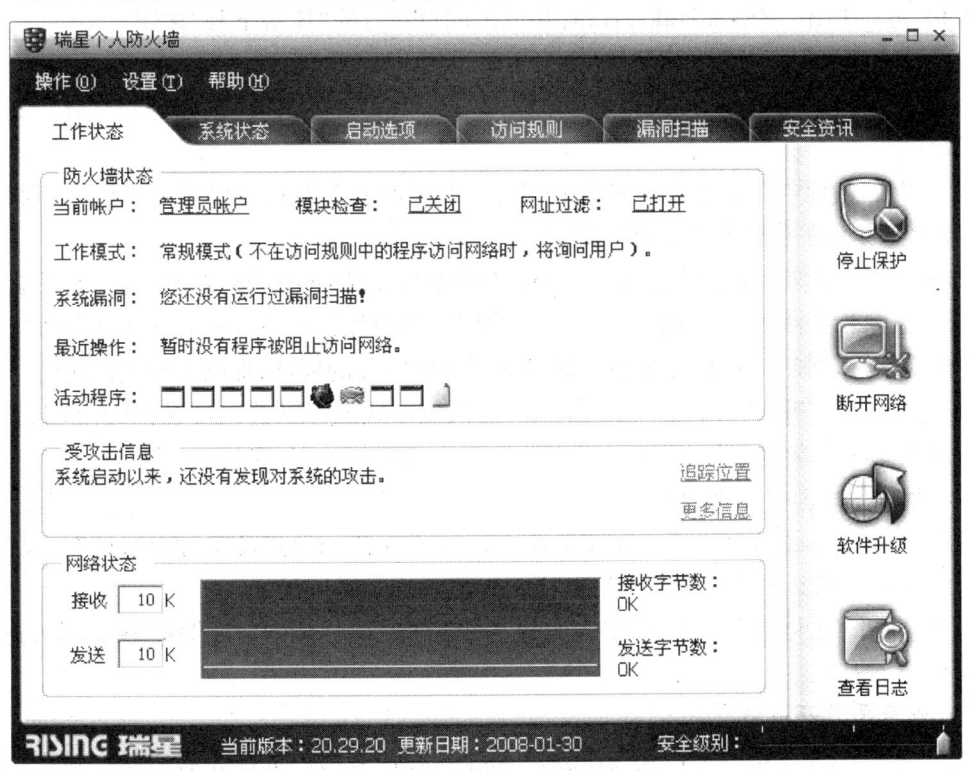

图 4 - 50　瑞星个人防火墙

4. 防火墙升级

通过单击"设置"菜单中的"详细设置"选项卡,配置防火墙的升级规则。

用户可以设置瑞星个人防火墙 2008 版的升级方式,可以选择"手动升级"、"发现新版本时提示我升级"和"即时"升级。

升级方式说明:

(1) 手动升级:此种状态下,瑞星不检测新版本,用户需要点击防火墙主界面上的"软件升级"按钮进行升级。

(2) 发现新版本时提示我升级:瑞星会自动检测最新版本,并提示用户进行升级。

(3) 即时升级:瑞星自动检测新版本并在后台完成更新,无需用户做任何操作。

其他一些设置在此不作介绍,有兴趣的同学请根据该软件的帮助进行设置即可。

(六) 瑞星卡卡上网安全助手

"瑞星卡卡上网安全助手"是完全免费的全能型安全工具平台,集查杀未知病毒、清除流氓软件、反 Rootkit、系统优化加速、超强系统防护等强大功能为一体,另外提供数十项实用功能。新版卡卡提供网络互动通道,用户电脑出现问题时,可以直接用卡卡扫描后提交给专家求助。

1. 卡卡上网安全助手的安装和启动

如果你购买了瑞星杀毒软件,则该软件会自动安装瑞星卡卡上网助手。如果你要单独安装该软件,方法如下:

(1) 访问 http://tool.ikaka.com,并单击网页右方的"免费下载"按钮。

(2) 进入"文件下载"对话框,在该对话框中单击"运行"按钮。

(3) 安装过程中你需要阅读"卡卡上网安全助手安装协议"并选择"同意"才能进行下一步操作。

(4) 安装过程中会提示选择卡卡上网安全助手的安装路径,按默认的路径安装即可,请尽量不要安装在含有中文字符的目录下。

(5) 如果在此安装界面中选择了"创建瑞星和卡卡网站的链接按钮",则安装后会在 IE 浏览器的工具栏中添加两个快捷方式按钮,利用这两个按钮你可以通过卡卡上网安全助手的"插件管理及卸载"功能禁用或删除 IE 浏览器中不需要的插件,提高系统运行速度。

安装完成后,"瑞星卡卡上网安全助手"的快捷方式图标就会出现在桌面上,双击桌面上的"卡卡上网安全助手"图标就可以启动该软件,如图 4-51 所示。

2. 升级卡卡上网安全助手

自动升级:运行瑞星卡卡上网安全助手,单击"首页"上的"设置"按钮,选"自动升级"并保存,卡卡上网安全助手将每天自动检测更新文件并进行升级。

手动升级:运行瑞星卡卡上网安全助手,单击"首页"上的"立即升级"按钮即可进行手动升级。

3. 查杀恶意及流氓软件

可快速检测 400 余种恶意及流氓软件、插件等,并由用户选择卸载清除。对于一些带有自我保护、自我隐藏的顽固性流氓软件,瑞星卡卡上网安全助手可以轻松进行清除。

图 4 - 51　瑞星卡卡上网安全助手

运行瑞星卡卡上网安全助手,单击主界面上的"常用"/"查杀恶意及流氓软件"选项卡,将会自动扫描用户计算机中已被安装的恶意及流氓软件。扫描完毕后,会在用户的计算机中列出扫描结果。

在扫描结果中会显示检测出的软件名称、文件路径、危险级别及状态。状态为"活动"表示用户计算机上被安装有该恶意及流氓软件,状态"存在"表示用户计算机中存在该流氓软件残留信息。用户可根据实际情况,选择不需要的软件进行清除。

4.电脑使用痕迹清理

卡卡上网安全助手的"痕迹清理"功能具有清除上网后的记录,清除操作系统中记录的用户历史操作(如曾经打开的各种文件,运行的命令、系统临时文件等)功能,可以快速清理使用痕迹和 IE 地址栏等上网记录信息,有效保护你的隐私,并可以删除无用的垃圾文件,提高系统运行速度。

运行瑞星卡卡上网安全助手,单击标题栏下的"隐私保护"/"上网痕迹清理"选项卡,然后选择你要清理项目,最后单击"立即清理",则选中项目的痕迹就被清理了。

5.IE 及系统修复

目前,不少流氓软件会对用户的计算机系统进行修改,锁定 IE 浏览器的首页,或在用户访问正常网站时自动链接到恶意网站。甚至有一些恶劣的流氓软件还会造成用户计算机无法上网。瑞星卡卡上网安全助手带有"系统修复"功能,可通过简单的操作快速对系统限制项目、IE 浏览器项目、网络协议设置等进行修复,短短几秒可使系统恢复正常。

运行瑞星卡卡上网安全助手,单击标题栏下的"高级功能"选项卡,在出现的页面中点击"IE及操作系统修复"标签,用户选择需要修复的项目后,点击"修复"按钮,即可将系统恢复到正常状态。

6. 插件管理及卸载

IE浏览器插件向浏览器中添加了许多功能(如工具栏、天气预报、股市行情等),这会使浏览更加有趣或高效,但同时也有一些插件会对用户计算机安全存在威胁(如弹出广告、启动间谍软件等)。

卡卡上网安全助手的"插件管理及卸载"功能能够列出各种已知浏览器插件(如工具条、按钮、右键菜单、网络协议等),并可以禁用或者卸载,帮你更好地管理这些插件,给你一个清洁、安全的上网空间。

运行卡卡上网安全助手,单击标题栏下的"高级功能"/"插件管理及卸载"标签,该功能可以检测到用户电脑中已安装的所有IE插件程序,并显示它们的名称、类别、状态、发行者和文件的路径,你可以根据自己的需要禁用、启用或卸载这些插件。

禁用、启用插件:选择需要禁用的项目并钩选,然后点击"禁用"按钮,就会禁用这个插件。你也可以点击"启用"按钮恢复被禁用的项目。

卸载插件:你可以对一些确定不需要的插件进行卸载,选择需要清理的项目并钩选,然后点击"卸载"按钮。注意,此操作不可撤销,一旦清理将无法恢复。

瑞星卡卡上网安全助手还有许多其他功能,在此不做介绍,有兴趣的同学可通过帮助自学其他功能的使用方法。

四、案例实现

(一)案例要求

学会计算机网络安全的基本设置,学会瑞星杀毒软件的使用,学会瑞星个人防火墙的使用,学会瑞星卡卡上网安全助手的使用。

(二)案例实现

第一步:启动IE浏览器,进入"Internet选项",对自己的身份和分级审查进行设置。

第二步:利用安装光盘安装瑞星杀毒软件。

第三步:利用刚安装完成的瑞星杀毒软件对你的计算机的C盘进行杀毒。

第四步:根据自己的需要设置定时杀病毒功能。

第五步:根据自己的需要设置瑞星的"文件监控"、"邮件监控"和"网页监控"功能。

第六步:根据自己的需要设置杀毒软件的定时升级,然后对我们前面安装的软件进行"手动"和"自动"升级。

第七步:安装瑞星个人防火墙。

第八步:对瑞星个人防火墙进行升级。

第九步:安装瑞星卡卡上网安全助手。

第十步:对瑞星卡卡上网安全助手进行升级。

第十一步:利用"卡卡"查杀恶意及流氓软件。

>>>>>>

第十二步：利用"卡卡"清理你的电脑中的使用痕迹。

第十三步：利用"卡卡"对你的 IE 和系统进行修复。

五、提高练习与技巧

1. 启动 IE 浏览器,进入"Internet 选项",根据你自己的需要,对其中的一些选项进行设置。

2. 下载瑞星杀毒软件试用版或测试版,然后进行安装、使用。

3. 利用瑞星杀毒软件对 D 盘上某一个文件进行杀毒。方法提示：右击该文件夹,在弹出的快捷菜单中选"瑞星杀毒"即可对该文件夹进行杀毒。

4. 启动瑞星杀毒软件,单击"设置"选项卡,根据自己的需要对其中的"详细设置"和"升级设置"等进行设置。

5. 启动瑞星杀毒软件,对"文件监控"状态进行设置。

6. 启动瑞星杀毒软件,对"邮件监控"状态进行设置。

7. 启动瑞星杀毒软件,对"网页监控"状态进行设置。

8. 启动瑞星杀毒软件,设置屏保杀毒。

9. 启动瑞星防火墙,对其中的"访问规则"进行设置。

10. 启动瑞星防火墙,选择"设置"选项卡中的"详细设置",然后对其中的各项内容根据自己的要求进行设置。

11. 启动瑞星卡卡上网安全助手,扫描系统漏洞,然后安装系统漏洞补丁。

12. 启动瑞星卡卡上网安全助手,对"防护中心"根据自己的要求进行设置。

13. 启动瑞星卡卡上网安全助手,利用"卡卡"禁用或删除 IE 中不需要的插件。

14. 制作瑞星杀毒软件的安装包和瑞星个人防火墙的安装包。方法提示：开始/程序/瑞星杀毒软件/瑞星工具/瑞星安装包制作程序;防火墙安装包制作方法相同。

本章小结

　　本章主要介绍了计算机网络的基本知识,计算机网络系统软件和硬件的安装及上网方式选择,IE 浏览器的使用,网络资源的搜索和下载,压缩软件的使用,免费电子邮箱的申请,利用 IE 浏览器、Outlook Express 和 Foxmail 收发电子邮件,在线娱乐的使用,利用聊天工具 QQ 和 MSN 进行文字、语音和视频聊天、传输文件和收发电子邮件,利用 Bolg(博客)撰写网络日志并对其进行设置,BBS(论坛)的使用方法,计算机病毒及其防范等内容。其中计算机网络系统软件和硬件的安装,网络资源的搜索和下载,电子邮件的收发,网络聊天工具 QQ 和 MSN 的使用,Blog 和 BBS 的使用,瑞星杀毒软件的使用是本章重点,同学们应重点掌握。

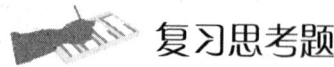复习思考题

一、简答题

1. 什么是计算机病毒？
2. 计算机病毒有哪些特点？
3. 计算机病毒有哪些新特性？
4. 简述计算机病毒的分类。
5. 计算机病毒有哪些危害？
6. 简述计算机病毒的主要传播途径。
7. 根据你的了解,目前流行的计算机病毒有哪些？
8. 保护自己的身份的目的是什么？
9. 目前较流行的计算机杀毒软件主要有哪几种？
10. 目前瑞星杀毒软件的最新版本号是什么？
11. 目前瑞星个人防火墙的最新版本号是什么？
12. 目前瑞星卡卡上网安全助手的最新版本号是什么？
13. 文件监控的作用是什么？
14. 邮件监控的作用是什么？
15. 网页监控的作用是什么？
16. 为什么要经常对瑞星杀毒软件、个人防火墙、卡卡上网安全助手等进行升级？

二、"案例实现"结果整理题

将"案例实现"讲解过程中需要记录的内容进行整理,然后做到作业本上。

三、上机实验

1. 将"案例实现"的整个过程在机房自己独立做一遍。
2. 如果上机条件和上机时间允许,请将"提高练习与技巧"中的题目在机房做一遍。